동물매개치료 공식 수험서

동물매개 심리상담사
자격 수험서

Animal Assisted Psychotherapist

한국동물매개심리치료학회 자격위원회 공저

동일출판사

Preface · 머리말

안녕하십니까? 한국동물매개심리치료학회 회장 김옥진입니다.

2013년 '동물매개심리상담사 자격 수험서'를 처음 발간한 이후로 동물매개치료 발전과 변화에 맞추어 이번 2018년에 '동물매개치료 공식 수험서-동물매개심리상담사 자격 수험서'를 발간하게 되어 매우 기쁘게 생각합니다.

한국동물매개심리치료학회는 동물매개치료 연구와 활동을 수행하는 전문 학술단체로 2008년 창립된 이후 올 해 12년의 역사를 갖게 되었습니다. 그 동안 동물매개치료의 과학적 효과 규명과 동물이 주는 이점들을 활용한 동물매개교육과 같은 다양한 활동을 수행하여 국내 동물매개치료를 선도하는 중심 단체로 발전하였습니다.

동물매개치료는 인간과 동물의 유대를 바탕으로 자폐, ADHD, 발달장애, 치매 등의 다양한 대상자들의 심리적, 신체적, 사회적, 정신적 치료 효과를 얻을 수 있는 대체의학의 하나입니다. 동물매개치료는 살아있는 동물을 활용하여 사람 대상자들의 심리치료와 재활치료를 수행하는 대체의학의 한 분야라 할 수 있습니다. 현대 사회에서 대체의학의 중요성이 크게 부각되고 있는 시점에서 동물매개치료는 가장 효과가 빠르고 대상자들이 능동적으로 즐겁게 참여하는 치료요법으로 밝혀지고 있습니다.

한국동물매개심리치료학회는 동물매개치료의 과학적 접근과 학술적 지원 뿐 아니라 동물매개치료를 담당할 동물매개심리상담사 양성을 위하여 그 동안 노력한 결과, 동물매개심리상담사의 민간자격 등록 및 인력양성을 통한 우수한 동물매개심리상담사 양성과 동물매개치료 활성화에 기여하였습니다.

동물매개심리상담사는 동물매개치료를 담당하는 전문 인력으로서 국내 유일의 동물매개치료 학술단체인 한국동물매개심리치료학회에서 민간자격 인증을 받아 발급하는 동물매개치료 자격증입니다. 한국고용정보원에서는 4차 산업 미래유망직종으로 동물매개치료 담당 인력인 동물매개심리상담사를 선정한 바 있습니다.

한국동물매개심리치료학회에는 2008년 창립 이후 년 2회 정기적인 학술대회와 학회지 발간을 관련 연구자들에 더욱 유익한 정보를 제공할 수 있는 기회의 장을 제공하고 있습니다. 또한 민간자격 등록을 통하여 동물매개치료 공식 자격으로 인증된 동물매개심리상담사 자격증 발급을 통하여 동물매개치료와 동물매개교육 활동을 수행할 수 있는 인력 양성과 보급에 힘쓰고 있습니다.

국내에서 동물매개치료의 수요가 증가되고 있으나 동물매개치료를 담당할 전문가 양성이 부족한 상황입니다. 한국동물매개심리치료학회에서는 동물매개치료를 담당할 전문가 육성을 위한 교육과 지원을 지속적으로 하고 있습니다. 한국동물매개심리치료학회에서는 동물매개치료 관련 각

　대학 교수님과 전문가로 구성된 자격위원회를 통하여 향후 한국의 동물매개치료 활성화와 전문가 양성을 위해 전문 교재를 꾸준히 출판하고, 국가고시에 준하는 과정을 거쳐 현재 민간자격 등록된 동물매개심리상담사 자격을 국가 공인 자격으로 전환하고자 노력할 것입니다. 자격위원회의 이러한 노력은 동물매개치료 전문 인력인 동물매개심리상담사의 제도정착을 위한 초석을 쌓는 작업이 될 것으로 확신합니다.

　본 수험서는 동물매개치료 공식 자격인 동물매개심리상담사 자격시험 기준에 따라 그동안 자격위원회에서 개발하여 보유하고 있는 문제은행에서 동물매개심리상담사에게 중요하다고 판단된 내용의 요약과 문항을 정리한 동물매개심리상담사 수험서입니다. 본 수험서의 문항은 전문성 있는 각 대학 집필진 교수님들께서 풍부한 학문과 임상 경험을 반영하여 개발한 문제들입니다. 문항 개발에 수고해주신 집필진의 노고에 다시 한 번 감사의 마음을 전합니다. 또한 개발된 문항을 바로잡고, 해설을 수록하고, 편집한 대표 저자 분들의 노력에도 격려의 말씀을 전합니다.

　이번에 발간되는 '동물매개치료 공식 수험서-동물매개심리상담사 자격 수험서'를 통해 동물매개치료의 전문성과 윤리의식을 갖춘 소양 있는 동물매개심리상담사가 다수 배출되어 국내 동물매개치료 분야의 발전을 견인해 주기를 희망합니다. 본 수험서의 부족한 부분은 독자와 선생님들의 지적과 충고를 통해 바로잡고 보완하도록 지속적으로 노력하겠습니다.

한국동물매개심리치료학회 자격위원회 일동

일러두기

1. 본서는 동물매개치료 민간등록 자격인 동물매개심리상담사 자격시험을 준비하는 수험생을 위해 한국동물매개심리치료학회 자격위원회에서 공식 발간하는 수험서로 시험과목의 주요 내용 및 출제 예상 문제 등으로 편성되어 있습니다.

2. 본서의 구성은 크게 'Chapter 1 동물매개치료 개론', 'Chapter 2 치료도우미동물학', 'Chapter 3 발달심리', 'Chapter 4 이상심리의 이해와 접근방법', 'Chapter 5 상담의 기본이론과 접근방법'으로 나누어 각 Chapter에 이해를 돕기 위한 세부 절들로 나누어 구성되었습니다.

3. 각 Chapter 목차에 따라 세부 절을 설정하고 내용 및 문제를 분류하였으며, 문제 하단에는 정답과 해설을 두어 수험생이 참고할 수 있도록 하였습니다. 문제의 해설은 문제를 풀이하는 데 기본적인 내용으로 한정하였기에, 문제의 내용을 충분히 이해하기 위해서는 '동물매개치료 입문. 동일출판사. 2015년', '알기 쉬운 발달과 이상 심리. 문화숲속예술샘. 2018', '동물매개치료와 심리상담. 동일출판사. 2013년' 교재를 참고하여야 합니다.

4. 국내에서 동물매개치료 및 활동을 담당하는 사람의 공식 명칭은 한국동물매개심리치료학회 규정에 의해 동물매개심리상담사로 통일하여 사용합니다.

5. 본서의 내용 및 문제와 동물매개심리상담사 자격시험에 관한 문의는 한국동물매개심리치료학회에 전화 또는 홈페이지 게시판을 통해 문의하시기 바랍니다.

〈한국동물매개심리치료학회〉
- 홈페이지 주소 : http://www.kaaap.org
- 주소 : 우)54538. 전북 익산시 익산대로 460. 원광대학교 동물자원개발 연구센터(內) 한국동물매개심리치료학회 사무국
- 전화번호 : 063) 850-6089, 7128, 6668, Fax : 063-850-6089
- 이메일 : kaaap@daum.net

동물매개심리상담사
자격 규정

제 1 장 총 칙

제 1 조 (목적) 본 규정은 한국동물매개심리치료학회의 [동물매개심리상담사] 자격을 규정함을 목적으로 한다.

제 2 조 (정의) [동물매개심리상담사]라 함은 본 학회가 인정하는 대학 및 기타 연구기관에서 동물매개치료학, 아동학, 특수교육학, 재활치료, 미술치료, 언어치료, 행동치료, 사회복지학, 동물행동학, 동물관리학, 의학, 간호학, 수의학 등을 전공하고, 본 회에서 주관하는 소정의 수련과정의 이수 및 자격시험에 합격하고 자격심사에 통과된 자를 말한다.

제 2 장 자 격

제 3 조 (구분) 동물매개심리상담사는 다음과 같이 구분한다.
1. 동물매개심리상담 슈퍼바이저
2. 동물매개심리상담 전문가
3. 1급 동물매개심리상담사
4. 2급 동물매개심리상담사

제 4 조 (동물매개심리상담 슈퍼바이저의 자격) 동물매개심리상담 전문가는 다음 각 항에 해당하는 자를 말한다.
1) 한국동물매개심리상담학회 정회원 이상으로 동물매개심리상담사 전문가 자격증 취득 후 동물매개심리상담 관련 임상 4년 이상 경력자로서 아래 2항, 3항, 4항, 5항의 자격을 모두 갖춘 자
2) 한국동물매개심리상담학회의 학술활동을 36시간 이수한 자
3) 300시간 이상의 동물매개심리상담관련 임상활동 또는 교육 경력이 있는 자
4) 동물매개심리상담 임상 사례발표 또는 학술발표 5회 이상인 자
5) 전국 단위 이상 학술지에 동물매개심리상담 관련 논문(저서 포함)을 3회 이상 게재

제 5 조 (동물매개심리상담 전문가의 자격) 동물매개심리상담 전문가는 다음 각 항에 해당하는

동물매개심리상담사 자격 규정

자를 말한다.
1) 한국동물매개심리상담학회 정회원 이상으로 동물매개심리상담 전공 석사학위 이상 소지자로서 아래 3항, 4항, 5항, 6항, 7항, 8항의 자격을 모두 갖춘 자 또는 동물매개심리상담사 1급 자격증 취득 후 3년 이상 임상경력자로서 아래 2항, 3항, 4항, 5항, 6항, 7항, 8항의 자격을 모두 갖춘 자
2) 한국동물매개심리상담학회 또는 지정기관에서 교육과정 80시간을 이수한 자
3) 한국동물매개심리상담학회의 학술활동을 18시간 이수한 자
4) 동물매개심리상담 관련 임상활동을 150시간 이상 이수하고 임상기관의 임상확인서를 제출한 자

제 6 조 (1급 동물매개심리상담사의 자격) 1급 동물매개심리상담사란 다음 각 항에 해당하는 자를 말한다.
1) 한국동물매개심리상담학회 정회원 이상으로 동물매개심리상담 전공 석사과정 재학 이상인 자로써 6항, 7항의 자격을 갖춘 자 또는 2급 자격증 취득 후 1년 경과한 자로서 2항, 3항, 4항, 5항, 6항, 7항의 자격을 모두 갖춘 자
2) 한국동물매개심리상담학회 또는 지정기관에서 교육과정 60시간을 이수한 자
3) 한국동물매개심리상담학회의 학술활동을 12시간 이수한 자
4) 동물매개심리상담 관련 임상활동을 80시간이상 하고 임상기관의 임상확인서를 제출한 자
5) 임상감독 20시간 이상 이수한 자
6) 동물매개심리상담 임상 사례발표 1회 이상인 자
7) 동물매개심리상담 관련 사례회의 3회 이상 참석한 자

제 7 조 (2급 동물매개심리상담사의 자격) 2급 동물매개심리상담사란 다음 각 항에 해당하는 자를 말한다.
* 2년제 이상 대학 재학 이상자로 1항), 2)항의 자격을 모두 갖춘 자.
  단, 관련 전공자는 학회 주관 워크샵 이수로 1)항과 2)항을 대체함.
  1) 한국동물매개심리상담학회 또는 지정기관에서 교육과정 36시간을 이수한 자
  2) 한국동물매개심리상담학회의 학술활동을 6시간 이수한 자
* 관련 전공은 동물매개심리상담학, 심리상담학, 애완동물학, 수의학, 동물자원학, 사회복지학, 미술심리상담, 음악심리상담, 간호학, 의학, 재활심리상담, 물리심리상담, 작업 심리상담, 보건 계열 전공 등 자격위원회에서 인정하는 전공이 이에 해당된다.

제 3 장 자격시험 및 심사

제 8 조 (자격시험) 자격시험은 본 학회가 주관하는 일정 시간의 연수(2급은 36시간, 1급은 60시간, 전문가는 80시간)를 거친 후에 응시할 수 있다.

제 9 조 (자격시험 종류와 과목) 자격시험은 필기시험과 면접시험으로 구분하며, 자격의 종별에 따라 다음의 필기시험 과목을 부과한다.
  1. 동물매개심리상담슈퍼바이저
     1) 서류심사
     2) 면접심사
  2. 동물매개심리상담전문가
     1) 필기시험
        ① 동물매개중재학
        ② 동물행동학
        ③ 임상심리학
        ④ 집단상담
     2) 서류심사
     3) 면접심사
  3. 1급 동물매개심리상담사
     1) 필기시험
        ① 동물매개치료학
        ② 이상심리학
        ③ 상담심리학
        ④ 치료도우미동물학
     2) 서류심사
     3) 면접심사
  4. 2급 동물매개심리상담사
     1) 필기시험
        ① 동물매개치료학
        ② 발달심리학
     2) 서류심사

동물매개심리상담사 자격 규정

제 10 조 (자격시험 시행세칙) 본 자격시험의 실시에 관한 기타사항은 동물매개심리상담사 자격시험 시행 세칙에 따른다.

제 11 조 (연수와 수련과정) 동물매개심리상담사의 자격을 취득하기 위해서는 동물매개심리상담사 수련과정 시행세칙의 연수와 수련과정을 이수해야 한다.

제 12 조 (자격증 청구 및 심사) 동물매개심리상담사 수련과정의 이수 및 자격시험에 합격한 자와 무시험 심사대상자로서 면접시험에 합격한 자는 본 학회에서 규정하는 소정의 서류를 갖추어 [자격관리위원회]의 자격심사를 거쳐야 한다.

제 4 장 자격관리위원회

제 13 조 (자격관리위원회) 동물매개심리상담사 자격시험을 관리, 운영하기 위하여 자격관리위원회를 두고, 이 위원회에서 동물매개심리상담사 자격시험 및 자격심사를 관장한다.

제 14 조 (구성) 자격관리위원회는 한국동물매개심리치료학회장이 추천하여 이사회의 인준을 얻은 자로 구성하며, 교육, 심리, 상담, 동물, 의학, 간호, 수의학 분야별 전문가를 고루 위촉한다.

제 15 조 (위원장) 한국동물매개심리학회장이 당연직으로 위원장을 겸임하며 실질적 임무수행을 위해 상임자격위원장을 둘 수 있다.

제 16 조 (임기) 위원장 및 위원의 임기는 한국동물매개심리학회장의 임기에 따른다

부칙

제1조 (시행일) 이 규정은 2013년 1월 24일부터 시행한다.

동물매개심리상담사 자격시험 및 자격심사 시행세칙

제 1 조 (목적) 본 자격시험 및 심사 시행세칙은 동물매개심리상담사 자격규정 제10조에 명시한 동물매개심리상담사 자격시험 시행세칙을 규정함을 목적으로 한다.

제 2 조 (시험자격의 정의) 자격규정 제 4조, 5조, 6조, 7조의 사항을 다음과 같이 정의한다.
1. 대학과 대학원에서의 동물매개치료학, 아동학, 특수교육학, 재활치료, 미술치료, 언어치료, 행동치료, 사회복지학, 동물행동학, 동물관리학, 의학, 간호학, 수의학 분야 전공이라 함은, 〈별표 2〉의 학문분류표에 해당하는 자를 말하며, 관련 전공분야가 동물매개심리상담사의 자격으로는 애매하거나 여기에 명시되지 않은 분야는 자격관리위원회에서 심의하여 인정여부를 결정한다.
2. 동물매개심리상담사 시험에 응시하고자 하는 사람은 반드시 본 회 회원의 자격을 갖춘 자라야 한다.

제 3 조 (시험시기) 자격시험의 횟수는 연 2회를 원칙으로 하고 매년 5월, 10월에 시험을 실시한다. 시험일자, 장소 및 기타사항은 한국동물매개심리치료학회장이 공고한다.

제 4 조 (시험출제위원) 시험출제위원은 회장이 위촉하고 1인이 2개 과목까지만 출제할 수 있다.

제 5 조 (필기고사 합격) 필기시험에서 전체평균 60점 이상, 과목별로는 40점 이상이어야 한다.

제 6 조 (면접고사 합격) 필기고사에 합격한 자는 면접시험에서 합격해야만 한다. 면접시험은 [자격관리위원]의 과반수의 찬성에 의해 결정하고 동수인 경우에는 의장이 결정한다. 단, 면접시험은 본 세칙 11조에 준한다.

제 7 조 (시험응시 서류) 동물매개심리상담사 자격시험에 응시하고자 하는 자는 다음의 서류를 소정의 응시료와 함께 제출하여야 한다.
1. 동물매개심리상담전문가
   1) 응시원서(학회 홈페이지를 통해 작성)
   2) 최종학교 졸업 및 성적증명서 ················· 각 1부

동물매개심리상담사
자격 규정

    3) 1급 동물매개심리상담사 자격증 사본(해당자에 한함) ················ 1부
    4) 사진(6개월 이내 증명사진 jpg파일로 첨부)
  2. 1급 동물매개심리상담사
    1) 응시원서
    2) 최종학교 졸업 및 성적증명서 ·· 각 1부
    3) 2급 동물매개심리상담사 자격증 사본(해당자에 한함) ················ 1부
    4) 사진(6개월 이내 증명사진 jpg파일로 첨부)
  3. 2급 동물매개심리상담사
    1) 응시원서
    2) 최종학교 졸업증명서 ··· 1부
    3) 연수관련 증빙서류 사본(해당자에 한함) ···································· 1부
    4) 사진(6개월 이내 증명사진 jpg파일로 첨부)

제 8 조 (무시험 자격심사 응시서류)

제 9 조 (자격증 청구 및 심사서류)

  1. 동물매개심리상담슈퍼바이저
    1) 자격심사 신청서
    2) 이력서 및 자기소개서 ·· 각 1부
    3) 재직 증명서 및 경력 증명서(해당자에 한함) ····························· 각 1부
    4) 최종학교졸업증명서 ·· 1부
    5) 치료도우미동물 자격인증서(해당자에 한함) ································ 1부
    6) 동물매개심리상담 임상경력 증명 및 기관수련 증빙서류 ············ 1부
    7) 동물매개심리상담 지도감독한 사례 및 공개발표사례 ················ 1부
    8) 동물매개심리상담 지도감독 받은 사례 및 공개발표사례 ············ 1부
    9) 동물매개심리상담 연구실적물(실적목록 포함) ···························· 2부
    10) 동물매개심리상담사례 (개인 및 집단사례) ····························· 각 1부
    11) 관련학회활동 ··· 증빙서류 1부
    12) 기타 임상 및 상담활동 ··· 실적물 각 1부

2. 동물매개심리상담전문가
   1) 자격심사 신청서
   2) 자격 시험 합격증 사본(본회 발급) ·· 1부
   3) 재직 증명서 및 경력증명서(해당자에 한함) ······························ 1부
   4) 최종학교 졸업 및 성적증명서 ·· 각 1부
   5) 치료도우미동물 자격인증서(해당자에 한함) ······························ 1부
   6) 동물매개심리상담 임상실습 확인 및 기관수련 증빙서류 ············ 1부
   7) 동물매개심리상담사례 (개인 및 집단 사례) ···························· 각 1부
   8) 동물매개심리상담 연구실적물(실적목록 포함) ·························· 1부
   9) 동물매개심리상담 교육과정 수료증 ··· 1부
   10) 관련 학회활동 ··· 증빙서류 1부
   11) 기타 임상 및 상담활동 ·· 실적물 각 1부

3. 1급 동물매개심리상담사
   1) 자격심사 신청서(학회홈페이지에서 신청)
   2) 동물매개심리상담사 수련수첩 ·· 1권
   3) 재직 증명서 및 경력증명서(해당자에 한함) ······························ 1부
   4) 최종학교 졸업 및 성적증명서 ·· 각 1부
   5) 치료도우미동물 자격인증서(해당자에 한함) ······························ 1부
   6) 동물매개심리상담 임상실습 확인 및 기관수련 증빙서류 ············ 1부
   7) 동물매개심리상담사례 (개인 및 집단사례) ···························· 각 1부
   8) 동물매개심리상담 교육과정 수료증 ······································ 확인증 1부
   9) 관련 학회활동 ··· 증빙서류 1부
   10) 기타 임상 및 상담활동 ·· 실적물 각 1부

제 10 조 (자격증 청구 및 심사의 시기) 자격심사는 연2회 실시를 원칙으로 하고 면접시험을 함께 실시한다.

제 11 조 (부칙) 이상에서 명시되지 않았거나 시행 상 애매한 사항은 자격관위원회의 결정에 따른다.

Contents · 목차

Chapter 01
동물매개치료 개론

I. 동물매개치료의 개요 ·· 2
   1. 용어의 변화 ··· 2
   2. 용어의 정의 ··· 2

II. 동물매개치료의 역사 ·· 9
   1. 동물매개치료의 기원 ····································· 9
   2. 동물매개치료의 발전에 기여한 사람들 ···················· 9
   3. 외국 동물매개치료 발전의 역사 ·························· 10
   4. 국내 동물매개치료 역사 ································· 11

III. 동물매개치료의 구성요소 ····································· 15
   1. 동물매개치료의 4대 구성요소 ··························· 15

IV. 동물매개심리상담사 ··· 18
   1. 동물매개심리상담사의 개요 ······························ 18
   2. 동물매개심리상담사 자격증 취득하기 ····················· 18
   3. 동물매개심리상담사 역할과 조건 ························ 20
   4. 동물매개심리상담사의 비전 ······························ 21
   5. 동물매개치료의 효율적 운영을 위한 2가지 형태 ·········· 21

V. 치료도우미동물 ··· 24

VI. 동물매개치료의 활동 가이드라인 ······························ 34

VII. 동물매개치료의 차별성과 효과기전 ··························· 39
   1. 동물매개치료의 특징 ···································· 39
   2. 동물매개치료의 차별성 ·································· 40
   3. 동물매개치료의 효과기전 ································ 41
   4. 동물매개치료의 효과기전 ································ 43

VIII. 동물매개치료의 적용분야 ····································· 52
   1. 심리상담 영역 ·· 52
   2. 병원 입원 환자의 치료와 간호 ·························· 54
   3. 특수 동물의 활용 ······································ 54
   4. 동물매개교육 ·· 56

IX. 대상자에 따른 동물매개치료 ··································· 58

Chapter 02
치료도우미 동물학

- I. 치료도우미동물의 개요 ············· 64
  - 1. 치료도우미동물의 개요 ············· 64
  - 2. 중재도구로서 치료도우미동물의 이점 ············· 64
  - 3. 치료도우미동물의 조건 ············· 65
  - 4. 치료도우미동물의 종류 선택 기준 ············· 66
- II. 치료도우미동물의 종류 ············· 71
  - 1. 치료도우미동물의 종류-개 ············· 71
  - 2. 치료도우미동물의 종류-고양이 ············· 72
  - 3. 치료도우미동물의 종류-말 ············· 73
  - 4. 치료도우미동물의 종류-새 ············· 74
  - 5. 치료도우미동물의 종류-돌고래 ············· 75
  - 6. 치료도우미동물의 종류-곤충 ············· 76
  - 7. 치료도우미동물의 종류-농장동물 ············· 77
- III. 치료도우미동물로 개와 고양이 ············· 88
  - 1. 치료도우미동물에 대한 이해 ············· 88
  - 2. 개에 대한 이해 ············· 89
- IV. 치료도우미동물 선발과 평가 ············· 98
  - 1. 치료도우미동물 선발 ············· 98
- V. 치료도우미견의 훈련 ············· 105
  - 1. 치료도우미견의 훈련 ············· 105
- VI. 치료도우미동물 관련 자격 ············· 112
  - 1. 펫 파트너 ············· 112
  - 2. 도우미 동물 평가사 ············· 112
  - 3. 동물행동상담사 ············· 113
  - 4. 펫 헬스 테라피 ············· 113
- VII. 치료도우미동물의 위생 ············· 118
  - 1. 치료도우미동물의 역할 ············· 118
  - 2. 일반 감염병 및 인수공통감염병 ············· 118
- VIII. 치료도우미동물의 복지 ············· 132
  - 1. 치료도우미동물의 복지 ············· 132
  - 2. 치료도우미동물의 복지 평가 ············· 134

Contents · 목차

Chapter 03 발달심리

I. 유아기 발달심리 ············ 144
  1. 신체발달 ············ 144
  2. 유아기의 인지발달 ············ 145
  3. 유아기의 언어발달 ············ 146
  4. 유아기의 사회정서발달 ············ 147

II. 아동기 발달심리 ············ 160
  1. 신체발달 ············ 160
  2. 아동기의 인지발달 ············ 161
  3. 아동기의 언어발달 ············ 162
  4. 아동기의 사회정서발달 ············ 163

III. 청소년기 발달심리 ············ 172
  1. 청소년기 발달이론 ············ 172
  2. 청년기의 신체 및 성적발달과 인지발달 ············ 174
  3. 청년기 자아발달과 정체성발달 ············ 176
  4. 청년기 도덕성 발달 ············ 178

IV. 중년기 발달심리 ············ 193
  1. 성인기 발달 ············ 193
  2. 성인기 발달모형 ············ 194
  3. 성인기 발달이론 ············ 194
  4. 성인기 발달의 특징 ············ 196

V. 노년기 발달심리 ············ 211
  1. 노년기의 신체적 발달 ············ 211
  2. 노년기의 인지발달 ············ 211
  3. 노년기 성격발달 ············ 213
  4. 노년기 활동 ············ 215
  5. 노년기와 죽음 ············ 215

Chapter 04 이상심리의 이해와 접근방법

I. 이상심리의 정의 ············ 230
  1. 이상과 건강 ············ 230
  2. 정상적인 사람들의 특징 ············ 230

II. 이상행동의 기준 ············ 232

III. 이상행동에 대한 이론적 접근 ············ 238
  1. 신경생물학적 접근 ············ 238
  2. 정신역동적 접근 ············ 238
  3. 행동주의적 접근 ············ 240
  4. 인지적 접근 ············ 240

Chapter 04 이상심리의 이해와 접근방법

　　5. 인본주의적 접근 ·· 241
　　6. 스트레스-취약성 모델(stress-vulnerability model) ········ 242
IV. 이상행동의 진단분류와 평가 ·· 243
　　1. 이상행동의 분류 ·· 243
　　2. 범주적 분류와 차원적 분류 ······································ 243
　　3. 정신장애의 분류체계 ··· 244

Chapter 05 상담의 기본이론과 접근방법

I. 상담의 기본 이론 ·· 264
　　1. 상담이란? ··· 264
　　2. 상담의 이론 ·· 265
II. 초기상담 ··· 298
　　1. 초기상담 ·· 298
III. 중기 단계 ··· 300
　　1. 중기 단계 ·· 300
IV. 종결 단계 ··· 302
　　1. 종결단계 ··· 302
V. 상담 윤리 ·· 311
　　1. 전문가로서의 태도 ··· 311
　　2. 사회적 책임 ·· 312
　　3. 비밀보장 ·· 313
　　4. 심리상담사의 윤리문제에 대한 몇 가지 지침들 ············ 314
VI. 상담에 영향을 미치는 요인들 ······································ 320
VII. 집단상담의 구조 ·· 328
　　1. 집단상담의 정의 ··· 328
　　2. 집단상담의 준비 및 구성 ······································· 331
　　3. 집단 상담의 과정 ··· 332
VIII. 집단상담의 심화 ·· 346
　　1. 집단과정별 상담자의 개입 ······································ 346
　　2. 집단역동 ·· 348
IX. 집단상담의 실제 ·· 351
　　1. 집단 구성하기 ·· 351
　　2. 집단상담 초기단계 ·· 354
　　3. 집단상담의 작업단계 ··· 359
　　4. 집단상담의 종결단계 ··· 362

MEMO

Chapter 01
동물매개치료의 개론

I. 동물매개치료의 개요 ·· 2
II. 동물매개치료의 역사 ·· 9
III. 동물매개치료의 구성요소 ·· 15
IV. 동물매개심리상담사 ·· 18
V. 치료도우미동물 ·· 24
VI. 동물매개치료의 활동 가이드라인 ···························· 34
VII. 동물매개치료의 차별성과 효과기전 ························ 39
VIII. 동물매개치료의 적용분야 ·· 52
IX. 대상자에 따른 동물매개치료 ···································· 58

Ⅰ 동물매개치료의 개요

1. 용어의 변화

역사를 거슬러 올라가보면, 인류와 다양한 동물 종류들과의 긴밀한 관계들은 구석기 원시인부터 오랜 기간 동안 존재하여 왔다. 더욱이, 치료 프로그램에 길들여진 동물들을 적용하여 왔다. 집중적이고, 구조화되고 서류화되어 정리되는 동물을 활용한 프로그램은 상대적으로 최근에 이루어졌다. 결과적으로 이러한 영역에서 다양한 인쇄 서적들을 보면, canine therapy, co-therapist, animal assisted therapy 등의 다양한 용어들이 사용되고 있는 것을 발견하게 된다.

2. 용어의 정의

(1) 인간과 동물의 유대(Human Animal Bond, HAB)

HAB는 사람과 동물과의 상호작용에서 생기는 사람과 동물 쌍방에 정신적, 신체적으로 생기는 좋은 효과를 인식해 사람과 동물 쌍방의 행복을 증진시키고 양자의 복지를 목적으로 한다.

(2) 동물매개활동(Animal Assisted Activity, AAA)

팀에서 이전에 미리 마련해 놓은 프로그램을 활용하여 목표한 효과를 얻을 수 있도록 중재단위(IU)를 1명이나 더 많은 사용자(RI)인 대상자들로 구성하여 활동을 수행한다. 중재단위 IU는 활동에 활용되는 동물과 펫파트너로 구성된다.

$$AAA = IU(동물 + 펫파트너) + RI(s).$$

(3) 동물매개치료(Animal Assisted Therapy, AAT)

목표한 건강 치료 효과를 얻을 수 있도록 전문가인 중재전문 IP인 동물매개심리상담사가 '중재 수혜자(receiver of intervention; RI)인 대상자와의 세션 동안 치료도우미견이

대상자 RI를 위한 촉매 역할과 동기 부여 및 지원의 기능을 할 수 있도록 한다. 중재단위(IU)에 정신과, 신경학, 심리학, 간호, 물리치료, 작업치료 등의 전문가들이 포함될 수 있다. 임상을 위한 자격증, 학위를 가진 모든 전문가들이 치료 목표 달성을 위해서 계획된 역할들을 수행한다.

$$AAT = IU(치료도우미동물+펫파트너) + IP + RI.$$

(4) 동물매개교육(Animal Assisted Education; AAE)

목표한 교육 효과를 얻을 수 있도록 전문가인 동물매개심리상담사(중재전문 IP)가 대상자(중재 수혜자, receiver of intervention; RI)와의 세션 동안 치료도우미견이 대상자 RI를 위한 촉매 역할과 동기 부여 및 지원의 기능을 할 수 있도록 한다.

$$AAE = IU(치료도우미동물+펫파트너) + IP + RI.$$

(5) 동물매개중재(Animal Assisted Intervention; AAI)

동물매개중재(Animal assisted Intervention; AAI)는 동물을 활용하여 대상자에 영향을 주는 모든 계획 활동을 말한다. 구상(conception), 개발(development), 실행(execution), 평가(evaluation)를 수행하는 전문가들에 따라 분류된다. 동물매개중재를 5개 범주로 분류할 수 있다.

단원정리문제

문제 01 난이도: 기본

다음 설명으로 잘못된 것은?

① HAB는 사람과 동물 간의 상호작용에 의한 쌍방의 행복 증진효과를 얻는다.
② 동물매개활동은 수동적 매개활동과 상호작용적 매개활동으로 나뉜다.
③ 동물매개활동은 동물매개심리상담사의 의도적이고 계획적인 전문 분야이다.
④ CAPP는 사람과 동물의 유대관계 증진 프로그램이다.

🔎 풀이 : 동물매개치료는 도움을 필요로 하는 클라이언트와 목적에 맞게 훈련된 치료도우미동물, 그리고 전문적인 교육을 받은 동물매개심리상담사의 의도적이고 계획적인 활동을 통하여 대상자의 인지적, 정서적, 사회적, 교육적, 신체적 발달과 적응력을 향상시킴으로서 육체적인 재활과 정신적 회복을 추구하는 전문적인 분야이다.

문제 02 난이도: 기본

다음 중 인간과 동물의 유대에 대한 설명으로 옳지 않은 것은?

① 인간과 동물의 유대(Human-Animal Bond, HAB)의 Bond는 "얽음"으로서 잘 표현되고 있다.
② 많은 전문가들은 동물들이 사람의 사회성을 증가시키지만 통증에는 효과가 없다고 보고하고 있다.
③ 인간과 동물의 유대란 인간과 동물 간에 상호 교감을 말한다.
④ HAB는 사람과 동물 간의 상호작용에 의한 쌍방의 행복 증진효과를 얻는다.

🔎 풀이 : 많은 전문가들은 동물들이 사람의 사회성을 증가시키고 통증을 잊게 해 주기도 한다고 하였다. 많은 연구가들이 동물이 인간의 삶의 질을 향상시킨다고 보고하고 있다. 동물매개치료 프로그램을 통하여 환자의 건강을 향상시킨다는 많은 보고들이 있다.

문제 03 난이도: 기본

다음 중 인간과 동물의 유대에 대한 설명으로 옳지 않은 것은?

① 인간과 동물의 유대는 Human-Animal Bond 또는 HAB로 부른다.
② 인간과 동물의 유대는 반려동물과 사람사이에서만 볼 수 있다.
③ 인간과 동물의 유대란 인간과 동물 간에 상호 교감을 말한다.
④ HAB는 사람과 동물간의 상호작용에 의한 쌍방의 행복 증진효과를 얻는다.

🔎 풀이 : 인간과 동물의 유대는 반려동물에서 사람과 강한 상호 교감이 발생하나, 농장동물 또는 동물원 동물과 같은 다양한 동물들에서도 상호 교감이 유발된다.

정답 1. ③ 2. ② 3. ②

문제 04 난이도 : 기본
다음 설명으로 잘못된 것은?

① 반려동물의 소유(pet ownership)는 북부 이스라엘에서 발견된 12,000년 전부터 이루어졌다.
② 동물의 가축화(domestication)는 식량자원으로서의 역할과 운반을 위한 사역 동물로 활용하기 위하여 오랜 역사 전에 이루어진 것으로 알려져 왔다.
③ 구석기 무덤의 개와 사람의 뼈 발굴은 동물들이 식량자원의 목적으로만 이용되었다는 증거를 보여주고 있다.
④ 최근 연구들에 의하면 반려동물과의 동반은 주인들의 건강을 증진시키는 것으로 밝혀지고 있다.

풀이 : 동물의 가축화(domestication)는 식량자원으로서의 역할과 운반을 위한 사역 동물로 활용하기 위하여 인류의 오랜 역사 전에 이루어진 것으로 알려져 왔으나 이 구석기 무덤의 개와 사람의 뼈 발굴 이후로 동물들이 반려감(companionship)을 목적으로 사람에 의해 길들여진 것이라는 주장이 설득력 있게 제기되었다.

문제 05 난이도 : 중급
동물매개치료에 대한 설명 중 전문적인 심리치료를 행하는 것이면서 치료 결과에 대하여 보다 명확하고 객관화 할 수 있는 치료에 대한 의미를 가지는 용어는 다음 중 어느 것인가?

① HAB   ② AAA   ③ AAT   ④ CAPP

풀이 : HAB는 동물과의 유대를 의미
AAA는 치료에 대한 효과가 좋다, 의미가 있다는 추상적인 의미

문제 06 난이도 : 중급
다음 중 동물매개치료 관련 정의에 대한 설명으로 옳지 않은 것은?

① 수동적 활동은 수족관의 설치로 관상어를 활용하는 예를 들 수 있다.
② 상호작용적 매개활동은 동물원 동물의 관람과 같은 활동의 예를 들 수 있다.
③ 동물매개활동은 반려동물과 함께 즐거운 시간을 보내는 프로그램과 같은 예를 들 수 있다.
④ 동물매개치료는 전문가인 동물매개심리상담사가 포함되는 전문 치유 활동이다.

풀이 : 동물원 동물의 관람과 같은 활동은 수동적 동물매개치료의 예이다.

정답 4. ③ 5. ③ 6. ②

문제 07 난이도: 중급

동물매개치료에 대한 설명 중 전문가인 동물매개심리상담사가 프로그램을 계획하고 운영하며 효과를 평가하는 전문적인 보완대체의학적 치료에 대한 의미를 가지는 용어는 다음 중 어느 것인가?

① HAB ② AAA ③ AAT ④ CAPP

풀이 : AAT는 치료도우미 동물이 중재되어 대상자의 심리상담 또는 재활치료 효과를 얻기 위해 전문가인 동물매개심리상담사가 프로그램을 계획하고 운영하며 효과를 평가하는 전문적인 보완대체의학적 치료 행위이다.

문제 08 난이도: 중급

다음 설명에 대한 내용으로 가장 적합한 용어는?

> 사람과 동물과의 상호작용에서 생기는 사람과 동물 쌍방에 정신적, 신체적으로 생기는 좋은 효과를 인식해 사람과 동물 쌍방의 행복을 증진시키고 양자의 복지를 목적으로 하는 것을 말한다.

① PAT(Pet as Therapy)
② 사람과 동물과의 유대관계 증진 프로그램(Companion Animal Partnership Program)
③ 사람과 동물과의 유대(Human Animal Bond)
④ GCDP(Good Citizenship Dog Program)

풀이 : HAB는 사람과 동물과의 상호작용에서 생기는 사람과 동물 쌍방에 정신적, 신체적으로 생기는 좋은 효과를 인식해 사람과 동물 쌍방의 행복을 증진시키고 양자의 복지를 목적으로 한다.

문제 09 난이도: 중급

다음 중 동물매개치료 관련 정의에 대한 설명으로 옳지 않은 것은?

① 수동적 활동은 동물들을 특별히 훈련시킬 필요가 없고 활동에 특별한 능력이나 기술이 필요하지 않다.
② 상호작용적 매개활동은 직접 동물과의 상호작용을 통하여 동기를 유발시키고 신체적 활동의 증가 등을 향상시키는 소극적인 동물매개활동이다.
③ 동물매개활동은 전문적인 치료 활동이라기보다는 반려동물과 함께 즐거운 시간을 보내는 정도의 오락적, 교육적, 예방적 기능에 중점을 두는 활동이다.
④ 동물매개치료는 전문가인 동물매개심리상담사가 프로그램을 계획하고 운영하며 평가하는 행위이다.

풀이 : 상호작용적 매개활동은 직접 동물과의 상호작용을 통하여 동기를 유발시키고 신체적 활동의 증가와 사회성 등을 향상시키는 적극적인 동물매개활동이다.

정답 7. ③ 8. ③ 9. ②

문제 10 난이도 : 중급
다음 중 동물매개치료에 대한 설명으로 옳지 않은 것은?

① 동물매개치료는 동물의 심리 및 재활치료를 목적으로 한다.
② 동물매개활동은 수동적 매개활동과 상호작용적 매개활동으로 나뉜다.
③ 동물매개활동은 사람과 동물과의 상호작용을 통하여 삶의 질을 향상하려는 활동이다.
④ 동물매개활동의 수동적 매개활동은 동물을 특별히 훈련할 필요는 없다.

풀이 : 동물매개치료는 치료도우미 동물이 중재되어 대상자의 심리상담 또는 재활치료 효과를 얻는 것이다.

문제 11 난이도 : 기본
동물매개치료에 대한 설명으로 옳은 것만을 〈보기〉에서 고른 것은?

─ 보기 ─
ㄱ. 동물매개활동은 전문적인 치료 활동이라기보다는 반려동물과 함께 즐거운 시간을 보내는 정도의 오락적, 교육적, 예방적 기능에 중점을 두는 활동이다.
ㄴ. 동물매개활동은 전문적인 치료활동으로서 시간을 보내는 정도의 오락적, 교육적, 예방적 기능에 중점을 두는 활동이다.
ㄷ. 수동적 동물매개활동은 동물들을 특별히 훈련시킬 필요가 없고 활동에 특별한 능력이나 기술이 필요하지 않다.
ㄹ. 상호작용적 동물매개활동에서 사람들은 동물을 직접 만질 수 없으나 동물들의 몸짓이나 노랫소리를 보고 들으면서 효과를 얻게 된다.

① ㄱ, ㄴ   ② ㄱ, ㄷ   ③ ㄷ, ㄹ   ④ ㄴ, ㄷ, ㄹ

풀이 : ㄴ. 동물매개활동은 전문적인 활동이기보다는 오락적, 교육적, 예방적 기능에 중점을 두는 활동이다.
ㄹ. 상호작용적 동물매개활동은 직접 동물과의 상호작용을 통하여 동기를 유발시키고 신체적 활동의 증가와 사회성 등을 향상시키는 적극적인 동물매개활동이다.

문제 12 난이도 : 기본
다음 동물매개활동에 대한 설명으로 잘못된 것은?

① 동물매개활동의 상호작용적 매개활동은 적극적인 동물매개활동이다.
② 동물매개활동의 수동적 매개활동은 동물을 특별히 훈련할 필요는 없다.
③ 동물매개활동은 사람과 동물과의 상호작용을 통하여 삶의 질을 향상하려는 활동이다.
④ 동물매개활동은 전문적인 심리치료 활동이다.

풀이 : 동물매개활동은 사람과 동물과의 상호작용을 통하여 사람들의 정서적인 안정과 심리적인 안정, 신체적인 발달을 촉진시켜 삶의 질을 향상시키는 것이다. 즉 전문적인 치료활동이라기보다는 반려동물과 함께 즐거운 시간을 보내는 정도의 오락적, 교육적, 예방적 기능에 중점을 두는 비전문적 레크리에이션 활동이다.

정답 10. ① 11. ② 12. ④

문제 13 난이도 : 기본
다음 중 수동적 동물매개활동에 대한 설명으로 옳지 않은 것은?

① 대표적인 예로 수족관 설치를 통한 활동을 들 수 있다.
② 동물원 관람 또한 수동적 동물매개활동으로 분류된다.
③ 새장 안의 새를 가지고 방문 활동을 할 수 있다.
④ 상호작용적 동물매개활동 보다 일반적으로 효과가 우수하다.

풀이 : 상호작용적 매개활동은 사람들이 직접 동물과의 상호작용을 통하여 동기를 유발시키고 신체적 활동의 증가와 사회성 등을 향상시키는 적극적인 동물매개활동이다. 수동적 동물매개활동 보다 상호작용적 동물매개활동의 효과가 일반적으로 우수하다.

문제 14 난이도 : 중급
다음 중 수동적 동물매개활동이 필요한 상황에 대한 설명으로 옳지 않은 것은?

① 면역이 저하된 환자의 입원 병실에 방문 활동에 적합하다.
② 신체 재활이 필요한 대상자에게 매우 효과적이다.
③ 동물 털에 대한 알레르기를 가지고 있는 대상자에게 적용이 가능하다.
④ 상호작용적 매개활동 보다 대상자에 대한 안전성이 일반적으로 높게 평가된다.

풀이 : 수동적 매개활동에서 동물의 역할은 수동적이며 사람들은 동물을 직접 만질 수 없으나 동물들의 몸짓이나 노랫소리를 보고 들으면서 효과를 얻게 된다. 따라서 신체 재활의 경우에 상호작용적 매개활동을 수행하는 것이 효과를 상승시킬 수 있다. 수동적 매개활동은 동물과의 직접 접촉이 없기 때문에 감염이나 물림, 할큄 등의 위험이 적기 때문에 상호작용적 매개활동 보다 대상자에 대한 안전성이 일반적으로 높게 평가된다.

정답 13. ④ 14. ②

II 동물매개치료의 역사

1 동물매개치료의 기원

 기원전 1만 2천 년 전, 구석기 원시인들도 그들이 키우던 개들과 교감을 통하여 인간과 동물의 유대를 형성하였을 것으로 추정된다. 동물매개치료의 역사는 이와 같이 구석기 시대 인류의 역사부터 시작한다고 할 수 있다. 이후 인류는 다양한 동물을 길들여 가축화하여 함께 살게 되었고, 인간과 동물의 유대는 자연스럽게 형성되었을 것으로 추정된다.

2 동물매개치료의 발전에 기여한 사람들

(1) 나이팅게일

 간호 영역에서 애완동물을 활용한 치료는 1800년대부터 존재하였다. Florence Nightingale(간호사 나이팅게일, 1820~1910)은 동물을 활용한 치료인 동물매개치료의 효과에 대하여 실질적인 발견을 하였다. 나이팅게일은 동물들이 환자들의 좋은 동반자 역할을 한다고 추천하였고 환자의 치료 촉진을 위하여 동물을 활용한 간호 활동을 적극 활용하였다.
 나이팅게일은 "장기입원 환자에게 작은 애완동물이 우수한 동반감을 제공한다. 케이지 안의 애완용 새가 수년 동안 같은 병실에 갇혀져 있는 환자들에게 종종 유일한 즐거움을 제공할 수 있다."고 하였다.

(2) 프로이드

 상담 영역에서의 동물매개치료는 이미 정신분석학 분야에서 저명한 프로이드(Sigmund Freud, 1856~1939) 박사가 그의 애견 차우차우 종인 조피와 함께 심리상담을 실시하면서 상담에서 보조치료사로서 개의 역할은 잘 알려져 있다. 프로이드 박사는 상담 영역에서 치료도우미동물의 활용이 치료 효과를 높이는 것을 확인하고 상담의 한 분야로 동물매개치료를 병합하여 즐겨 수행하였다.

(3) 보사드

1944년에 제임스 보사드(James H.S. Bossard) 박사는 애완동물로서 개를 기르는 것이 그 주인에게 치료적 이점을 주는 것에 대하여 보고하였다. 이 연구 보고에는 애완동물을 기르는 이점에 대하여 여러 가지를 서술하고 있다. 애완동물은 주인에게 무조건적인 사랑의 원천, 사랑을 표현하기 위한 사람들의 욕구를 받아줄 수 있는 대상, 아동에게 배변 훈련이나 성교육과 책임과 같은 주제들에 대한 선생님의 역할, 사회적 윤활제, 반려동반자 역할을 할 수 있는 것으로 알려져 있다(Fine, 2000).

(4) 레빈슨

1962년에 미국의 소아정신과 의사인 보리스 레빈슨 박사는 현대의학적인 관점에서 동물매개치료를 정립하고 발전시키는 데 크게 기여하였다. 보리스 레빈슨 박사는 '보조치료사로서 개(The dog as a co-therapist)'라는 제목으로 출판한 논문에서 사람의 치료 영역에서 동물들의 중재 활동들의 이점에 대한 보사드 박사의 생각을 더욱 정립하여 밝혔다(Fine, 2000).

레빈슨 박사는 '애완동물치료(pet-therapy)', '애완동물 기반 심리치료(pet-oriented psychotherapy)', '사람-반려동물치료(human-companion animal therapy)'라는 명칭을 도입하였다(Fine, 2000).

레빈슨 박사는 자기 방어적이고 조용한 아동과 개가 신뢰관계를 형성하는 라포(rapport) 관계를 쉽게 생성한다는 것을 발견하였다. 레빈슨 박사는 개를 이용한 세션 과정에서 참여 대상 아동들이 활동의 중재 매체로서 이용된 개와 이야기를 나누게 되는데 오랜 시간이 소요되지 않는다는 것을 또한 발견하였다.

3 외국 동물매개치료 발전의 역사

(1) 초창기: 1700년대~1800년대
 1) 1792년. 영국 퀘이크 상인 : 정신 장애인 수용소에서 토끼나 닭을 키우게 함.
 2) 1867년. 독일에서 간질 환자에게 새나 고양이, 개, 말 등을 돌볼 수 있게 함.

(2) 도입기: 1900년대~1950년대
 1) 1901년. 영국의 헌트와 선즈가 재활승마 치료
 2) 1912년. 프로이트(Sigmund Freud, 정신분석 학자). 심리상담에 애견 조피 활용
 3) 1919년. 미국 래인이 정신 질환을 앓는 군인의 치료에 개를 활용

- 4) 1942년. 파울링 공군요양병원 부상 병사 치료-농장동물 프로그램을 적용
- 5) 1952년. 헬싱키 올림픽에서 덴마크의 하텔이라는 소아마비 승마선수 우승
- 6) 1958년. 영국에서 장애인 조랑말 승마단체가 설립

(3) 발전기: 1960년대~1970년대

- 1) 1962년대 미국 소아과 의사인 레빈슨 박사가 애견 징글을 치료매개로 활용
- 2) 1964년. 유럽지역 재활승마 단체 간 협력 위원회가 결성
- 3) 1966년. 노르웨이의 베이토스톨런 장애인 재활센터에서 말 치료요법 적용
- 4) 1969년. 영국 재활승마협회(RDA, Riding for the Disabled Association) 결성

(4) 성장, 보급기 : 1970년대 이후

- 1) 1970년대 맬런은 발달 및 정서·행동장애아의 '치료농장 프로그램' 운영
- 2) 1973년. 미국 파이크스 피크지역의 '이동 애완동물 방문 프로그램' 적용
- 3) 1975년. 오하이오 주립대학의 코손은 반려동물을 이용해 양로원 환자를 치료
- 4) 1976년. 영국에서 미국으로 이주한 스미스는 국제치료견협회(TDI)를 설립
- 5) 1977년. 미국에서 델타협회(Delta Society)가 발족
- 6) 1980년. 세계장애인승마연맹(FRD) 창립
- 7) 1992년. 국제인간동물상호작용연구협회(IAHAIO) 발족(22개국 30단체)

4 국내 동물매개치료 역사

(1) 국내 동물매개치료 발전 현황

- 1) 국내동물매개치료 활동 연혁
  ① 1990년. 한국동물병원협회. '동물은 내 친구' 활동 시작
  ② 1994년. 삼성화재 안내견 학교 설립
  ③ 2001년. 삼성재활 승마단 발족
  ④ 2002년. 삼성 치료도우미견센터 발족
  ⑤ 2008년. 한국동물매개심리치료학회 설립
  ⑥ 2012년. 한국동물매개심리치료학회지 창간

- 2) 국내 동물매개치료 교육활동 현황
  2008년. 원광대학교 대학원 동물매개심리치료학과 신설

단원정리문제

문제 01 난이도 : 기본

다음 동물매개치료 역사에 대한 설명으로 잘못된 것은?

① 1976년 국제치료견협회가 설립되었다.
② 1901년 영국에서 승마치료 개념이 정립되었다.
③ 1970년 미국델타협회가 발족되었다.
④ 1990년 국제 인간과 동물 상호작용 연구협회가 발족되었다.

풀이 : 1977년 미국델타협회가 발족되었다.

문제 02 난이도 : 기본

다음 동물매개치료 역사에 대한 설명으로 잘못된 것은?

① IAHAIO는 AAA/AAT 와 관련되어 1990년에 발족된 국제기구이다.
② 2008년 한국에서 한국동물매개심리치료학회가 설립되었다.
③ 영국에는 1976년 설립된 Pro Dogs 단체가 있다.
④ 미국에는 1977년 설립된 CAPP 단체가 있다.

풀이 : 미국에서 1977년 델타협회가 발족되었다. CAPP는 1986년 일본 동물병원협회 소속의 수의사들이 주축으로 AAA/T활동을 일본 내에 적용하여 활동을 하며 동물과의 유대(HAB)를 실천하기 위해 만들어진 프로그램이다.

문제 03 난이도 : 기본

다음 외국 동물매개치료 역사중 발전기에 대한 설명으로 잘못된 것은?

① 1962년대 미국 소아과 의사인 레빈슨 박사가 애견 징글을 치료매개로 활용
② 1964년. 유럽지역 재활승마 단체 간 협력 위원회가 결성
③ 1966년. 노르웨이의 베이토스톨런 장애인 재활센터에서 말 치료요법 적용
④ 1968년. 영국에서 장애인 조랑말 승마단체가 설립

풀이 : 1958년. 동물매개치료 도입기로 영국에서 장애인 조랑말 승마단체가 설립 되었다.

정답 1. ③ 2. ④ 3. ④

문제 04 난이도 : 기본
다음 외국 동물매개치료 역사중 도입기에 대한 설명으로 잘못된 것은?

① 1877년. 독일에서 간질 환자에게 새나 고양이, 개, 말 등을 돌볼 수 있게 함.
② 1958년. 영국에서 장애인 조랑말 승마단체가 설립
③ 1919년. 미국 래인이 정신 질환을 앓는 군인의 치료에 개를 활용
④ 1942년. 파울링 공군요양병원 부상 병사 치료-농장동물 프로그램을 적용

풀이 : 1867년. 동물매개치료의 초창기로 독일에서 간질 환자에게 새나 고양이, 개, 말 등을 돌볼 수 있게 하였다.

문제 05 난이도 : 기본
다음 외국 동물매개치료 역사 중 성장·보급기에 대한 설명으로 잘못된 것은?

① 1975년. 오하이오 주립대학의 코손은 반려동물을 이용해 양로원 환자를 치료
② 1977년. 미국에서 델타협회(Delta Society)가 발족
③ 1970년대 맬런은 발달 및 정서·행동장애아의 '치료농장 프로그램' 운영
④ 1986년. 노르웨이의 베이토스톨런 장애인 재활센터에서 말 치료요법 적용

풀이 : 1966년. 동물매개치료의 발전기로 노르웨이의 베이토스톨런 장애인 재활센터에서 말 치료요법을 적용하였다.

문제 06 난이도 : 기본
다음 국내동물매개치료 역사에 대한 설명으로 잘못된 것은?

① 1994년. 삼성화재 안내견 학교 설립
② 2005년. 한국매개치료연구회 발족
③ 2008년. 삼성재활 승마단 발족
④ 2009년. 전국 동물매개치료 유관기관 모임 개최

풀이 : 삼성재활 승마단 발족은 2001년에 이루어졌다.

정답 4. ① 5. ④ 6. ③

문제 07
난이도: 중급

다음 설명과 같이 동물매개치료의 발전에 기여한 사람의 이름은?

> 미국의 소아 정신과 의사로 동물매개치료의 현대 의학적 발전에 크게 기여하였다. 아동 환자들이 치료를 받을 때 애완견이 있는 환경에서 치료 집중도의 증가와 효과 증대를 발견하고 이를 의학적으로 활용하였다. 저서로는 'Pet Oriented Psychotherapy'와 같은 책이 출간되었다.

① 켄 웰버 ② 보리스 레빈슨
③ 지그문트 프로이트 ④ 장 피아제

풀이 : 보리스 레빈슨 박사는 미국의 소아 정신과 의사로 동물매개치료의 현대 의학적 발전에 크게 기여하였다.

문제 08
난이도: 중급

다음 설명과 같이 동물매개치료의 발전에 기여한 사람의 이름은?

> 오스트리아의 신경과 의사로서 정신분석의 창시자로 불린다. 그의 애견 차우차우 종의 '조피'를 심리상담에 활용하여 효과를 얻고 애완견을 활용한 심리치료를 발전시켰다.

① 켄 웰버 ② 보리스 레빈슨
③ 프로이드 ④ 장 피아제

풀이 : 프로이드 박사는 정신분석의 창시자. 히스테리환자를 관찰하고 최면술을 행하며, 인간의 마음에는 무의식이 존재한다고 하였다. 프로이트 박사는 자신의 애견을 심리상담에 활용하는 방법을 적용하여 애완견을 활용한 심리치료 영역을 발전시켰다.

문제 09
난이도: 중급

동물매개치료에 대한 역사적 내용으로 옳은 것만을 〈보기〉에서 모두 고른 것은?

> 보기
> ㄱ. 1792년. 영국 요크 정신장애인 수용소에서 동물 보조치료. 농장동물 이용
> ㄴ. 1867년. 독일 간질환자 치료 주거시설 내 승마치료 개념 도입
> ㄷ. 1962년. 미국 소아정신과 의사 보리스 레빈슨 Pet Therapy 시작
> ㄹ. 1976년. 국제치료견협회(TDI) 설립
> ㅁ. 1977년. 미국 델타협회(Delta Society) 발족

① ㄱ, ㄴ   ② ㄱ, ㄷ   ③ ㄱ, ㄷ, ㅁ   ④ ㄱ, ㄷ, ㄹ, ㅁ

풀이 : (ㄴ) 1867년. 독일 간질환자 치료 주거시설 내 농장동물 이용. 보조치료. 1901년. 영국 Hunt와 Sunz가 승마치료 개념 도입. 옥스퍼드 대학병원 재활승마치료 시작. 따라서 틀린 설명인(ㄴ)이 빠진 바른 설명을 모두 고른(ㄱ),(ㄷ),(ㄹ),(ㅁ)을 가진 ④가 정답이다.

정답 7. ② 8. ③ 9. ④

III 동물매개치료의 구성요소

1 동물매개치료의 4대 구성요소

동물매개치료의 4대 구성 요소는 도움을 필요로 하는 대상자와 도움을 줄 수 있는 전문가인 동물매개심리상담사 및 훈련과 위생 등의 일정한 자격을 갖춘 매개체인 치료도우미동물, 동물매개중재 프로그램을 구현하는 실천현장과 같이 4대 요소로 구성된다.

(1) 동물매개심리상담사

동물매개심리상담사란 동물매개치료를 담당하는 전문가로서 치료도우미동물을 활용하여 내담자의 심리적 치료와 재활적 치료 프로그램을 수행한다. 한국동물매개심리치료학회에서는 동물매개심리상담사와 치료도우미동물의 인증을 실시하고 있다. 자격을 취득한 동물매개심리상담사가 인증된 치료도우미동물을 활용하여 내담자의 문제를 해결하고자 하는 활동이 동물매개치료라 할 수 있다.

(2) 치료도우미동물

치료도우미동물이란 동물매개치료 프로그램 동안에 중재 역할을 하는 동물로서 한국동물매개심리치료학회 가이드라인에 따라 선발과 훈련, 위생관리 등의 일정한 기준에 맞는 동물로서 동물매개치료에 활용되어 치료의 중재 역할을 수행하는 동물이다.

치료도우미동물은 동물매개치료 프로그램을 수행하는 동안 대상자인 내담자와 동물매개심리상담사 사이의 촉매 역할을 하며 어색한 관계를 깨는 icebreaker로서 작용하여, 어색한 관계를 깨고, 내담자와 상담사 간에 신뢰관계인 라포(rapport) 형성을 촉진하는 역할을 한다.

치료도우미 동물의 선택 기준은 내담자의 특성과 환경에 맞는 종류를 선택해야 한다. 치료도우미동물은 선발, 훈련, 위생, 동물복지의 4가지 기준에 충족되어야 하며, 이러한 기준에 의해 평가를 거쳐 한국동물매개심리치료학회에서는 치료도우미동물 인증을 수행하고 있다.

(3) 대상자

대상자는 동물매개치료에 의한 도움을 필요로 하는 사람으로서 내담자(client) 또는 중재수혜자(recipient), 사용자(user)로서 불린다. 동물매개치료 대상자의 범주는 일반적으로 의학적, 정신과적 대상 뿐 아니라, 정신지체아, 발달장애, 자폐, 뇌병변장애, 정신적, 정서적 장애인, 우울증, 심한스트레스, 치매노인, 교정대상자, 약물남용자 등으로 동물매개치료를 제공하는 병원이나 사회복지 실천기관 등에서 일반적인 동물매개치료 대상이다.

(4) 동물매개치료 실천현장

1차 현장(primary settings)은 기관의 일차적인 기능이 재활과 치료를 위한 치료서비스 제공을 위한 것으로 치료사들이 중심이 되어 활동할 수 있는 실천현장이다.

2차 현장(secondary settings)은 치료전문기관은 아니지만 치료서비스가 기관운영과 서비스의 효과성에 미치는 긍정적인 영향으로 인해 치료서비스의 개입이 부분적으로 이루어지고 있는 실천현장이다.

단원정리문제

문제 01 난이도 : 기본
다음 중 동물매개치료의 4대 구성 요소가 아닌 것은?
① 동물매개심리상담사
② 치료도우미동물
③ 펫파트너
④ 대상자

풀이 : 동물매개치료의 4대 구성 요소는 동물매개심리상담사, 치료도우미동물, 대상자, 동물매개치료 실천현장이다.

문제 02 난이도 : 기본
다음 동물매개치료의 4대 구성 요소 중 client 또는 user로도 불리는 요소는?
① 동물매개심리상담사
② 치료도우미동물
③ 펫파트너
④ 대상자

풀이 : 대상자는 동물매개치료의 혜택을 받는 수혜자, 내담자로 불린다.

문제 03 난이도 : 기본
다음 중 동물매개치료의 대상자 분석과 프로그램 계획 및 평가를 담당하는 구성 요소는?
① 동물매개심리상담사
② 치료도우미동물
③ 펫파트너
④ 대상자

풀이 : 동물매개심리상담사는 대상자의 분석과 동물매개치료 프로그램 계획, 운영, 평가를 맡는다.

정답 1. ③ 2. ④ 3. ①

Ⅳ 동물매개심리상담사

1 동물매개심리상담사의 개요

동물매개심리상담사는 과거 **동물매개치료사**로 명칭이 사용되었으나, **치료사**라는 용어가 사회적 필요에 의해 변경되는 흐름을 반영하여 동물매개심리상담사로 명칭이 지정되어 사용되고 있다. 동물매중재 활동을 관장하는 **중재전문가** 또한 동물매개치료사의 다른 용어라 할 수 있다.

동물매개심리상담사는 동물매개치료 프로그램을 계획하고 활동의 수행을 감독하며, 대상자의 변화를 평가하는 역할을 수행한다. 또한 치료도우미동물을 활용하여 대상자의 심리적 치료와 재활적 치료 프로그램을 수행한다.

2 동물매개심리상담사 자격증 취득하기

(1) 자격증의 종류

현재 동물매개치료를 관장하는 전문가인 동물매개심리상담사는 한국동물매개심리치료학회에서 인증을 하고 있으며 동물매개심리상담사 자격증의 종류는 다음과 같다.

1) 동물매개심리상담사 슈퍼바이저
2) 동물매개심리상담사 전문가
3) 1급 동물매개심리상담사
4) 2급 동물매개심리상담사

(2) 자격증별 역할

동물매개심리상담사 자격증별 역할은 다음과 같다.

1) **2급 동물매개심리상담사**
   ① 동물매개심리상담 기관에서의 상담 행정업무
   ② 동물매개 봉사활동

2) 1급 동물매개심리상담사
① 2급 동물매개심리상담사 및 동물매개활동의 교육 및 지도
② 개인 및 집단 동물매개심리상담
③ 동물매개심리상담 프로그램 개발

3) 동물매개심리상담사 전문가
① 동물매개심리상담 센터 운영
② 1급 이하 동물매개심리상담사의 교육 및 지도
③ 동물매개심리상담 프로그램 개발 및 학술 연구 활동

4) 동물매개심리상담사 슈퍼바이저
① 동물매개심리상담 연구 및 학술활동
② 동물매개심리상담사 교육 및 슈퍼비전
③ 동물매개심리상담 센터 운영

(3) 자격요건과 구비조건

동물매개심리상담사 자격증별 자격요건과 구비조건은 다음에 해당하는 자로서 한국동물매개심리치료학회 자격위원회에서 그 자격을 인증 받은 자로 한다.

1) 2급 동물매개심리상담사
2년제 이상 대학 재학 이상자로 1항, 2항의 자격을 모두 갖춘 자.
단, 관련 전공자는 학회 주관 워크샵 이수로 1항과 2항을 대체함.
① 한국동물매개심리치료학회 또는 지정기관에서 교육과정 36시간을 이수한 자
② 한국동물매개심리치료학회의 학술활동을 6시간 이수한 자
  * 관련 전공은 동물매개치료학, 심리상담학, 애완동물학, 수의학, 동물자원학, 사회복지학, 미술치료, 음악치료, 간호학, 의학 등과 자격위원회에서 인정하는 전공이 이에 해당된다.

2) 1급 동물매개심리상담사
① 한국동물매개심리치료학회 정회원 이상으로 동물매개심리치료 전공 석사과정 재학 이상이면서 아래 3항, 4항, 5항, 6항, 7항의 자격을 모두 갖춘 자
또는 2급 자격증 취득 후 1년 경과한 자로서 2항, 3항, 4항, 5항, 6항, 7항의 자격을 모두 갖춘 자
② 한국동물매개심리치료학회 또는 지정기관에서 교육과정 60시간을 이수한 자
③ 한국동물매개심리치료학회의 학술활동을 12시간 이수한 자
④ 동물매개치료관련 임상활동을 80시간이상 하고 임상기관의 임상확인서를 제출한 자

⑤ 임상감독 20시간 이상 이수한 자
⑥ 동물매개치료 임상 사례발표 1회 이상인 자
⑦ 동물매개치료관련 사례회의 3회 이상 참석한 자

3) 동물매개심리상담사 전문가
① 한국동물매개심리치료학회 정회원 이상으로 동물매개심리치료 전공 석사학위 이상 소지자로서 아래 3항, 4항, 5항, 6항, 7항, 8항의 자격을 모두 갖춘 자 또는 동물매개심리상담사 1급 자격증 취득 후 3년 이상 임상경력자로서 아래 2항, 3항, 4항, 5항, 6항, 7항, 8항의 자격을 모두 갖춘 자
② 한국동물매개심리치료학회 또는 지정기관에서 교육과정 80시간을 이수한 자
③ 한국동물매개심리치료학회의 학술활동을 18시간 이수한 자
④ 동물매개치료관련 임상활동을 150시간 이상 이수하고 임상기관의 임상확인서를 제출한 자
⑤ 임상감독 40시간 이상 이수한 자
⑥ 동물매개치료 임상 사례발표 2회 이상인 자
⑦ 동물매개치료관련 사례회의 5회 이상 참석한 자
⑧ 전국 단위 이상 학술지에 동물매개치료 관련 논문을 1회 이상 게재한 자

4) 동물매개심리상담사 슈퍼바이저
① 한국동물매개심리치료학회 정회원 이상으로 동물매개심리상담사 전문가 자격증 취득 후 동물매개치료 관련 임상 4년 이상 경력자로서 아래 2항, 3항, 4항, 5항의 자격을 모두 갖춘 자
② 한국동물매개심리치료학회의 학술활동을 36시간 이수한 자
③ 300시간 이상의 동물매개치료관련 임상활동 또는 교육 경력이 있는 자
④ 동물매개치료 임상 사례발표 5회 이상인 자
⑤ 전국 단위 이상 학술지에 동물매개치료 관련 논문(저서 포함)을 3회 이상 게재한 자

3 동물매개심리상담사 역할과 조건

(1) 동물매개심리상담사 역할
1) 동물매개심리상담사는 동물매개치료를 담당하는 전문가로 동물매개치료 프로그램의 계획과 수행 감독 및 대상자 효과 평가를 담당하는 전문가이다.

2) 동물매개심리상담사는 치료도우미동물을 활용하여 대상자의 심리 치료와 재활 치료 프로그램을 수행한다.

(2) 동물매개심리상담사의 조건

1) 면담기술
동물매개치료 프로그램 운영 과정에 대상자와 효율적인 의사소통 및 관여기술이 있어야 한다.

2) 사정기술
개인과 환경의 상호작용 맥락에서 대상자의 문제나 어려움을 발견할 수 있어야 한다.

3) 개입기술
동물매개치료 프로그램 운영 과정에 대상자의 문제나 어려움을 해결할 수 있는 능력이 있어야 한다.

4 동물매개심리상담사의 비전

동물매개심리상담사는 동물매개치료 활동을 관장하는 중재전문가로서 다양한 진로와 비전을 가지고 있다.

표 1-1 동물매개심리상담사의 진로

- 동물매개심리상담사로 동물매개심리상담센터 운영
- 동물매개심리상담사로 복지관, 요양원, 병원 등의 치료시설에서 동물매개치료 전문가로 근무
- 대학원 진학
- 교수 또는 강사로 교육 활동

5 동물매개치료의 효율적 운영을 위한 2가지 형태

동물매개치료는 한국동물매개심리치료학회에서 인증을 받은 동물매개치료 프로그램을 운영하는 전문가인 동물매개심리상담사의 운영에 의하여 수행될 수 있다.

동물매개치료를 운영하는 형태는 2가지 형태로 나누어 볼 수 있다. 가장 이상적인 형태는 다학제 팀을 구성하여 활동하는 것이다.

표 1-2 동물매개치료 운영의 2가지 형태

	다학제 팀 활동	중재단위 활동
구성	• 동물매개심리상담사 • 치료도우미동물+펫파트너(IU) • 정신과 의사 및 의료 스텝 • 수의사 • 심리상담사 • 사회복지사 • 해당 전문가	• 동물매개심리상담사 • 치료도우미동물+펫파트너(IU)

단원정리문제

문제 01 난이도 : 기본

동물매개심리상담사가 펫파트너와 치료도우미동물뿐 아니라 활동에 필요한 전문가로 의사나 간호사, 수의사 등과 함께 하는 동물매개치료 활동의 분류는?

① 다학제 팀 활동
② 중재단위 활동
③ 동물매개활동
④ 상주 프로그램 활동

풀이 : 다학제 팀 활동은 활동에 필요한 전문가로 의사나 간호사, 수의사 등과 함께 중재단위 및 동물매개심리상담사가 공동으로 하는 활동의 형태이다.

문제 02 난이도 : 기본

동물매개심리상담사가 펫파트너와 치료도우미동물과 함께 하는 동물매개치료 활동의 분류는?

① 다학제 팀 활동
② 중재단위 활동
③ 동물매개활동
④ 상주 프로그램 활동

풀이 : 펫파트너와 치료도우미동물이 중재단위를 이루고 동물매개심리상담사가 중재단위와 함께 활동하는 동물매개치료의 형태는 중재단위 활동이다.

정답 1. ① 2. ②

Ⅴ 치료도우미동물

동물매개치료에서 가장 많이 이용되는 동물은 개이다. 이외에도 고양이, 새, 토끼, 기니피그, 햄스터, 설치류, 염소, 오리, 말, 소, 닭, 미니돼지, 파충류, 곤충 등도 치료도우미동물로 이용되고 있다.

표 1-3 8가지 기준에 따른 치료도우미동물의 분석
[출처] 한국동물매개심리치료학회(www.kaaap.org) 자료실(2023)

동물 종류	사육성	운반성	상호 접촉성	감정 소통성	안전성	인간의 운동성	동물자신 의즐거움	감염의 안전성
물고기	★	▽	▽	◇	★	▽	◇	☆
파충류	◇	◇	◇	◇	☆	▽	◇	☆
조류	★	◇	☆	◇	★	▽	◇	◇
햄스터	★	★	◇	◇	☆	◇	◇	☆
기니피그	★	★	★	◇	★	◇	◇	◇
토끼	★	★	★	☆	★	◇	◇	☆
양, 염소	◇	◇	★	☆	☆	☆	◇	☆
소	◇	◇	☆	☆	☆	☆	◇	◇
돼지	◇	◇	☆	☆	☆	☆	☆	◇
고양이	☆	☆	★	★	☆	☆	★	☆
개	☆	☆	★	★	☆	★	★	☆
말	◇	▽	☆	★	◇	★	☆	☆
돌고래	▽	▽	☆	☆	☆	★	◇	☆
원숭이	▽	◇	◇	☆	▽	☆	☆	▽
곤충	☆	★	▽	▽	★	▽	▽	★

★ = 매우 좋음 ☆ = 좋음 ◇ = 보통 ▽ = 나쁨

(1) 치료도우미동물의 선택

1) 사람과 동물이 서로 신체적인 접촉을 할 수 있는 동물은 기니피그, 토끼, 양이나 염소이고 개나 고양이도 안아주거나 쓰다듬기 등 상호 접촉성이 좋은 동물이다.

2) 동물이 사람에 대한 공격을 하지 않아 안전한 동물은 물고기, 새, 기니피그, 토끼 등이며 원숭이는 사람에게 공격을 할 수 있어서 조심해야 한다.
3) 동물의 질병이 사람에게 전염될 수 있는 동물은 사람과 유사한 질병을 가지고 있는 원숭이가 제일 위험하며, 조류, 소, 돼지도 주의해야 한다.
4) 동물매개치료에 활용되는 동물의 선택은 대상자에 따라서 선호도 다르고 알레르기 등이 있어 특정한 동물을 기피하는 경향이 있지만 대상자에 의해서 선택되는 것이 아니라 동물매개심리상담사에 의해서 이루어지는 것이다.
5) 한국에서는 대부분 개나 고양이, 말(승마치료)을 이용하고 있으며 앞으로 다양한 동물이 동물매개치료나 활동에 활용될 전망이다.

(2) 치료도우미동물의 종류

1) 개
① 치료도우미동물 중에서 가장 많이 동물매개치료와 활동에 활용되는 것이 개다.
② 일반적으로 소형견 중에서는 시츄, 말티즈, 코카스파니엘 등이 많이 활용되며 중대형견에서는 라브라도 래트리버, 골든 래트리버 종들을 많이 활용하는 편이다.

2) 고양이
① 치료도우미 고양이로서는 침착하고 낯선 사람이 고양이를 안거나 만지더라도 공격을 하거나 두려워하지 말고 안정되어야하며 많은 사람과의 접촉에도 인내하며 스트레스를 받지 말아야 한다.
② 일반적으로 고양이는 활동적이기 보다는 내담자의 무릎 위에 조용히 앉아 있을 수 있어야 한다.

3) 토끼
① 치료도우미 토끼로 활용하기 위해서는 어렸을 때부터 사람과 자주 어울리고 안아주어 사람이 토끼를 안았을 때 얌전히 있을 수 있도록 훈련하는 것이 필요하다.
② 어린 아동이나 거동이 불편한 어르신들에게 활용될 수 있다.

4) 햄스터
① 야성의 습성이 남아 있어 치료도우미로 활용하기 위해서는 사람들과 친해지고 거부감을 갖지 않도록 시간을 갖고 훈련을 해야 한다.
② 사람과 충분히 친해지고 손위에서 먹이를 받아먹고 안심하고 놀 수 있을 때 치료도우미 동물로 활용할 수 있을 것이다.

5) 새
① 장애아동이나 어르신들이 생활하는 시설이나 내담자들에게 새장 속에 가두어진

새를 사육하게 하거나 새를 데리고 방문하여 새들의 노는 모습을 보도록 하는 방법도 있고 길들여진 새를 활용하여 새들을 직접 만지고 먹이를 주면서 새들과 함께 어울리는 시간을 갖도록 할 수도 있다.
② 간혹 알레르기가 있는 사람들에게는 새의 비듬이나 먼지 등이 문제가 될 수 있다.

6) 관상어
① 물고기를 이용하는 것은 동물매개치료 중에서 수동적 동물매개치료의 대표적인 예이다.
② 이 수동적 동물매개치료는 동물의 털에 대한 알레르기가 있거나 동물을 싫어하는 대상자들에게 적당하며 질병과 기생충 감염의 위험이 적고 비교적 관리가 쉬운 장점이 있다.

7) 동물원 동물
① 동물원 동물들을 그냥 보고 즐기는 것이 아니고 실제 관리 등에 참여하도록 함으로서 교육의 효과를 높인다.
② 과제 수행을 적절히 조정하고 성과에 대하여 격려를 해 준다.
③ 다른 사람의 도움을 받던 환경에서 다른 생명을 돌봄으로써 본성적인 만족감과 자존감을 느낄 수 있다.
④ 친숙하지 않은 동물과의 접촉으로 생기는 두려움을 감소시키고 자신감을 갖게 해준다.
⑤ 동물사육의 기술을 습득하여 양육능력을 길러준다.
⑥ 동물을 만지고 상호작용을 통하여 다른 사람들과의 사회성 향상과 감정표현의 능력을 향상시킨다.
⑦ 여러 동료들과 함께 함으로서 협동심과 사회성을 배운다.
⑧ 본능적으로 행동하는 동물의 행동을 관찰함으로서 관찰력과 긍정적 사고력을 갖도록 한다.
⑨ 체험활동 내용을 기록하고 발표하도록 함으로서 문제를 정리하는 능력과 발표력의 향상을 기대할 수 있다.
⑩ 동물과 자연 환경에 주의를 기울임으로써 문제를 감소시키는 기회를 가질 수 있다.
⑪ 만지며 말하는 대화법으로 동물에 대한 애정 표현력을 키워준다.

8) 말
① 말을 이용한 치료는 승마요법(hippotherapy), 승마치료(riding therapy), 재활승마(riding for rehabilitation), 도약(vaulting)과 같은 4가지로 분류된다.
② 향상된 균형과 팔 다리 근육의 공동작용 그리고 증가된 근력, 이동성, 자존감,

주의집중 기간, 그리고 극기 등의 이점을 제공한다.

9) 농장동물
① 농장 동물과의 교류로 얻어진 긍정적인 결과에는 향상된 의사전달, 증가된 가치의식, 그리고 필요한 존재 의식 등이 있다.
② 농장동물매개치료는 자연환경과 더불어 효과가 상승될 수 있다.

10) 돌고래
① 돌고래 매개치료는 전통적인 치료의 신선한 대안을 제공하고, 동기, 주의집중 기간, 대근육과 소근육 운동 기술, 그리고 말하기와 언어 등의 증가 등을 기대할 수 있다.
② 동물매개치료는 돌고래 복지에 대한 엄격한 기준을 준수하며 수행 될 수 있다.

단원정리문제

문제 01 난이도 : 기본

다음 치료도우미동물에 대한 설명으로 잘못된 것은?

① 동물매개치료의 대상자에게 맞는 동물 종류를 선택하여야 한다.
② 사육사나 동물 조련사에 의해서 잘 교육된 동물이어야 한다.
③ 수의사에 의해서 예방접종이나 건강검진을 주기적으로 받아야 한다.
④ 대상자가 선정한 동물을 이용하여 동물매개치료가 이루어진다.

🔍 풀이 : 대상자에 따라서 동물에 대한 기호가 다를 수 있고 또는 동물에 대한 알레르기나 기타 부작용이 있어 특정한 동물을 기피하는 경우도 있지만 동물매개치료에 이용되는 동물은 대상자가 선택하는 것이 아니라 동물매개심리상담사가 선정한 동물을 이용하여 이루어진다.

문제 02 난이도 : 기본

다음 치료도우미동물에 대한 설명으로 잘못된 것은?

① 동물매개치료에서 가장 많이 이용되는 동물은 개다.
② 상호 접촉성이 좋은 동물은 기니피그, 토끼를 들 수 있다.
③ 물고기, 새는 사육관리가 쉽고 사육공간을 적게 차지하는 동물이다.
④ 원숭이는 사람과 유사하여 안전한 치료도우미동물이다.

🔍 풀이 : 동물의 질병이 사람에게 전염될 수 있는 동물은 사람과 유사한 질병을 가지고 있는 원숭이류를 제외하고는 대부분의 동물들이 안전한 편이다.

문제 03 난이도 : 중급

다음 설명을 읽고 이러한 형태의 동물매개치료에 적합한 치료도우미 동물의 종류를 고르시오.

> 동물매개치료 중에서 수동적 매개치료의 대표적인 예이다. 이 수동적 동물매개치료는 동물의 털에 대한 알레르기가 있거나 동물을 싫어하는 대상자들에게 적당하며 질병과 기생충 감염의 위험이 적고 비교적 관리가 쉬운 장점이 있다.

① 개   ② 관상어
③ 햄스터   ④ 새

🔍 풀이 : 물고기를 이용하는 것은 동물매개치료 중에서 수동적 매개치료의 대표적인 예이다. 이 수동적 동물매개치료는 동물의 털에 대한 알레르기가 있거나 동물을 싫어하는 대상자들에게 적당하며 질병과 기생충 감염의 위험이 적고 비교적 관리가 쉬운 장점이 있다.

정답 1. ④ 2. ④ 3. ②

문제 04 난이도 : 중급
다음 동물원 이용 동물매개치료를 통하여 기대할 수 있는 효과에 대한 설명으로 잘못된 것은?

① 동물사육의 기술을 습득하여 양육능력을 길러준다.
② 여러 동료들과 함께 함으로서 협동심과 사회성을 배운다.
③ 다른 생명을 돌봄으로써 본성적인 만족감과 자존감을 느낄 수 있다.
④ 야생동물과 접촉함으로 안전에 대한 경각심을 어린이들이 가질 수 있다.

풀이 : 매개치료에 활용되는 동물원의 동물은 야생동물들 보다는 평소 사람과 친숙하고 잘 따르며 안전한 동물을 활용하는 것이 바람직하다. 동물원 동물들을 그냥 보고 즐기는 것이 아니고 실제 관리 등에 참여하도록 함으로서 교육의 효과를 높인다.

문제 05 난이도 : 중급
다음 동물매개치료 활용 동물 중 사육성, 운반성, 상호접촉성 및 안전성에서 가장 좋은 동물은?

① 물고기, 파충류　　　　　② 조류, 햄스터
③ 기니피그, 토끼　　　　　④ 개, 고양이

풀이 : 사육성, 운반성, 상호접촉성이 가장 우수한 동물은 기니피그와 토끼이다.

문제 06 난이도 : 기본
다음 동물매개치료 활용 동물 중 상호접촉성, 감정 소통성 및 동물 자신의 즐거움에서 가장 좋은 동물은 어느 것인가?

① 물고기, 파충류　　　　　② 조류, 햄스터
③ 기니피그, 토끼　　　　　④ 개, 고양이

풀이 : 상호접촉성, 감정 소통성 및 동물 자신의 즐거움에서 가장 좋은 동물은 개, 고양이다.

문제 07 난이도 : 고급
다음 동물매개치료의 프로그램 내용과 기대 효과에 대한 설명 중 옳지 않은 것은?

① 브러시 질을 하면서 팔목의 힘과 근력의 증가를 기대할 수 있다.
② 즐거운 활동을 통하여 엔도르핀 호르몬의 증가를 기대할 수 있다.
③ 치료도우미견과 산책 프로그램을 통하여 코티졸 호르몬 증가를 기대할 수 있다.
④ 치료도우미견을 쓰다듬는 과정을 통하여 접촉 자극에 의한 인지 기능 향상을 기대할 수 있다.

풀이 : 코티졸 호르몬은 스트레스를 받을 때 많이 방출되는 호르몬으로, 동물매개치료의 산책 프로그램을 통하여 코티졸 호르몬은 감소된다.

정답　4. ④　5. ③　6. ④　7. ③

문제 08 난이도: 기본
다음 동물매개치료의 특징에 대한 설명 중 옳지 않은 것은?

① 살아있는 생명체를 매개로 한다.
② 다학제적인 전문분야이다.
③ 동물은 대상자를 차별하지 않는다.
④ 감정을 갖고 있어 치료도우미동물을 맞추어 주는 노력이 필요하다.

풀이 : 치료도우미동물은 감정을 갖고 있어 대상자와 상호역동적인 작용을 한다. 치료도우미동물은 대상자와 조건 없는 복종 및 사랑을 베풀어 주어 대상자가 치료도우미동물을 맞추려 노력하지 않아도 되는 즐겁고 자연스런 과정을 통하여 효과를 얻을 수 있다.

문제 09 난이도: 기본
다음 동물매개치료의 구성 요소 중 가장 중요한 치료의 주체는 무엇인가?

① 대상자
② 치료도우미동물
③ 동물매개심리상담사
④ 실천 현장

풀이 : 동물매개치료는 대상자, 치료도우미동물, 동물매개심리상담사의 구성요소를 갖게 된다. 이 중에서도 치료의 주체는 동물매개심리상담사라고 할 수 있다.

문제 10 난이도: 중급
다음 동물매개치료의 효과에 대한 설명에 대한 내용으로 가장 적합한 용어는?

> 현실생활에서 표출할 수 없었던 불만, 분노, 슬픔 등 여러 가지 감정을 동물과의 놀이를 통해 아주 자연스럽게 표현하고 해소 시킨다.

① 자아존중감 향상 효과
② 카타르시스 효과
③ 인지 효과
④ 도구적 효과

풀이 : 아동들은 동물과의 놀이를 통하여 자연스럽게 카타르시스 기능을 수행한다. 현실생활에서 표출할 수 없었던 불만, 분노, 슬픔 등 여러 가지 감정을 동물과의 놀이를 통해 아주 자연스럽게 표현하고 해소 시킨다. 동물매개치료의 이러한 효과를 카타르시스 효과라 한다.

정답 8. ④ 9. ③ 10. ②

문제 11 난이도 : 기본
치료도우미동물에 대한 다음 설명으로 옳지 않은 것은?
① 농장동물은 동물성 식량자원으로 동물매개치료에 활용되지 않는다.
② 말을 활용한 동물매개치료는 재활치료와 더불어 심리치료도 가능하다.
③ 치료도우미동물로서 햄스터는 사육과 이동성이 우수하다.
④ 농장동물도 치료도우미동물로 활용될 수 있다.

풀이 : 농장동물은 동물매개치료의 한 영역으로 활용될 수 있으며, 치료도우미동물로서 대상자들의 심리치료 및 재활치료에 활용된다. 농장동물을 활용한 동물매개치료는 숲과 조경, 꽃 등의 자연 환경이 종합적으로 적용될 수 있는 장점을 가지고 있다.

문제 12 난이도 : 중급
다음의 경우에 적합한 치료도우미동물은 어떤 동물인가?

> 대상자는 소아암 환자로서 장기간 입원을 한 아동으로, 항암 치료에 의해 백혈구 수치가 감소된 상황으로 치료에 대한 집중력과 의욕이 상실되어 있는 상황이다.

① 새
② 개
③ 햄스터
④ 관상어

풀이 : 관상어는 수족관 설치를 통한 수동적 동물매개활동으로 항암 처치로 면역이 저하된 환자에 적용이 가능하다. 다른 동물은 면역저하 환자에 적용이 적합하지 않다.

문제 13 난이도 : 중급
다음 중 동물매개치료에 활용되는 치료도우미동물에 대한 설명으로 옳지 않은 것은?
① 원숭이는 감정소통성과 안전성이 우수하다.
② 말은 감정 소통성과 운동성이 우수하다.
③ 개는 감정소통성과 운동성 모두 우수하다.
④ 햄스터는 사육과 이동성이 우수하다.

풀이 : 원숭이는 인수공통감염병의 위험이 있고, 물거나 할퀼 염려가 있어 안전성이 나쁘며, 치료도우미 동물로 적합하지 않다.

정답 11. ① 12. ④ 13. ①

문제 14 난이도 : 중급

동물원 동물이 주는 이점에 대한 설명으로 옳지 않은 것은?

① 관람객에게 수동적 동물매개활동 효과를 줄 수 있다.
② 참여 대상자의 혈압을 낮추는 효과가 있다.
③ 어린 동물을 활용한 체험 동물원은 접촉의 이점을 가져온다.
④ 상호교감 및 안전성이 우수하다.

풀이 : 동물원 동물은 수동적 동물매개활동으로 상호교감이 떨어지며, 야생동물이라 감염과 공격의 위험이 있다.

문제 15 난이도 : 중급

다음 중 동물매개치료에 활용되는 치료도우미동물에 대한 설명으로 옳지 않은 것은?

① 말을 이용한 동물매개치료는 대상자의 재활치료만 목적을 두고 있다.
② 동물매개치료에 가장 많이 활용되는 치료도우미동물은 개이다.
③ 치료도우미동물로서 햄스터는 사육과 이동성이 우수하다.
④ 농장동물도 치료도우미동물로 활용될 수 있다.

풀이 : 말을 이용한 동물매개치료는 재활승마로 대상자의 재활치료 효과를 얻을 수 있고 말과 상호교감을 하는 승마치료를 통하여 심리치료 효과도 얻을 수 있다. 즉, 말을 이용한 동물매개치료는 대상자에 재활 및 심리치료 두 가지 모두를 목적으로 할 수 있다.

문제 16 난이도 : 중급

다음 중 동물매개치료에 활용되는 치료도우미동물에 대한 설명으로 옳지 않은 것은?

① 물고기는 상호접촉성이 떨어진다.
② 동물매개치료에 가장 많이 활용되는 치료도우미동물은 개이다.
③ 곤충은 치료도우미동물로 부적합하다.
④ 토끼는 햄스터 보다 상호접촉성이 우수하다.

풀이 : 곤충은 사육과 이동이 용이하고 안전성이 우수한 장점을 가지고 있으며, 다양한 색깔과 모양으로 대상자의 호기심과 참여를 높일 수 있어 동물매개치료의 치료도우미 동물로 활용될 수 있다.

정답 14. ④ 15. ① 16. ③

문제 17 난이도 : 중급

다음 중 동물매개치료에 활용되는 치료도우미동물에 대한 설명으로 옳지 않은 것은?

① 돌고래는 대상자 사람의 운동성이 우수하다.
② 원숭이는 안전성이 떨어진다.
③ 말은 감정 소통성과 인간의 운동성이 우수하다.
④ 고양이는 인간의 운동성 면에서 개보다 우수하다.

풀이 : 사람 대상자의 운동성 면에서 개가 고양이 보다 우수하다.

문제 18 난이도 : 고급

다음은 동물매개치료의 치료도우미 동물로 주로 이용되는 동물의 활용 장단점에 대한 요약표이다. (가)~(다)에 해당되는 동물을 바르게 짝지은 것은?

	사육성	운반성	상호 접촉성	감정 소통성	안전성	인간의 운동성	동물자신 의즐거움	감염의 안전성
고양이	☆	☆	★	★	☆	☆	★	☆
(가)	★	★	◇	◇	☆	◇	◇	☆
(나)	☆	☆	★	★	☆	★	★	☆
말	◇	▽	☆	★	◇	★	☆	☆
(다)	★	★	★	☆	★	◇	◇	☆

★ = 매우 좋음 ☆ = 좋음 ◇ = 보통 ▽ = 나쁨

	(가)	(나)	(다)
①	개	고양이	말
②	햄스터	개	토끼
③	고양이	토끼	햄스터
④	토끼	개	말

풀이 : ② (가) 햄스터 : 동물매개치료 활동 동안 사육성과 운반성은 좋으나 다른 치료도우미 동물보다 다른 부분에서는 좋지 않다.
(나) 개 : 상호 접촉성, 감정 소통성, 인간의 운동성, 동물 자신의 즐거움이 장점이다.
(다) 토끼 : 사육성과 운반성도 좋고 상호 접촉성과 안전성이 장점이다.

VI 동물매개치료의 활동 가이드라인

(1) 동물매개치료 진행담당자(coordinator or designate)

1) 사람과 치료도우미동물의 반응에 관여하는 모든 구성(환자, 병원스텝, 펫파트너, 치료도우미동물, 병원시설 등)에 관한 문자화된 정책을 만들어야 한다.
2) 병원 또는 기관의 관리지침을 벗어나지 않도록 치료도우미동물 방문 활동을 수행한다.
3) 환자의 적합성을 검토한다. 치료도우미동물 방문이 특정 환자에게 알레르기, 공포 등의 부작용을 일으킬 수도 있다.
4) 치료도우미동물 방문 전에 환자의 동의서를 받고, 병원 또는 기관 스텝들과 역할과 책임에 대하여 상의하고, 활동에 대한 평가와 위험관리에 대한 점검을 수행한다.
5) 치료도우미동물과 접촉을 한 환자를 비롯한 참여자는 손을 위생적으로 철저히 씻도록 한다.
6) 치료도우미동물 방문을 기록하고 기록이 유지되도록 한다.
7) 동물매개치료의 효과에 대한 보고서를 작성하고 제출한다.
8) 동물매개치료 구성원들 중 참여를 원하지 않는 환자, 병원스텝 등의 권리를 존중하여야 한다.
9) 참여 환자에 대한 비밀보장(confidentiality)이 항상 이루어져야 한다.
10) 정기적으로 동물매개치료 정책과 과정에 대하여 검토한다.

(2) 치료도우미동물에 관한 지침

1) 동물매개치료에 참여하는 치료도우미동물은 학회가 인증하는 치료도우미동물로 등록되어 있어야 한다.
2) 치료도우미동물은 수의학적, 적합성, 공격성, 사회성 평가를 통과하여야 한다.
3) 치료도우미동물의 건강에 대한 검진 기록이 작성되어 보관되어야 한다.
4) 치료도우미동물은 병원 내 이동이나 병원 밖으로 이동 시 이동장을 이용하거나 짧은 목줄로 통제가 가능하도록 한다.
5) 방문 전 치료도우미동물은 알레르기 원인 물질을 줄여주는 성분이 함유된 샴푸를 사용하여 목욕을 시키도록 한다.
6) 가정 애완동물의 경우에 방문 전에 진행 담당자에 의한 적절한 주의사항을 들어야 한다. 방문에 참여시키려는 가정 애완동물의 건강, 위생, 행동 등에 대한 지침이 만들어져야 한다.

7) 치료도우미동물이 환자와 만날 때는 반드시 1인 이상의 동물매개심리상담사, 펫파트너, 병원 또는 기관 스텝 등의 동물매개치료 프로그램 진행 구성원이 함께 있어야 한다.
8) 동물매개치료 프로그램 활동 중인 치료도우미 동물을 환자가 아닌 외부인이 갑작스레 쓰다듬거나 하는 등의 접촉은 피한다.
9) 동물매개치료 프로그램에 활동 중인 치료도우미 동물에게 프로그램 구성 또는 동물매개심리상담사의 지시에 따라 제공하는 먹이 외에는 먹을 것을 주지 말아야 한다.
10) 동물매개치료 프로그램 활동 과정 동안 치료도우미동물을 외부인이 부르거나 잡지 말아야 한다.

(3) 동물매개치료에 참여하는 환자에 관한 지침

1) 적합한 참여 대상 환자
① 소아과부터 노인병학 영역의 환자
② 장기 입원환자 및 급만성 질환 환자
③ 장기이식 환자를 포함하는 면역저하 환자의 경우에는 의사의 동의가 있을 때
④ 기관 또는 병원 스텝, 동물매개치료 진행 담당자가 환자의 적합성을 결정한다.
⑤ 신체적 또는 정신적으로 어려움을 가지고 있는 환자

2) 참여가 부적합한 환자
① 비장적출(splenectomy) 환자. 개의 침에 상재하는 dysgenic fermenter type 2(DF2)에 감수성이 높아져 패혈증이 유발될 수 있다.
② 개 알레르기가 있는 환자
③ 결핵이 있는 환자
④ 원인불명의 발열 환자
⑤ 항생제내성균(Methicillin-resistant Staphylococcus aureus) 감염 환자

(4) 치료도우미동물 펫파트너/자원자

1) 치료도우미동물은 학회가 인정하는 치료도우미동물로 등록되어 있어야 하고 방문 전에 치료도우미 동물 평가가 이루어져야 한다.
2) 치료도우미동물 방문으로부터 문제될 수 있는 전염병으로부터 환자를 보호할 수 있는 있는 적절한 방법과 주의사항이 포함된 지침서를 따라야 한다.
3) 기관 또는 병원 방문 동안 동물매개치료 프로그램에 참여하는 펫 파트너 또는 지원자들은 치료도우미동물의 행동과 보호에 책임이 있다.
4) 동물매개치료 프로그램 활동 과정에 질병에 노출되거나 다른 사고가 발생하는 경우

는 기관 또는 병원 스텝에게 보고하여야 한다.

(5) 동물매개치료 활동 시 지침

1) 치료도우미동물은 기관 또는 병원 전염관리부서에서 출입을 제한하는 구역(식당, 조리실, 멸균제품준비실 등)에 출입해서는 안 된다.
2) 동물매개치료 프로그램 활동 과정 동안 치료도우미동물의 접촉 전후 손을 씻고 위생 관리를 하여야 한다.
3) 동물매개치료 프로그램 활동 과정 동안 치료도우미동물이 배변이나 배뇨를 하는 경우 동물매개심리상담사 또는 참여자는 즉시 치우고 소독제를 이용한 위생관리를 하여야 한다. 또한 위생관리를 위한 장비들이 미리 준비되어야 한다.
4) 상처를 가진 환자들은 치료도우미동물과의 직접 접촉을 막기 위하여 시트 등을 이용하여 환자를 보호하도록 한다.
5) 치료도우미동물의 방문 시간은 치료도우미동물의 상태, 펫파트너 및 환자의 요구에 따라 다르다.
6) 프로그램 진행 담당자는 모든 동물매개치료 프로그램 활동 과정을 모니터링을 하도록 한다.

표 1-4 치료도우미동물 사육 관리에 관한 복지 지침

기준	세부내용
일반적 사항	1. 동물에게 적합한 사료의 급여와 급수·운동·휴식 및 수면을 보장할 것 2. 질병에 걸리거나 부상당한 경우 신속한 치료와 그 밖의 필요한 조치를 취할 것 3. 동물을 관리하거나 다른 동물우리로 옮긴 경우에 새로운 환경에 적응하는 데 필요한 조치를 취할 것 4. 동물의 소유자 등은 동물을 사육·관리할 때에 동물의 생명과 그 안전을 보호하고 복지를 증진하기 위하여 성실히 노력할 것 5. 동물의 소유자 등은 동물로 하여금 갈증·배고픔, 영양불량, 불편함, 통증·부상·질병, 두려움과 정상적으로 행동할 수 없는 것으로 인하여 고통을 받지 않도록 노력할 것 6. 동물의 소유자 등은 사육·관리하는 동물의 습성을 이해함으로써 최대한 본래의 습성에 가깝게 사육·관리하고, 동물의 보호와 복지에 책임감을 가질 것
사육환경	1. 동물의 종류, 크기, 특성, 건강상태, 사육 목적 등을 고려해서 최대한 적절한 사육환경을 제공할 것 2. 사육 공간 및 사육시설은 동물이 자연스러운 자세로 일어나거나 눕거나 움직이는 등 일상적인 동작을 하는 데 지장이 없는 크기일 것
건강관리	1. 수의사에 의해 질병 예방 관리를 받을 것 2. 수의사에 의한 정기 예방접종과 구충 및 건강검사를 매년 실시하고 전염성 질병, 기생충, 이 등이 없도록 관리할 것

(6) 동물매개치료 활동에서 수의사의 역할-미국 사례

1) 치료도우미동물의 건강과 복지에 대한 모니터링
2) 수용시설과 건강, 돌봄과 행동에 대한 지침
3) 인수공통감염병 예방
4) 동물의 건강증명서 발급
5) 모든 활동에 한 명 이상의 수의사를 포함

단원정리문제

문제 01 난이도 : 중급

다음 중 동물매개치료 활동에 적합한 대상자가 아닌 사람은?

① 장기 입원환자
② 정신질환 환자
③ 원인불명의 발열 환자
④ 치매 환자

풀이 : 원인불명 발열 환자는 동물매개치료에 부적합하다.

문제 02 난이도 : 중급

다음 중 동물매개치료 활동에 부적합한 대상자가 아닌 사람은?

① 조현병 환자
② 결핵이 있는 환자
③ 항생제내성균 감염 환자
④ 개 알레르기가 있는 환자

풀이 : 조현병 환자는 동물매개치료에 부적합한 대상자가 아니라 동물매개치료 활동 대상자 그룹으로 분류된다.

문제 03 난이도 : 중급

다음 중 동물매개치료 활동에 활용되는 치료도우미동물에 관한 지침에 해당되지 않는 것은?

① 수의학적 관리와 공격성이 없으면 치료도우미동물 인증을 받지 않아도 된다.
② 이동 시 이동장을 이용하거나 짧은 목줄로 통제가 가능하도록 한다.
③ 방문 전 치료도우미동물은 알레르기 원인 물질을 줄여주는 성분이 함유된 샴푸를 사용하여 목욕을 시키도록 한다.
④ 건강에 대한 검진 기록이 작성되어 보관되어야 한다.

풀이 : 동물매개치료 활동에 활용되는 치료도우미동물은 한국동물매개심리치료학회에서 치료도우미동물 인증 평가를 통과하고 인증을 받아야 한다.

정답 1. ③ 2. ① 3. ①

VII 동물매개치료의 차별성과 효과기전

1 동물매개치료의 특징

(1) 살아있는 생명체를 매개로 한다.
1) 동물매개치료는 다른 심리상담과 달리 살아 움직이는 생명체인 동물을 활용하여 대상자를 치료하는 특수한 심리상담의 한 방법이다.
2) 매개동물은 대상자와의 친밀감뿐만 아니라 동물매개심리상담사와 대상자의 관계형성에도 중요한 역할을 한다.

(2) 감정을 갖고 있어 상호역동적인 작용을 한다.
1) 동물매개치료는 생명이 있고, 따뜻한 체온이 있고, 사람과 같은 감정을 갖고 있기 때문에 동물과의 생활이나 상호작용에 의하여 이루어진다.
2) 동물매개치료는 살아있는 동물을 매개로 하기 때문에 대상자의 친구로서, 생활의 동반자적인 역할을 할 수 있다.

(3) 동물은 대상자를 차별하지 않는다.
1) 동물은 사람들과 같이 상대방을 다른 사람과 비교하거나 비판하지 않고 차별하지 않는다.
2) 동물의 행동과 반응에 적응해가면서 바람직한 대인관계의 방법과 사회성, 그리고 조건 없는 사랑과 친화성을 배우게 된다.

(4) 다학제적인 전문분야이다.
1) 동물매개치료는 대상자를 심리적, 인지적, 정서적, 사회적, 교육적, 신체적인 발달과 적응력을 향상시킴으로서 육체적인 재활과 정신적인 회복을 추구하는 전문적인 분야이다.
2) 심리학, 상담학, 정신병리, 복지학, 재활의학, 인간행동과 사회환경 등의 심리상담에 관한 전반적인 지식뿐만 아니라 매개동물의 생리와 심리, 행동, 관리, 훈련, 위생과 활용하고자 하는 동물의 특성 등에 대한 전문적인 지식과 응용기술, 치료사로서의 윤리적, 전문가적 책임을 가진 치료사에 의해서 이루어지는 다학제적인 학문이다.

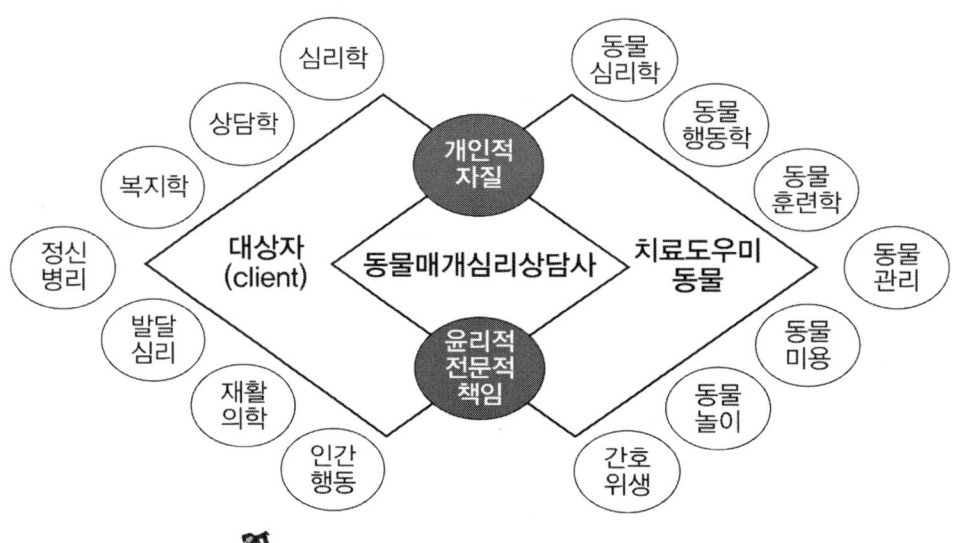

그림 1-1 동물매개치료의 다학제적 특성

2 동물매개치료의 차별성

동물매개치료는 다른 보완대체의학적 방법들 보다 효과가 우수하고 능동적이며, 자발적으로 유발된다. 이러한 동물매개치료의 우수성은 '1) 살아있는 생명체를 매개로 함 2) 감정을 갖고 있어 상호역동적인 작용을 함 3) 동물은 대상자를 차별하지 않음 4) 다학제적인 전문분야'라는 동물매개치료의 4대 특징으로부터 얻을 수 있는 효과이다.

표 1-5 동물매개치료의 차별성

1. 즐겁고 능동적으로 대상자들이 참여하며 효과가 빠르고 지속적이다.
2. 동물은 동적으로 살아 움직이며, 긍정적 감정에 적극적으로 표현하는 살아있는 동물이 매개하기 때문에 상호반응이 빨라 내담자의 심리적, 정서적 개선 효과가 높다.
3. 동물은 자연의 일부라 동물과의 놀이 활동은 자연친화적 행동으로 자연스런 치유활동을 유도할 수 있다.
4. 동물은 따뜻한 체온과 부드러운 털을 가지고 있어 만지고 쓰다듬기에 좋아 접촉의 자극에 따른 인지기능 발달이나 정서적 안정감을 유도할 수 있다. 접촉의 이점으로 접촉 자극에 의해 내담자는 정서안정감이 증가하고, 인지능력이 향상될 수 있다.
5. 동물은 복종과 사랑을 주는 상호반응을 주기 때문에 사회적 동반감을 촉진할 수 있다. 내담자의 불안을 감소시키며, 스트레스 감소와 자존감 향상에 기여한다.
6. 동물은 사료주기, 빗질해주기, 목욕해주기, 산책하기 등의 간단한 과제를 내담자가 수행하기에 적합하여 대상동물의 돌봄 행동을 수행할 수 있고, 이를 통한 성취감과 자아존중감 향상에

기여할 수 있다.
7. 동물은 즐거운 놀이활동에 상호교감의 반응을 적극적으로 보여주기 때문에, 대상자들이 다른 사람들을 대하는 방법을 개선하여 사회성 향상, 대인관계 기술 향상 및 대처능력 향상에 기여할 수 있다.
8. 동물과의 접촉 활동을 통하여 상호교감이 자연스레 증가하고, 사회통합감과 대인기술 향상, 대처능력이 향상되며, 인지능력이 개선되고 감성이 개선되며 삶의 질 개선 효과를 얻을 수 있는 것으로 보고되고 있다.
9. 동물매개치료는 미술치료, 음악치료, 놀이치료, 원예치료 등의 다른 보완대체의학적 방법과의 비교 실험에서 가장 우수한 효과를 보여주는 것으로 확인되고 있다.

3 동물매개치료의 효과기전

동물매개치료의 효과는 도구적 효과, 건강 효과, 스트레스 감소와 대처기술 효과, 인지 효과, 그리고 정서적 효과와 자아존중감과 자기효능감의 향상과 카타르시스(catharsis) 효과로 나누어 볼 수 있다.

(1) 도구적 효과

장애인도우미견은 신체적, 정신적으로 불편한 장애인이나 노인 등에게 도구적인 도움을 제공하여 일상생활상의 불편을 해소시키고, 독립적일 수 있도록 하여 자존감을 가질 수 있도록 하며 소외되고 외로운 장애인에게 친구와 인생의 동반자 역할을 하고 장애인과 비장애인간의 가교적인 역할을 한다. 장애인도우미견에는 활용 용도에 따라 시각, 지체, 청각, 노인 도우미견을 들 수 있다.

(2) 건강 효과

1) 소근육과 대근육의 운동과 발달
2) 근육계 및 평형감각의 재활
3) 규칙적인 운동습관 형성

(3) 스트레스 감소 및 대처기술

1) 반려동물은 사람들의 스트레스 해소를 위한 적절한 배출구 역할
2) AAT는 스트레스 수준의 감소, 자기 가치에 대한 감정의 증가, 신체의 변화에 대한 적응력 증가
3) 동물상호반응을 통해 자기 자신을 존중하는 마음의 증가

4) AAT에 참여 할 경우 근심(anxiety) 척도가 2배 감소

(4) 인지 효과
1) 자아존중감과 자기효능감의 향상
2) 지적 호기심과 관찰력 배양
3) 언어발달에 효과적
4) 기억력 향상

(5) 사회적, 정서적 효과

1) 사회적 효과
① 다른 사람에 대한 이해심 향상
② 의사소통기술 및 사회기술향상
③ 조건 없는 사랑과 친화력 습득
④ 공동체 의식 향상
⑤ 긴장완화와 사회적 접촉 확대

2) 정서적인 효과
① 심리적 안정과 즐거움 제공
② 기분 개선과 흥미 유발

(6) 자아존중감과 자기효능감 향상
1) 동물과의 놀이는 아동이 스스로 목표를 설정하게 함으로 자신감 성취
2) 자아를 스스로 치유하고 자신감을 갖게 되며 자신을 존중하는 마음 향상
3) 동물과의 놀이를 통해 내적 욕구를 자연스럽게 충족시켜주므로 자기효능감 상승

(7) 카타르시스(catharsis)
1) 동물과의 놀이를 통하여 자연스럽게 카타르시스 기능을 수행
2) 현실생활에서 표출할 수 없었던 불만, 분노, 슬픔 등 여러 가지 감정을 동물과의 놀이를 통해 아주 자연스럽게 표현하고 해소

4 동물매개치료의 효과기전

(1) 동물매개치료 작용 원리는?

표 1-6 동물매개치료의 작용 원리로서 효과 기전

1. 동물이 주는 동반감과 심리적 안정 효과는 대상자의 긴장을 완화시키고 스트레스를 감소시키며, 혈관의 이완을 유도하여 혈압 감소, 심박수 감소와 같은 의료적 이점을 유도하고 심리적 이점 또한 얻을 수 있다.
2. 동물은 자연의 일부라 사람과의 유대감이 강하고, 만지고 쓰다듬기에 좋아 접촉 자극의 이점을 가지고 있으며, 사회적 동반감 촉진, 대상 돌봄 촉진, 사람들을 대하는 방법의 개선, 사회성 향상 및 자존감 향상을 가져올 수 있다.
3. 동물과의 상호작용을 통하여 상호교감이 증가되며, 이러한 활동은 사회통합감 향상, 대인기술 향상, 대처능력 향상, 인지능력 개선, 감정적 이점, 삶의 질 개선의 효과를 얻을 수 있다.
4. 동물과의 즐거운 놀이 활동은 대상자에게 불안감소, 자기강화 증가, 통증의 경감, 정신문제 감소, 집중력 증가, 감정조절 능력 향상 등의 효과를 가져올 수 있다.
5. 동물과의 상호작용을 통해 수명 연장과 혈압 감소, 혈중 지질의 감소 및 스트레스 감소, 행복 호르몬인 엔도르핀 증가, 스트레스 관련 지표인 코티졸 호르몬의 감소 효과를 얻을 수 있다.
6. 동물과의 유대는 대상자의 운동촉진 향상, 돌봄 제공을 통해 유용감의 증가, 사회활동과 대인관계 향상을 가져오며, 노인의 치매 예방과 인지기능 향상, 자살률 감소, 정신질환 개선, 신체기능 향상, 우울증 개선에 기여한다.
7. 동물매개치료의 의료적 이점으로 입원 환자의 혈압 감소, 콜레스테롤 감소, 생존율 증가, 고독감 개선, 약물처방 감소, 신체 상태의 개선 효과를 얻을 수 있다.

동물은 사람 대상자와의 상호교감을 통하여 대상자의 긴장 완화와 스트레스 감소, 대화의 증가, 신체 활동의 증가를 유발한다. 또한 대상자는 프로그램이 진행되는 동안에 자신이 사랑과 존중을 받는 존재라는 사실을 자각하게 되며, 신뢰 형성의 경험과 치료도우미동물의 돌봄 활동을 통해 자신이 중요한 존재이며 쓸모 있는 사람이라는 자신감을 가지게 되고, 자존감 향상과 행복감 향상으로 이어져 정신건강이 향상되는 효과를 얻을 수 있다.

동물매개치료는 다양한 기전에 의해 효과를 유발할 수 있는데, 그 중 인지이론, 애착이론, 자연친화설, 학습이론으로 기전을 설명할 수 있다.

표 1-7 동물매개치료의 효과기전

이 론	효과
인지이론	동물매개치료 동안에 대상자는 산책하기 등의 간단한 작업을 통하여 성취감을 느끼며, 자기효능감을 높일 수 있다.
애착이론	본성으로 어머니와 강한 애착을 갖는 유아기에 머물러 있는 문제 대상자들에게 동물과의 유대 형성 경험을 통하여 건전한 애착의 경험을 갖게 하고, 주변 대상자들에 자연스러운 애정 분산 효과를 얻을 수 있으며, 발달된 사회적 유대로 확장할 수 있다.
자연친화설	사람은 자연의 일부이고 동물 또한 자연의 일부라 양자 간에는 자연스러운 친화에 의한 유대감을 가지고 있다. 대상자들은 동물과의 접촉을 통하여 강한 유대감을 얻을 수 있으며, 이러한 유대감이 대상자의 심리적, 정신적 안정감을 유도한다.
학습이론	대상자는 동물을 돌보는 활동을 통하여 대처능력이 향상되고, 자존감 향상 및 자기효능감 향상과 자기지지가 높아진다.

단원정리문제

문제 01 난이도 : 기본
다음 동물과의 관계형성이 주는 이점 중 정서적 반응에 해당되는 것은?
① 동물과의 상호반응을 통한 인간의 혈압 감소
② 애완견에 대한 소유 의지가 의욕 증가와 건강 향상
③ 즐거움 향상 및 이완 효과
④ 옥시토신, 도파민, 프로락틴, 페닐틸라민, 베타엔돌핀과 같은 감정에 이로운 신경화학 물질 분비 촉진

풀이 : 정서적 반응에는 스트레스 경감, 위안, 정신적 지지(support)를 제공, 즐거움과 의지와 이완 효과, 정신사회적 기능, 삶의 만족, 개인적 청결도, 정신적 기능을 개선하며 우울감을 감소시킨다.

문제 02 난이도 : 기본
다음 동물매개치료 특징에 대한 설명으로 잘못된 것은?
① 살아있는 생명체를 매개로 한다.
② 동물에 대한 지식만이 요구된다.
③ 적극적이며 긍정적인 다양한 효과를 얻을 수 있다.
④ 감정을 갖고 있어 상호역동적인 작용을 한다.

풀이 : 동물매개치료는 대상자의 심리재활을 위한 심리학, 상담학, 정신병리, 복지학, 재활의학, 인간 행동과 사회환경 등의 심리치료에 관한 전반적인 지식뿐만 아니라, 매개동물의 생리와 심리, 행동, 관리, 훈련, 위생과 활용하고자 하는 동물의 특성 등에 대한 전문적인 지식과 응용기술이 있어야 하고, 치료사의 개인적인 자질은 물론 치료사로서의 윤리적, 전문가적 책임을 가진 치료사에 의해서 이루어지는 다학제적인 전문 분야인 것이다.

문제 03 난이도 : 기본
다음 동물매개치료에 대한 설명으로 잘못된 것은?
① 동물매개심리상담사는 심리재활을 위한 심리학에 대한 지식을 가지고 있어야 한다.
② 동물매개심리상담사는 인간행동과 사회환경 등의 심리치료 지식을 가지고 있어야 한다.
③ 치료도우미동물의 행동과 훈련에 대한 지식을 동물매개심리상담사는 가지고 있어야 한다.
④ 동물매개치료의 구성요소는 치료도우미동물과 대상자만으로 구성된다.

풀이 : 동물매개치료는 대상자, 치료도우미동물, 치료사의 구성요소를 갖게 된다. 이 중에서도 치료의 주체는 치료사라고 할 수 있다.

정답 1. ③ 2. ② 3. ④

문제 04 난이도: 기본
다음 동물매개치료의 효과에 대한 설명으로 잘못된 것은?

① 동물매개치료의 도구적 효과는 치료도우미견의 예를 들어 설명할 수 있다.
② 동물매개치료의 건강 효과는 근육계 및 평형감각의 재활 효과로 설명할 수 있다.
③ 동물매개치료의 인지 효과는 타인에 대한 이해심 향상 효과로 설명할 수 있다.
④ 동물매개치료는 자아존중감을 향상시킬 수 있다.

풀이 : 사람들은 자신이 보살피고 먹이를 주어야하는 반려동물을 가질 때 인지적으로 더 활발해져 특히 노인들에게 인지적 능력을 자극시켜주는데 반려동물은 매우 유익하다. 동물매개치료의 인지 효과는 자아존중감과 자기효능감의 향상, 지적 호기심과 관찰력 배양, 언어발달, 기억력 향상 등으로 설명될 수 있다.

문제 05 난이도: 기본
동물매개치료는 심리치료의 한 분야로서 여러 분야의 전문가가 참여하는 다학제적인 분야이다. 이러한 전문분야에서 거리가 먼 것은?

① 심리학 분야
② 재활치료 분야
③ 동물 훈련 및 관리 분야
④ 재무 및 회계 분야

풀이 : 동물매개치료는 심리학, 상담학, 정신병리, 복지학, 재활의학, 인간행동과 사회환경 등과 매개동물의 생리 및 심리, 관리, 훈련, 위생 등에 전문적인 지식을 가지고 있는 전문가가 참여한다.

문제 06 난이도: 기본
다음 동물매개치료의 효과에 대한 설명으로 잘못된 것은?

① 농장동물은 동물매개치료에 포함되지 않으며 어떠한 효과도 없다.
② 동물매개치료의 건강 효과는 근육계 및 평형감각의 재활 효과로 설명할 수 있다.
③ 동물매개치료는 자기효능감을 향상시킬 수 있다.
④ 동물매개치료는 자아존중감을 향상시킬 수 있다.

풀이 : 농장동물 또한 치료도우미 동물로 활용될 수 있으며, 농장동물을 이용한 동물매개치료 프로그램으로 치매(신경인지장애) 환자의 인지기능 향상, 정신지체 환자의 사회성 증가 등의 효과가 보고되고 있다.

문제 07 난이도: 중급
다음 중 동물매개치료의 효과와 거리가 먼 것은?

① 건강 효과
② 의존성 증가 효과
③ 인지 효과
④ 정서적 효과

풀이 : 동물매개치료의 효과는 올리브리치에 의하면 도구적 효과, 건강 효과, 인지 효과, 스트레스 감소와 대처기술 효과, 정서적 효과, 자아존중감과 자기효능감 향상, 카타르시스의 일곱가지 측면에서 효과가 있다.

정답 4. ③ 5. ④ 6. ① 7. ②

문제 08 난이도 : 고급
동물매개치료의 여러 효과 중에서 인지 효과와 거리가 먼 것은?
① 지적호기심 증가
② 규칙적인 운동습관 형성
③ 언어 발달력 증가
④ 기억력 향상

풀이 : 동물매개치료의 여러 효과 중에서 인지 효과는 지적 호기심과 관찰력 배양, 언어발달, 기억력 향상 등이다. 규칙적인 운동습관 형성은 건강 효과이다.

문제 09 난이도 : 중급
동물매개치료의 효과 중에서 사회적 효과가 아닌 것은?
① 다른 사람에 대한 이해심 향상
② 의사소통기술 및 사회기술 향상
③ 조건 없는 사랑과 친화력 습득
④ 심리적 안정과 즐거움 제공

풀이 : 동물매개치료의 사회적 효과로는 다른 사람에 대한 이해심 향상, 의사소통기술 및 사회기술 향상, 조건 없는 사랑과 친화력 습득, 공동체 의식 향상, 긴장완화와 사회적 접촉 확대이다. 심리적 안정과 즐거움 제공은 정서적 효과에 해당된다.

문제 10 난이도 : 중급
동물매개치료의 여러 효과 중에서 카타르시스 효과에 해당하는 것은?
① 불만, 분노, 슬픔 등 여러 가지 감정을 동물과의 놀이를 통해 아주 자연스럽게 표현하고 해소
② 동물과의 놀이를 통해 내적 욕구를 자연스럽게 충족시켜주므로 자기효능감 상승
③ 기분 개선과 흥미 유발
④ 심리적 안정과 즐거움 제공

풀이 : 동물매개치료의 여러 효과 중에서 카타르시스 효과는 동물과의 놀이를 통하여 자연스럽게 카타르시스 기능을 수행, 실생활에서 표출할 수 없었던 불만, 분노, 슬픔 등 여러 가지 감정을 동물과의 놀이를 통해 아주 자연스럽게 표현하고 해소

정답 8. ② 9. ④ 10. ①

문제 11 난이도 : 기본
다음 치료도우미동물에 대한 설명으로 잘못된 것은?
① 동물매개치료의 대상자에게 맞는 동물 종류를 선택하여야 한다.
② 사육사나 동물 조련사에 의해서 잘 교육된 동물이어야 한다.
③ 수의사에 의해서 예방접종이나 건강검진을 주기적으로 받아야 한다.
④ 대상자가 선정한 동물을 이용하여 동물매개치료가 이루어진다.

풀이 : 대상자에 따라서 동물에 대한 기호가 다를 수 있고 또는 동물에 대한 알레르기나 기타 부작용이 있어 특정한 동물을 기피하는 경우도 있지만 동물매개치료에 이용되는 동물은 대상자가 선택하는 것이 아니라 동물매개심리상담사가 선정한 동물을 이용하여 이루어진다.

문제 12 난이도 : 중급
다음 동물매개치료의 특징에 대한 내용으로 옳은 것만을 〈보기〉에서 모두 고른 것은?

〈보기〉
ㄱ. 감정을 갖고 있어 상호역동적인 작용을 한다.
ㄴ. 다학제적인 전문분야이다.
ㄷ. 적극적이며 긍정적인 다양한 효과를 얻을 수 있다.
ㄹ. 정적(靜的)이며 반응을 느리게 관찰할 수 있다.
ㅁ. 동물매개심리상담사와 대상자만으로 구성된다.

① ㄱ, ㄴ   ② ㄱ, ㄷ   ③ ㄱ, ㄴ, ㄷ   ④ ㄷ, ㄹ, ㅁ

풀이 : (ㄹ) 동물매개치료는 동적(動的)이며 반응이 빠르다. (ㅁ) 동물매개치료는 동물매개심리상담사와 치료도우미동물 및 대상자가 참여한다. 치료도우미동물의 역할도 크기 때문에 주요 구성원에 빠진 문항이라 틀린 답이다. 따라서 틀린 설명인 (ㄹ)과 (ㅁ)이 빠진 바른 설명을 모두 고른 (ㄱ), (ㄴ), (ㄷ)을 가진 ③이 정답이다.

문제 13 난이도 : 중급
다음 설명에 대한 내용으로 가장 적합한 용어는?

동물매개치료 분야는 사회복지, 심리학, 상담학, 동물행동학, 동물간호, 동물관리, 동물위생, 질병의 특성 등에 관한 복합적 지식을 가지고 접근할 수 있다.

① 동물매개치료의 복잡성
② 동물매개치료의 다학제적 전문성
③ 동물매개치료의 사회성
④ 동물매개치료의 대체의학적 전문성

풀이 : ② 동물매개치료는 다양한 학문이 관련되어 복합적 지식으로 접근할 수 있는 다학제적 전문성을 가진다.

정답 11. ④ 12. ③ 13. ②

문제 19 난이도 : 중급
다음 동물매개치료의 효과에 대한 내용으로 가장 적합한 용어는?

> 아동들은 동물과의 놀이를 통하여 자연스럽게 현실생활에서 표출할 수 없었던 불만, 분노, 슬픔 등 여러 가지 감정을 아주 자연스럽게 표현하고 해소 시킨다.

① 동물매개치료의 도구적 효과
② 동물매개치료의 건강 효과
③ 동물매개치료의 인지 효과
④ 카타르시스 효과

풀이 : 아동들은 동물과의 놀이를 통하여 자연스럽게 카타르시스 기능을 수행한다.

정답 19. ④

문제 16 난이도 : 기본

다음 동물매개치료의 효과에 대한 설명으로 잘못된 것은?

① 동물매개치료는 자기효능감을 향상시킬 수 있다.
② 동물매개치료는 자아존중감을 향상시킬 수 있다.
③ 동물과의 놀이로 강한 스트레스적 사건들을 표현하고 감정 해소 효과를 얻는 것은 인지적 효과로 분류될 수 있다.
④ 반려동물에 의한 스트레스와 긴장 완화 효과는 스트레스 감소 효과로 분류될 수 있다.

풀이 : 동물과의 놀이를 통하여 자연스럽게 동물매개치료의 카타르시스 효과를 얻을 수 있다. 현실 생활에서 표출할 수 없었던 불만, 분노, 슬픔 등 여러 가지 감정을 동물과의 놀이를 통해 아주 자연스럽게 표현하고 해소 시킨다. 치료도우미 동물은 위협적이지 않고, 비판적이지 않으며 무조건적으로 수용하기 때문에 동물과의 상호작용은 사람들이 방어적이지 않고 솔직하게 자신의 감정과 생각을 표현할 수 있다. 동물과의 놀이를 통해 자신이 경험한 외상적 사건이나 강한 스트레스적 사건들을 무의식적으로 표현하고 이를 정서적으로 극복하기 위한 카타르시스 효과를 얻을 수 있다.

문제 17 난이도 : 중급

다음 동물매개치료의 효과에 대한 내용으로 가장 적합한 용어는?

> 동물매개치료는 대상자의 소근육과 대근육의 운동과 발달, 근육계 및 평형감각의 재활 및 규칙적인 운동습관 형성에 기여할 수 있다.

① 동물매개치료의 도구적 효과
② 동물매개치료의 건강 효과
③ 동물매개치료의 인지 효과
④ 동물매개치료의 사회적 및 정서적 효과

풀이 : ② 동물매개치료의 건강 효과는 치료 과정을 통해 대상자의 소근육과 대근육의 운동과 발달, 근육계 및 평형감각의 재활 및 규칙적인 운동습관 형성에 기여할 수 있다.

문제 18 난이도 : 중급

다음 동물매개치료의 효과에 대한 내용으로 가장 적합한 용어는?

> 동물매개치료는 자아존중감과 자기효능감 향상, 지적 호기심과 관찰력 배양에 효과적이며 언어발달과 기억력 향상에 효과적이다.

① 동물매개치료의 도구적 효과
② 동물매개치료의 건강 효과
③ 동물매개치료의 인지 효과
④ 동물매개치료의 사회적 및 정서적 효과

풀이 : ③ 동물매개치료의 인지 효과는 치료 과정을 통해 자아존중감과 자기효능감 향상, 지적 호기심과 관찰력 배양에 효과적이며 언어발달과 기억력 향상에 효과적이다.

정답 16. ③ 17. ② 18. ③

문제 19 난이도: 중급

다음 동물매개치료의 효과에 대한 내용으로 가장 적합한 용어는?

> 아동들은 동물과의 놀이를 통하여 자연스럽게 현실생활에서 표출할 수 없었던 불만, 분노, 슬픔 등 여러 가지 감정을 아주 자연스럽게 표현하고 해소 시킨다.

① 동물매개치료의 도구적 효과
② 동물매개치료의 건강 효과
③ 동물매개치료의 인지 효과
④ 카타르시스 효과

풀이 : 아동들은 동물과의 놀이를 통하여 자연스럽게 카타르시스 기능을 수행한다.

정답 19. ④

문제 16
난이도 : 기본

다음 동물매개치료의 효과에 대한 설명으로 잘못된 것은?

① 동물매개치료는 자기효능감을 향상시킬 수 있다.
② 동물매개치료는 자아존중감을 향상시킬 수 있다.
③ 동물과의 놀이로 강한 스트레스적 사건들을 표현하고 감정 해소 효과를 얻는 것은 인지적 효과로 분류될 수 있다.
④ 반려동물에 의한 스트레스와 긴장 완화 효과는 스트레스 감소 효과로 분류될 수 있다.

풀이 : 동물과의 놀이를 통하여 자연스럽게 동물매개치료의 카타르시스 효과를 얻을 수 있다. 현실 생활에서 표출할 수 없었던 불만, 분노, 슬픔 등 여러 가지 감정을 동물과의 놀이를 통해 아주 자연스럽게 표현하고 해소 시킨다. 치료도우미 동물은 위협적이지 않고, 비판적이지 않으며 무조건적으로 수용하기 때문에 동물과의 상호작용은 사람들이 방어적이지 않고 솔직하게 자신의 감정과 생각을 표현할 수 있다. 동물과의 놀이를 통해 자신이 경험한 외상적 사건이나 강한 스트레스적 사건들을 무의식적으로 표현하고 이를 정서적으로 극복하기 위한 카타르시스 효과를 얻을 수 있다.

문제 17
난이도 : 중급

다음 동물매개치료의 효과에 대한 내용으로 가장 적합한 용어는?

> 동물매개치료는 대상자의 소근육과 대근육의 운동과 발달, 근육계 및 평형감각의 재활 및 규칙적인 운동습관 형성에 기여할 수 있다.

① 동물매개치료의 도구적 효과
② 동물매개치료의 건강 효과
③ 동물매개치료의 인지 효과
④ 동물매개치료의 사회적 및 정서적 효과

풀이 : ② 동물매개치료의 건강 효과는 치료 과정을 통해 대상자의 소근육과 대근육의 운동과 발달, 근육계 및 평형감각의 재활 및 규칙적인 운동습관 형성에 기여할 수 있다.

문제 18
난이도 : 중급

다음 동물매개치료의 효과에 대한 내용으로 가장 적합한 용어는?

> 동물매개치료는 자아존중감과 자기효능감 향상, 지적 호기심과 관찰력 배양에 효과적이며 언어발달과 기억력 향상에 효과적이다.

① 동물매개치료의 도구적 효과
② 동물매개치료의 건강 효과
③ 동물매개치료의 인지 효과
④ 동물매개치료의 사회적 및 정서적 효과

풀이 : ③ 동물매개치료의 인지 효과는 치료 과정을 통해 자아존중감과 자기효능감 향상, 지적 호기심과 관찰력 배양에 효과적이며 언어발달과 기억력 향상에 효과적이다.

정답 16. ③ 17. ② 18. ③

(3) 동물매개치료-상담의 고려 사항들

1) 치료도우미동물의 훈련과 평가
   ① 상담사의 치료도우미동물과 내담자가 유대감과 친숙함을 가지게 하기 위해서는 상담사가 그 동물의 행동과 다양한 상황에 대한 반응들에 대하여 이해하고 예측 가능해야 한다.

2) 다문화 관련
   ① 동물매개치료-상담(AAT-C) 기법들을 적용하는 것으로 결정하기 전에 동물과 상호반응에 관한 내담자의 개인적인 견해와 문화적 차이에 대하여 이해하고 내담자의 문화적 가치관들을 고려하여야만 한다.

3) 윤리적 고려 사항들
   ① 상담 세팅에 동물매개치료-상담(AAT-C)을 활용하기를 원하는 상담사는 치료도우미동물의 피로, 동물의 스트레스 표시에 대한 반응뿐 아니라 치료도우미동물의 복지를 고려하여야 한다.
   ② 내담자에게 위해를 가할 수 있는 위험 요소는 상담에 동물매개치료-상담(AAT-C) 기법을 병합할 때 특히 검토되어져야 한다.
   ③ 동물매개치료-상담(AAT-C)에 적합하지 않은 상황의 예들로는 동물에 극심한 공포를 가지고 있는 내담자, 동물 알레르기를 가지고 있는 내담자 등을 들 수 있다(Chandler, 2005).

4) 임상적용
   ① Chandler(2005)는 간단히 가질 수 있는 스크린, 큰 배변 상자, 애완동물용 쿠션이 있는 조용한 코너, 물 그릇 등이 치료도우미견의 휴식을 취할 수 있도록 마련되어져야 한다고 말한다.
   ② 상담사들은 매일 치료도우미동물의 이빨을 닦아 주고, 매주 목욕시키고 발톱을 다듬어 주는 등의 위생적 관리가 요구되어진다(Delta Society; 현재 Pet Partners, 2010).
   ③ 치료도우미동물을 항상 돌봐줘야 되기 때문에 목욕 시간이나 상담 중에 동물을 거부하는 내담자의 경우 등을 대비하여 안전하게 가두어 둘 이동장을 마련하는 것이 좋다. 적절한 교육과 훈련을 가지고 임상 적용을 하면 동물매개치료-상담(AAT-C)은 긍정적인 방법으로 다양한 내담자들에게 치료 효과를 유도할 수 있는 힘을 가지고 있다.

2 병원 입원 환자의 치료와 간호

간호 영역에서 애완동물을 활용한 치료의 이용은 동물활용치료(animal-facilitated therapy, AFT)로 알려져 있다. 동물활용치료(animal-facilitated therapy)는 동물매개활동과 동물매개치료를 모두 포함하는 용어이다. 동물활용치료(animal-facilitated therapy)는 1800년대부터 존재하였다. Florence Nightingale은 동물을 활용한 치료인 동물매개치료에 대하여 실질적인 발견을 하였다.

(1) 간호 영역에서 유의성
1) 병원 병동에 치료도우미견이 오게 되면 대다수의 환자와 스텝들의 관심과 웃음으로 인해 일련의 효과가 유발된다.
2) Souter와 Miller에 의하면 동물매개치료는 우울에 긍정적 효과를 유도하는 것으로 연구 논문들을 분석하여 보고하였다.

(2) 동물활용 치료의 이론적 기반
1) 동물활용치료(animal-facilitated therapy)는 환자의 정신, 신체 및 마음을 위한 치료적 중재를 유도한다. 동물이 사람과 상호 반응할 때, 사람의 마음은 그 순간에 점유된다.
2) 환자는 기억을 회상하거나 미래를 꿈꿔볼 수 있다. 환자는 자신의 고통, 슬픔, 아픔, 질병을 잊고 마음, 신체, 정신을 현재 활동하는 동물과 함께 즐거운 상호 작용의 순간에 있도록 도와준다.

3 특수 동물의 활용

(1) 농장동물매개치료
1) 농장동물을 이용한 동물매개치료(animal-assisted therapy with farm animal, AAT-FA)는 농장매개치료 중 농장에서 사육되는 동물을 이용한 대상자의 치료 활동이다.
2) 농장동물매개치료에서는 대상자들이 농장동물들과 만남 및 활동의 복합적인 과정이 작용하여 대상자들에 여러 가지 긍정적인 효과를 유발하는 것으로 알려져 있다. 농장동물은 대상자에게 신체적 접촉의 기회를 제공하고, 다양한 생활 형태를 촉진

하고, 사료를 주고 돌보는 것을 포함하는 일상적인 관리를 통하여 대처능력을 향상시킬 수 있다.

(2) 돌고래매개치료(Dolphin-assisted therapy)

1) 돌고래매개치료의 이점
① 물은 대상자들의 스트레스를 감소시키는 역할을 하고, 운동기술 증가, 운동감각 피드백을 제공할 수 있으며, 감각 운동의 인지형태를 재확립하는 것을 도와주고, 유연성 증가와 통증 경감을 유도할 수 있다(Burton & Edwards, 1990; Nathanson, 1998).
② 연구결과에 따르면 돌고래는 사람의 학습 효과를 올리는 모델이 될 수 있다 (Nathanson, 1989; Nathanson 등, 1997).

(3) 승마치료(Hippotherapy)

1) 승마치료의 개요
사람의 치료에 말의 매개 효과를 이용하는 것을 승마치료(hippotherapy)라고 한다.

2) 승마치료의 효과
① 신체적 능력과 인지적 능력을 향상시키고 감성과 사회성을 발달시키며, 신경생리학적 이점과 운동발달과 조절의 향상을 가져온다.
② 말과의 교감과 치료사와의 의사소통을 통해서 사회성 발달 효과가 있다.
③ 몸의 균형 능력을 향상시켜 준다.
④ 승마치료를 통하여 의식의 발달이 이루어진다.

(4) 동물원동물매개치료

1) 동물원동물매개치료 개요
살아있는 여러 가지 동물을 모아서 사육하고 번식하면서 교육 및 여가선용을 위해 일반인들이 관람할 수 있는 동물원은 동물매개치료의 활용 면에서도 매우 좋은 장소이다.
동물원을 이용한 프로그램은 사람과 동물 그리고 자연을 연결시켜주며 동물보호와 자연친화적인 생활을 유도하고 동물과의 상호작용을 통하여 사회성과 정서적 안정과 즐거움을 갖도록 할 수 있다.

4. 동물매개교육

(1) 동물매개교육의 정의

동물매개교육은 치료도우미동물과 펫파트너로 구성된 중재단위 활동 팀(IU)이 교육 중재전문가인 동물매개심리상담사와 대상자 학생들 사이에 이루어지는 목표 지향적인 교육 전문 프로그램이라 할 수 있다.

(2) 동물이 주는 교육적 효과

1) 지적장애 개선 효과
2) 정신발달 촉진
3) 아동에 대한 반려동물의 이점
4) 대인관계 형성에 도움
5) 문제행동 감소 효과
6) 감정 조절 능력 증가와 분노행동 감소 효과
7) 자아존중감 향상 효과

단원정리문제

문제 01 난이도 : 중급
동물이 주는 교육적 효과에 대한 설명으로 옳지 않은 것은?
① 대인관계 형성에 도움
② 문제행동 감소 효과
③ 자아존중감 향상
④ 우울 상승

풀이 : 동물은 심리적 안정과 우울 감소에 효과가 있다.

문제 02 난이도 : 중급
동물매개치료-상담(동물매개심리상담)의 고려 사항에 해당 되지 않은 것은?
① 치료도우미동물의 훈련
② 내담자의 문화적 가치관들을 고려
③ 내담자의 연령
④ 치료도우미동물의 복지

풀이 : 동물매개치료-상담(동물매개심리상담)은 모든 연령의 내담자가 적용 가능하다.

문제 03 난이도 : 중급
말을 활용한 동물매개치료인 승마치료의 기대 효과로 가장 거리가 먼 것은?
① 부정 정서 증가
② 사회성 발달
③ 평형감각 향상
④ 근력 향상

풀이 : 승마치료에 긍정 정서는 향상되고 부정 정서는 감소될 수 있다.

정답 1. ④ 2. ③ 3. ①

 Ⅸ 대상자에 따른 동물매개치료

(1) 아동

1) 아동 대상 동물매개치료 효과
① 어린이들은 쉽게 그들의 감정을 반려동물에게 자연스럽게 털어놓는 경향이 있다.
② 반려동물은 어린이에게 비 위협적이고, 평가에 대한 두려움을 해소시키며, 무조건적인 집중과 사랑을 베풀어 줄 수 있는 특성을 가지고 있다.
③ 다양한 연령에서 반려동물의 이점이 보고되고 있으나 그 중 어린이들에서 효과가 더 높다는 것은 잘 알려져 있는 사실이다.
④ 어린이들은 그들의 반려동물을 친구로, 동료로 여기는 경향이 강하다.

2) 아동 대상 동물매개치료 효과 기전
① 동물의 존재로부터 얻는 안정
② 감정과 표현의 활성화
③ 성장기 아동의 또래 친구 역할
④ 동물에 대한 감정이입
⑤ 도움의 제공
⑥ 교육 과정 참여

(2) 노인
① 노인에 대한 연구들에 따르면 치료도우미견 방문 프로그램으로 우울감 감소, 기분 개선, 사회적 상호작용이 유발된다(Phelps 등, 2008). 동물매개치료 프로그램 세션에 참석하지 못할 정도로 거동이 어려운 경우에 방으로 치료도우미견이 방문하는 프로그램을 적용할 수 있다.
② 노인에 대한 동물매개치료 적용 분야로는 치매, 알츠하이머 노인 환자, 노인 요양 시설, 독거 노인, 노인 대상 프로그램 등에 적용이 가능하다.

(3) 자폐아동

1) 자폐 아동 대상 동물매개치료 프로그램의 이점
① 인간과 동물의 유대감을 활용하여 자폐 아동에 자연 친화적이고 효과적인 긍정적 반응 유도

② 동물을 쓰다듬어주는 일은 자폐 아동을 위로해주고 안정감을 주는 효과
③ 집중력과 자기표현능력을 향상시키며 관심과 대화를 촉진시킴으로써 자아존중감 향상
④ 아동의 자기개념과 자아존중감 향상 또한, 반려견과의 놀이 활동으로 자폐 아동의 사회적 지식, 모방 행동, 거울 보기, 규칙 알기, 놀이활동 증진

(4) ADHD 아동

'주의력결핍과잉행동장애(Attention Deficit Hyperactivity Disorder, ADHD)'는 주의가 산만하고 과잉행동과 충동성을 보이는 소아청소년기의 정신과적 장애이다.

1) ADHD 아동의 동물매개치료 프로그램 이점
① 동물의 존재는 아동의 주의력을 끌고 유지
② 동물에 대한 애정 어린 양육 놀이는 공격성을 감소시켜 또래 간에 긍정적인 교류증가
③ 아동의 민감성을 빠르게 감소시켜 반응을 연장
④ 외부 환경에 대한 집중을 갖게 하며 동물매개심리상담사와 다른 아동의 행동에 적절한 관심을 갖도록 유도
⑤ 동물에 대한 두려움을 극복하고 돌볼 수 있는 기회를 제공하여 대상 어린이들에게 자아존중감 및 자신감 향상을 유도

2) ADHD 아동의 동물매개치료의 효과기전

표 1-8 ADHD 아동에 대한 동물매개치료의 효과 기전에 대한 분석

구분	이론적 배경	관점	주의 개념	주의 소요	치료 방법
Taylor (2009)	ART (Attention Restoration Theory)	주의 불일치성	의도적 주의 무의적 주의	주의 피곤 주의 회복	자연친화적 환경 활동
Jackson (2008)	자기조절	뉴런체계의 약화	초점력 판단력 인지력	실행기능	집중력 훈련 마음수련
Palladino (2007)	뒤집힌 U 곡선	자극의 불균형	선택적 주의 지속적 주의	최적 각성	인지 훈련
Katcher (2006)	Biophilia Hypothesis	부적절한 주의 방향성	내적 주의 외적 주의	진정효과	농장 동물 돌봄 활동, 자연탐구, 정원 활동

(5) 치매

1) 치매 개요

DSM-5에 의하면 치매를 신경 인지장애로 명명하였으며, 그 중 경도 신경 인지장애는 사회생활이나 직업상의 능력이 비록 상실되더라도 아직 독립적인 생활을 영위할 수 있고 적절한 개인위생을 유지하며 비교적 온전한 판단력을 보유한 상태를 의미한다. 치매환자에 대한 반려동물의 치료 촉진 가능성들에 대하여 Baun 등(2003)이 연구를 수행하여 결과를 보고한 바 있다. 치매 환자에 대한 AAI 효과를 평가하기 위한 연구는 연구 설계와 수행을 하는데 여러 가지 제한점이 있어 어려움이 있다(Wilson & Barker, 2003).

2) 치매 환자를 위한 동물매개치료 프로그램 운영

치매 환자를 위한 동물매개치료 프로그램의 적용은 외국에서 많이 수행되고 있는 보완의학적 치료 방법이다. Buettner 등(2011)에 따르면, 치매 환자에게 동물을 중재 도구로 하여 동물매개치료 활동을 실시한 결과, 치매 환자의 통증 감소, 언어적 파괴 행동 감소, 의사소통 향상, 사회성 향상 등의 효과를 얻을 수 있다고 하였다.

표 1-9 치매를 가진 환자를 위한 동물매개치료의 가능한 목표

- 통증 감소
- 언어적 파괴 행동 감소
- 감정에 관한 의사소통 향상
- 사회행동 향상
- 다양한 크기의 물건들을 잡거나 놓을 수 있는 능력 향상
- 섬세한 운동 기술 능력 향상
- 걸음걸이 기술과 휠체어 이동 능력 향상
- 손과 눈 협응능력 향상
- 기능적 운동력 향상을 위한 관절의 움직임 범위 향상
- 작업의 집중력 향상
- 기능적 운동을 돕는 앉는 것과 서는 것, 또는 걷기 능력 향상
- 일상 활동 능력을 향상하기 위한 팔과 다리 힘을 향상
- 우울증 감소

단원정리문제

문제 01 난이도 : 중급
아동 대상 동물매개치료 효과 기전과 가장 거리가 먼 것은?

① 동물의 존재로부터 얻는 안정
② 코티졸 호르몬의 증가
③ 또래 친구 역할
④ 도움의 제공

풀이 : 코티졸 호르몬은 스트레스 호르몬으로 동물로부터 아동은 스트레스 감소에 의한 코티졸 감소 효과를 얻을 수 있다.

문제 02 난이도 : 중급
자폐 아동 대상 동물매개치료 프로그램의 이점에 대한 내용으로 가장 거리가 먼 것은?

① 자아자존감 향상
② 긍정적 반응 유도
③ 옥시토신 호르몬 감소
④ 사회성 향상

풀이 : 동물과의 교감 활동은 자폐 아동에게 옥시토신 호르몬 향상으로 사회성 향상 효과를 유도한다.

문제 03 난이도 : 중급
ADHD 아동의 동물매개치료 프로그램 이점에 대한 내용으로 가장 거리가 먼 것은?

① 또래 간 긍정적인 교류 증가
② 자아존중감 및 자신감 향상
③ 외부 환경에 대한 집중 향상
④ 민감성 증가

풀이 : 동물과의 교감 활동은 ADHD 아동에게 아동의 민감성을 빠르게 감소시켜 반응을 연장하는 효과를 유도한다.

정답 1. ② 2. ③ 3. ④

Chapter 02
치료도우미동물학

I. 치료도우미동물의 개요 ····· 64
II. 치료도우미동물의 종류 ····· 71
III. 치료도우미동물로 개와 고양이 ····· 88
IV. 치료도우미동물 선발과 평가 ····· 98
V. 치료도우미견의 훈련 ····· 105
VI. 치료도우미동물 관련 자격 ····· 112
VII. 치료도우미동물의 위생 ····· 118
VIII. 치료도우미동물의 복지 ····· 132

I 치료도우미동물의 개요

1 치료도우미동물의 개요

- 동물매개중재 활동에 활용될 수 있는 일정한 자격을 갖춘 동물
- 한국동물매개심리치료학회의 정해진 기준에 따른 수의학적 관리, 훈련, 동물복지 기준을 충족하는 동물로서 평가에 합격하고 인증된 동물

2 중재도구로서 치료도우미동물의 이점

(1) 동물매개치료의 특징과 치료도우미동물의 이점

표 2-1 치료도우미동물의 중재 역할로 인한 동물매개치료의 특징

1. 동물매개치료는 다른 대체요법과 다르게, **살아있는 동물**이 매개체로 작용하는 점이 가장 큰 특성이라 할 수 있다.
2. 동물매개치료는 다른 어떤 보완대체의학적 방법들 보다 대상자들이 **능동적이며 즐겁게 참여하고 효과 또한 빠르고 지속적**이다.
3. 동물은 살아있고, 감정을 표현하며, 사람 대상자들과 빠른 상호반응을 하기 때문에 내담자인 대상자들에 **빠른 신뢰 형성**과 치료 프로그램에 **적극적인 참여**를 유도하여 **빠른 치유 효과**를 유발할 수 있다.

(2) 동물매개치료 과정에서 치료도우미동물의 역할

1) 사회적 윤활제

동물매개치료 과정에서 치료도우미동물은 자폐와 같이 사회적 기술 발달이 낮은 대상자들에게 쉽게 친숙해지고 나아가 사람들과도 사회성을 향상시키는 역할을 한다.

2) 감정의 촉매자

치료도우미동물은 대상자의 친구역할을 하며, 대상자 자신의 감정을 쉽게 털어놓고 슬픔이나 기쁨을 표현할 수 있는 감정의 촉매자 역할을 한다.

3) 선생님으로서 역할

치료도우미동물은 동물매개치료 과정 동안에 대상자가 간단한 훈련이나 교육 과정에 참여하는 프로그램을 통하여, 대상자에게 지식뿐 아니라 사회적 규범이나 규칙 준수와 같은 도덕을 배우게 할 수 있는 선생님으로서의 역할을 한다.

4) 중간 연결체

치료도우미동물은 동물매개심리상담사와 대상자(내담자)의 중간 연결체로서 대상자가 동물매개심리상담사에게 자신의 비밀을 빨리 털어 놓고 마음의 벽을 허무는 중간 연결체 역할을 한다.

3. 치료도우미동물의 조건

(1) 치료도우미동물의 일반 조건

- 성숙한 연령(개의 경우는 최소 1살 이상)
- 공격성이 없어야 함
- 기초적인 복종이 되어야 함
- 수의학적인 관리가 수행되어야 함
- 동물매개심리상담사와 호흡이 맞아야 됨

(2) 치료도우미견의 선발을 위한 4대 평가

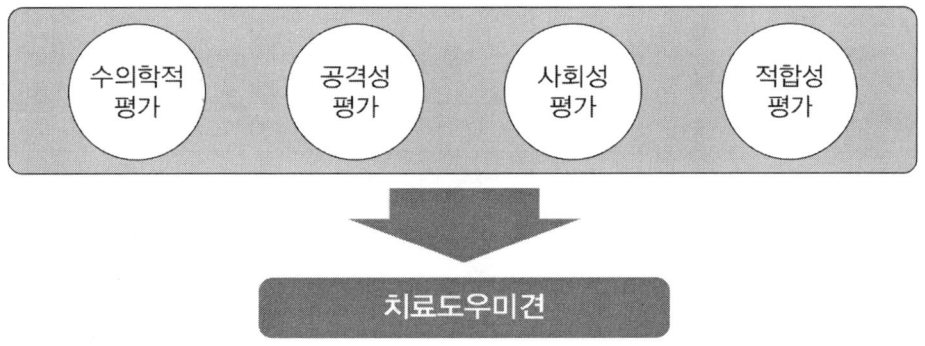

그림 2-1 치료도우미동물 선발을 위한 4대 평가

4 치료도우미동물의 종류 선택 기준

(1) 치료도우미동물 선택을 위한 8가지 기준

표 2-2 치료도우미동물 선택을 위한 8가지 기준

1	사육성	집에서 쉽게 기를 수 있는가?
2	운반성	사람이 직접 운반할 수 있는 편리성
3	상호 접촉성	사람과 동물과의 신체접촉의 용이성
4	감정 소통성	사람과의 친밀도
5	안전성	동물의 사람에 대한 공격성
6	인간의 운동성	동물과 사람이 함께 운동할 수 있는 정도
7	동물 자신의 즐거움	사람과 같이 지내는 것을 좋아하는지에 대한 정도
8	감염의 안전성	동물로 인해 감염될 수 있는 질병의 위험도

(2) 치료도우미동물의 종류와 특성

표 2-3 동물 종류에 따른 치료도우미동물 선택을 위한 8가지 적합성 비교
[출처] 한국동물매개심리치료학회(www.kaaap.org) 자료실(2023)

종류	사육성	운반성	상호 접촉성	감정 소통성	안전성	인간의 운동성	동물 자신의 즐거움	감염의 안전성
물고기	★	▽	▽	◇	★	▽	◇	☆
파충류	◇	◇	◇	◇	☆	▽	◇	☆
조류	★	◇	☆	◇	★	▽	◇	◇
햄스터	★	★	◇	◇	☆	◇	◇	☆
기니피그	★	★	★	◇	★	◇	◇	◇
토끼	★	★	★	☆	★	◇	◇	☆
양, 염소	◇	◇	★	☆	☆	☆	◇	☆
소	◇	◇	☆	☆	☆	☆	◇	◇
돼지	◇	◇	☆	☆	☆	☆	☆	◇
고양이	☆	☆	★	★	☆	☆	★	☆

종 류	사육성	운반성	상호 접촉성	감정 소통성	안전성	인간의 운동성	동물 자신의 즐거움	감염의 안전성
개	☆	☆	★	★	☆	★	★	☆
말	◇	▽	☆	★	◇	★	☆	☆
돌고래	▽	▽	☆	☆	☆	★	◇	☆
원숭이	▽	◇	◇	☆	▽	☆	☆	▽
곤충	☆	★	▽	▽	★	▽	▽	★

★ = 매우 좋음 ☆ = 좋음 ◇ = 보통 ▽ = 나쁨

단원정리문제

문제 01 난이도 : 기본

치료도우미동물을 관리하고 파트너쉽이 잘 형성되어 있는 사람으로 동물매개치료 활동의 중재단위를 이루는 자격을 갖춘 사람은?

① 동물행동상담사
② 도우미동물평가사
③ 펫파트너
④ 반려동물아로마관리사

풀이 : 펫파트너는 치료도우미동물과 중재단위를 형성하여 동물매개치료 활동 과정에서 대상자와 상호교감을 유도하는 자격을 갖춘 사람이다. 동물매개심리상담사는 동물매개치료 전 과정의 계획과 프로그램 개발, 운영, 평가를 진행하며 펫파트너와 치료도우미동물을 활용하여 동물매개치료 효과를 유도하는 전문가이다.

문제 02 난이도 : 기본

수족관의 물고기를 이용한 동물매개치료에 대한 설명으로 옳지 않은 것은?

① 혈압을 낮추는 효과를 얻을 수 있다.
② 능동적인 동물매개치료로 분류된다.
③ 긴장 이완 반응 효과를 얻을 수 있다.
④ 면역 저하 입원 환자에게도 적용 가능하다.

풀이 : 수족관의 물고기는 직접 만지거나 함께 운동할 수 있는 역할을 할 수 없고 보는 수동적인 활동으로 이루어지는 프로그램에 적용된다.

문제 03 난이도 : 기본

동물매개중재 활동에 활용될 수 있도록 한국동물매개심리치료학회의 정해진 기준을 충족하는 동물로서 평가에 합격하고 인증된 동물을 무엇이라 하는가?

① 서비스동물
② 특수목적동물
③ 장애인보조동물
④ 치료도우미동물

풀이 : 치료도우미동물은 동물매개중재 활동에 활용될 수 있도록 한국동물매개심리치료학회의 정해진 기준에 따른 수의학적 관리, 훈련, 동물복지 기준을 충족하는 동물로서 평가에 합격하고 인증된 동물을 말한다.

정답 1. ③ 2. ② 3. ④

문제 04 난이도 : 중급

치료도우미동물의 선택 기준으로 활용되는 8가지 지표 중에서 동물의 사람에 대한 공격성 측면을 평가하는 지표의 이름은?

① 이동성
② 감정소통성
③ 안전성
④ 사육성

풀이 : 치료도우미동물의 선택기준으로 안전성은 동물의 사람에 대한 공격성을 말하며, 감염의 안전성은 동물로 인해 감염될 수 있는 질병의 위험도를 말한다.

문제 05 난이도 : 중급

다음 중 치료도우미견의 인증 평가를 위한 후보견의 연령 기준으로 적합한 것은?

① 3개월 이상
② 6개월 이상
③ 1년령 이상
④ 6년령 이상

풀이 : 치료도우미동물은 활동에 다양한 변수에 노출되기 때문에 본성을 억제할 수 있는 1살 이상의 성견을 대상으로 인증 평가를 통해 치료도우미견 선발을 한다.

문제 06 난이도 : 고급

인간과 동물의 유대와 관련된 다음 설명으로 옳지 않은 것은?

① 인류가 가장 먼저 길들인 동물은 개이다.
② 고양이는 기원전 약 5,000년 전에 가축화되었다.
③ HAB는 사람에게만 이점을 준다.
④ HAB는 코티졸 호르몬 수치를 낮춘다.

풀이 : 인간과 동물의 유대 HAB는 사람과 동물 쌍방향의 행복을 증진하고 이점을 제공한다.

문제 07 난이도 : 기본

동물매개중재 활동의 중재단위에 대한 설명으로 옳지 않은 것은?

① 동물매개심리상담사는 중재단위에 포함된다.
② 치료도우미동물이 포함된다.
③ 구성 요소들은 한국동물매개심리치료학회의 인증을 받아야 한다.
④ 대상자와 상호작용을 유도하는 역할을 수행한다

풀이 : 중재단위는 치료도우미동물과 펫파트너를 말한다.

정답 4. ③ 5. ③ 6. ③ 7. ①

문제 08 난이도 : 기본

사람과 사람 사이에 생기는 상호 신뢰관계를 말하는 심리학 용어는?

① 감정이입
② 공감
③ 애착
④ 라포

풀이 : 라포르(rapport), 라포 또는 라뽀는 사람과 사람 사이에 생기는 상호 신뢰관계를 말하는 심리학용어이다.

정답 8. ④

II 치료도우미동물의 종류

1. 치료도우미동물의 종류-개

(1) 개의 특성

1) 개는 식육목과 개과의 포유류 동물이다. 발가락은 앞발에 5개, 뒷발에 4개로 땅을 걸어 다니는 지행성이고, 땀샘은 피부에 없고 발바닥과 혀에 있다. 개의 크기는 품종에 따라 다르며 어깨 높이는 8-90cm이고, 체중은 4.4-100kg 이상까지도 있다. 털은 장모, 단모, 이중모, 털이 없는 것도 있으며, 빛깔이나 무늬의 변화가 많다.

2) 개도 야생상태에서는 여러 마리의 수컷과 암컷이 무리를 이루어 사냥하고 새끼를 돌보며 공동생활을 한다. 개의 수명은 보통 12-16년 정도지만 최근에는 장수하는 개들이 늘어나고 있는 추세이다.

3) 개의 감각 중 후각을 100이라 할 때, 청각은 70, 시각은 50, 미각은 20, 촉각은 10정도여서 개에게는 시각보다 후각이 더 발달 되어 있다.

(2) 치료도우미동물로서 개의 장단점 분석 및 SWOT분석

표 2-4 치료도우미동물로서 개의 장단점

장점	• 개는 여러 동물 중 동물매개활동이나 치료에 가장 많이 사용되고 있다. • 개는 사람 보다 체온이 높아 안았을 때 사람에게 따뜻하고 포근함을 준다. • 개는 사교적인 동물로써 봉사 하는 것, 새로운 사람을 만나고 반기는 것을 좋아한다. • 이런 특성은 외롭고 우울한 사람을 위한 동물매개치료로써 활용할 수가 있다.
단점	• 훈련이 잘 되지 않을시 공격성을 보일 수 있다. • 대상에 따라 개의 크기나 특징, 도우미 견이 달라져야 한다.

표 2-5 치료도우미동물로서 개의 SWOT 분석

강점(Strength)	약점(Weakness)
• 체온이 따뜻하다 • 순종적이다 • 훈련을 통해 다양한 활동 가능하다.	• 내담자에 따라 개의 크기나 특성을 고려해야 한다.
기회(Opportunity)	위협(Threat)
• 나이, 성별에 상관없이 모든 내담자에게 적용이 가능하다.	• 훈련이 잘 되지 않을시 예기치 못한 행동으로 내담자에게 위협이 될 수 있다.

2 치료도우미동물의 종류-고양이

(1) 고양이의 특성

1) 고양이의 몸 길이는 47~51cm이고, 꼬리 길이는 22~38cm, 몸무게는 7.5~8.5kg 이다. 귓바퀴는 삼각형이고, 귀의 등 쪽에 살쾡이에서 볼 수 있는 흰 무늬는 없다. 앞에 다섯 발가락, 뒤에 네 발가락이 있으며, 예리한 발톱이 있는데, 발톱은 속에 감출 수 있다.
2) 눈은 어두운 곳에서 잘 볼 수 있으며, 색을 잘 볼 수 없고, 망막에 반사판이 있어 어둠에서 빛이 반사되어 눈이 반짝인다.
3) 귀는 개보다 청력이 발달 되었으며, 코는 개보다 덜 발달 되었다.
4) 낮에는 자고 밤 11시경 가장 활발히 활동하는 야행성이다. 단독으로 생활하기를 좋아하며, 적응력이 뛰어나 각기 자기의 생활 스타일을 만들어 갈 수 있다.
5) 세력을 가지고, 발톱을 갈며, 정해진 곳에 배변하는 습성을 가진다.

(2) 치료도우미동물로서 고양이의 장단점 분석 및 SWOT분석

표 2-6 치료도우미동물로서 고양이의 장단점

장점	개보다 노력을 더 적게 요하고 요구사항도 적어 기르기가 편하고, 기분 전환도 되고 예쁘고 조용한 서비스를 제공한다. 개보다 관리가 수월하다.
단점	고양이는 개보다 독단적이어서 교류가 더 어려워 정서적 교감이 덜 이루어진다.

표 2-7 치료도우미동물로서 고양이의 SWOT 분석

강점(Strength)	약점(Weakness)
• 체온이 따뜻하다 • 활동성이 적어 개보다 더 얌전하다 • 독립적 성향이 강하여 관리가 편하다.	• 정서적 교감이 덜 이루어진다. • 독립성이 강해서 예측이 불가능하다.
기회(Opportunity)	위협(Threat)
• 나이, 성별에 상관없이 모든 내담자에게 적용이 가능하다.	• 훈련이 잘 되어 있지 않을 경우 예기치 못한 행동으로 내담자에게 위협이 될 수 있다.

3 치료도우미동물의 종류-말

(1) 말의 특성

1) 말은 자신들이 태어나면서부터 가지고 있는 신속함(최고 시속 60~70km/hour), 냄새 맡는 탁월한 능력(망아지는 어미를 냄새로 알아본다), 넓은 시야(두 눈을 통해 거의 360°를 볼 수 있으며 좌우측 눈으로 각각 다른 환경을 동시에 확인할 수 있다)를 통해서 육식동물들의 위험으로부터 보호 받으며 선천적으로 투쟁이나 공격보다도 도피가 최대의 방어수단이다.
2) 수면시간은 3시간 정도로 충분하며 선채로 낮잠을 잔다. 깨끗함을 좋아하기에 털을 빗어주거나 몸을 씻어주면 즐거워하며 이는 말의 건강을 유지시키는 중요한 요소 중의 하나이다.
3) 일반적으로 망아지는 봄철에 태어나며 암말은 9월, 10월까지 21간격의 임시주기를 가지며 젊은 암말의 경우 임신기간은 약 11개월이다.

(2) 치료도우미동물로서 말의 장단점 분석 및 SWOT분석

표 2-8 치료도우미동물로서 말의 장단점

장점	• 운동성이 좋아짐 • 근육 운동의 통합 조정 • 자존감의 향상 • 장기 기억 강화	• 유연함과 균형 잡힌 자세 유도 • 심폐기능 증가 등의 신체적 기능 증가 • 주의집중 증가
단점	• 위험성 • 원거리 접근성	• 고 비용 • 센터의 설립과 유지에 많은 자본과 인력이 필요함

표 2-9 치료도우미동물로서 말의 SWOT 분석

강점(Strength)	약점(Weakness)
• 운동성 • 역사	• 비용 • 위험성 • 접근성
기회(Opportunity)	위협(Threat)
• 대중화	• 비전문적 인력을 이용한 시설단체서 시도

4 치료도우미동물의 종류-새

(1) 새의 특성

1) 조류는 대체로 머리에 비해 눈알이 크고, 망막의 시신경이 발달해 있어 시력이 예민하다.
2) 대부분의 새는 낮에 활동하지만 올빼미 등은 야행성이다. 먹이는 종에 따라 꿀, 나무 열매, 곤충, 쥐, 물고기, 작은 새 등으로 매우 다양하다.
3) 모든 종류가 비교적 적은 수의 알을 낳는데, 대부분 어미 새가 몸의 열로 알을 데워 부화시킨다. 알은 다량의 난황을 포함하는 단황란으로, 미수정란의 난황 부분은 하나의 세포로는 동물 중 가장 큰 부피를 차지한다.
4) 소리가 아름다운 새로는 카나리아, 털의 색체가 아름다운 새는 문조, 잉꼬, 금화조, 호금조, 꿩류, 사람의 목소리를 흉내 내는 새는 구관조, 앵무류, 잉꼬 등이 있다. 또는 사람을 좋아하고 길들이기가 쉬워 손 노리개용 새로는 문조, 잉꼬, 모란 앵무, 왕관 앵무 등이다.

표 2-10 치료도우미동물로서 새의 장단점

장점	• 사육이 쉬움 • 길들이기 용이 • 소리를 통한 치유 효과
단점	• 소음 • 배설물로 인한 알레르기 유발

표 2-11 치료도우미동물로서 새의 SWOT 분석

강점(Strength)	약점(Weakness)
• 쉽게 제어 가능 • 사육 공간 최소 • 색깔이 아름다움, 울음소리 • 사람을 잘 따르고 흉내를 냄	• 사육 시 배설과 소음
기회(Opportunity)	위협(Threat)
• 노인전문병원이나 요양 시설 증가	• 기왕력(천식, 알러지)

5 치료도우미동물의 종류-돌고래

(1) 돌고래의 특성

1) 약간 가느다란 몸매를 이루며, 주둥이는 중간부터 앞으로 길게 뻗어 있고, 등지느러미는 높고 약간 낫 모양을 하고 있다. 몸 색의 특징은 짙은 다색을 띤 회색의 등과 흰 복부, 그리고 황갈색 또는 황토색의 몸 옆구리의 무늬이다.
2) 갓 태어난 새끼의 전체 길이는 80~85cm, 성체 암컷은 2.3m, 수컷은 2.6m에 이른다. 체중은 135kg까지 나간다는 기록이 있다. 지역에 따른 차이가 크다.
3) 큰 무리를 이뤄 소란스럽게 고속으로 대양을 질주하고 수면 위에 물거품을 내는 광경을 자주 관찰할 수 있다. 무리의 크기는 수십 마리에서 10,000마리를 넘는 경우도 있다.
4) 산기의 절정은 봄과 가을 혹은 여름으로 보고된 계통이 있다. 먹이 사냥에서는 무리가 공동으로 채식 행동을 하는 일도 있다. 해역에 따라 대개 야간에 채식하고, 어두워지면 수면 가까이 이동하여 오는 심부확산층 생물을 먹는다.

(2) 치료도우미동물로서 돌고래의 장단점 분석 및 SWOT분석

표 2-12 치료도우미동물로서 돌고래의 장단점

장점	• 물의 스트레스 감소 • 동기 증가 • 주의집중 증가 • 대, 소근육 운동력 증가 • 언어능력 증가
단점	• 치료센터 설립과 관리의 고 유지비용 • 동물보호단체의 반대

표 2-13 SWOT 분석

강점(Strength)	약점(Weakness)
• 운동성 • 수중 운동	• 비용 • 시설
기회(Opportunity)	위협(Threat)
• 프로그램 확대	• 동물보호단체

6. 치료도우미동물의 종류-곤충

(1) 곤충의 특성

1) 곤충은 머리·가슴·배의 세 부분으로 구분되며, 기관호흡을 한다. 머리에는 한 쌍의 더듬이와 입이 있고, 가슴은 세 마디로 되어 있는데 각각에 한 쌍의 다리가 있다. 배부분은 보통 11마디로 되어 있으며 8~10마디째에 생식기가 있다
2) 알에서 부화되어 성충이 되기까지 성장기와 변화기를 거치는데, 곤충의 체벽(體壁)은 자라지 않으므로 성장하기 위하여 낡은 껍질을 벗어야 한다. 이를 탈피라고 하는데, 이와 같이 유충에서 성충으로 변하는 과정은 나비, 벌, 파리 등과 같은 완전변태와 메뚜기, 노린재, 바퀴벌레 등과 같은 불완전변태로 나눌 수 있다.
3) 대다수의 곤충은 단독생활을 하지만, 흰개미, 개미, 꿀벌 등과 같이 고도의 사회생활을 영위하는 곤충도 있다.

(2) 치료도우미동물로서 곤충의 장단점 분석 및 SWOT분석

표 2-14 치료도우미동물로서 곤충의 장단점

강점(Strength)	약점(Weakness)
• 사육의 난이도 낮음 • 성장 속도 빠름 • 가격 저렴 • 초기비용이 적음 • 단체사육이 가능 • 좁은 주거환경에서도 사육 적합 • 생명체의 신비를 체험할 수 있음	• 개체의 수명이 너무 짧음 • 내담자와 의사소통이 불가능 • 생명력이 약해 관리를 소홀히하면 쉽게 죽을 수 있음 • 통제 불가능

• 자연학습에 도움이 될 수 있어 학생들의 꿈을 키울 수 있음 • 조용하고 깨끗하게 실내에서 키울 수 있음 • 다른 애완동물 보다 가격 저렴	
기회(Opportunity)	위협(Threat)
• 곤충의 다양한 분야가 발전되고 있는 추세 • 곤충을 활용한 사업이나 문화가 확산되고 있는 추세	• 무분별한 사업으로 인해 생명의 존엄성을 떨어뜨린다는 지적을 받고 있음 • 곤충은 모두 '해충'이라고 여기는 사람들의 내재되어 있는 인식

7 치료도우미동물의 종류-농장동물

(1) 치료도우미동물로서 농장동물의 SWOT분석

표 2-15 치료도우미동물로서 농장동물의 SWOT 분석

	강점	약점	기회	위협
닭	-비교적 작고 다루기 쉬우며 사육장 설치 간편	-울음소리가 시끄러움 -관리하는데 어려움	-프로그램으로 접근하기가 쉬움	-조류 관련하여 질병이 매년 발생
미니돼지	-사람과의 소통성이 좋음	-관리의 어려움	-다양한 동물체험 프로그램이 가능	-여름에 활동을 하는데 어려움
사슴	-봄철에 사람을 잘 따름	-넓은 사육 공간 필요 -도시공해에 약함 -번식기에 사나워짐	-다른 동물에 비해 봄철에 온순해짐	-염소에 비해 넓은 사육장이 필요함
염소	-사육 시 많은 면적을 차지하지 않음 -사람과 유대관계 형성 가능	-도시 사육 시 번거로움이 큼 -인수공통전염병 위험성이 높음	-넓은 사육장을 필요로 하지 않음 -감정 소통성이 좋고, 사람의 운동성도 활발하게 해줌	-사육관리의 어려움

	강점	약점	기회	위협
오리	-환경적응력이 뛰어남 -성질이 온순함	-조류인플루엔자에 감염될 위험성 -소음, 악취문제	-염소와 사슴, 닭에 비해 주변 환경 적응이 빠름 -닭에 비해 주인을 구분 할 수 있음	-염소에 비해 상호 접촉성과 감정 소통성이 떨어짐
유산양	-성격이 온순함 -기후나 풍토에 대한 적응성이 뛰어남	-소화기 질병이나 호흡기질병을 유발하기 쉬움 -인수공통전염병 감염 우려	- 환경 적응성이 뛰어남 -겨울에도 잘 적응함	-여름철에 약함 -닭에 비해 사육 시 번거로움
조랑말	-냄새도 몸에서 직접적으로 나지 않음 -인내심이 강함 -신체적으로 직접적인 치료효과를 기대 가능	-발정기 때 시끄러운 소리를 냄 -다른 동물들에 비해 털이 많이 날려 관리하기가 힘듦 -낙상 사고의 위험성 있음	-닭, 오리에 비해 소음이 거의 없음 -다른 동물에 비해 신체적으로 직접적인 치료효과 기대 가능	-닭, 오리에 비해 운동량을 많이 필요로 함 -사육 공간을 많이 필요로 함
토끼	-소음이 없음 -소형 동물이고 온순해서 신체적 접촉이 용이함	-주인이 제대로 관리하지 못하면 악취가 남 -털이 많이 빠짐	-닭, 오리, 염소, 유산양, 사슴에 비해 훈련이 가능함 -신체적 접촉이 용이함	-다른 농장 동물에 비해 영역 의식이 강해 사람을 경계할 우려가 있음

단원정리문제

문제 01 난이도 : 기본

치료도우미동물로 많이 선택 되고 있는 개의 특성에 대한 다음 설명으로 옳지 않은 것은?

① 청각이 발달함
② 소변으로 영역 표시함
③ 시각이 후각보다 더 발달함
④ 무리에서 서열을 지음

풀이 : 개의 후각은 시각보다 더 발달하였다.

문제 02 난이도 : 기본

치료도우미동물로서 개의 장단점 분석에 대한 다음 설명으로 옳지 않은 것은?

① 크기나 특성이 다양함
② 따뜻한 체온을 가짐
③ 사람과의 유대감 강함
④ 사회성이 높음

풀이 : 개의 크기나 특성이 다양한 점은 표준화된 프로그램 제공이 어려워 치료도우미동물로서 약점에 해당된다.

문제 03 난이도 : 중급

다음 중 주인과 개의 상호반응 상황에서 가장 애정 호르몬이 높게 분비되는 상황은?

① 쓰다듬어 줄 때
② 눈을 마주 볼 때
③ 부드러운 목소리로 말을 해줄 때
④ 맛있는 간식을 줄 때

풀이 : 주인이 개와 눈을 서로 마주 볼 때 옥시토신 애정 호르몬 분비가 가장 높은 것으로 알려져 있다.

정답 1. ③ 2. ① 3. ②

문제 04 난이도 : 기본
다음 중 치료도우미동물로서 고양이의 장점에 대한 설명으로 옳지 않은 것은?

① 관리가 편함
② 사육이 용이
③ 조용히 안정된 활동을 제공
④ 사람과의 유대감이 가장 높음

풀이 : 치료도우미동물로서의 고양이의 장점은 개보다 사육에 노력을 더 적게 요하고 요구사항도 적어 기르기가 편하고, 기분 전환도 되고 예쁘고 조용한 서비스를 제공한다. 개보다 관리가 수월하다는 점이다. 사람과의 유대감이 가장 높은 동물은 개다.

문제 05 난이도 : 고급
치료도우미동물로 고양이의 특성에 대한 다음 설명으로 옳지 않은 것은?

① 앞에 다섯 발가락, 뒤에 네 발가락을 가짐
② 망막에 반사판이 있음
③ 후각이 개 보다 발달함
④ 뒷발이 길어 도약력이 우수함

풀이 : 고양이의 후각은 개 보다 떨어지나 청각은 개 보다 발달했다.

문제 06 난이도 : 중급
치료도우미동물로 고양이의 습성에 대한 다음 설명으로 옳지 않은 것은?

① 주행성 동물임
② 단독 생활을 좋아함
③ 세력권을 가짐
④ 정해진 곳에 배변을 하는 습성을 가짐

풀이 : 고양이는 밤에 활동을 좋아하는 야행성 동물이다.

문제 07 난이도 : 고급
치료도우미동물로서 고양이 관리 시 주의사항으로 고양이의 그루밍과 몸단장 습성으로 자주 발생하는 질병은?

① 쿠싱증
② 하드패드
③ 모구증
④ 구내염

풀이 : 모구증은 고양이가 자신의 털을 먹어서 공처럼 단단히 되어 위장 장애를 유발하는 질병이다.

정답 4. ④ 5. ③ 6. ① 7. ③

문제 08
난이도 : 기본

치료도우미동물로서 말의 장점에 해당되지 않는 것은?

① 운동성이 좋아짐
② 높은 안전성
③ 자존감 향상에 효과적
④ 근육 및 평형감 향상에 도움

풀이 : 말은 치료도우미동물로서 낙마나 발차기 등으로 안전성이 낮다.

문제 09
난이도 : 기본

치료도우미동물로서 새의 장점에 해당되지 않는 것은?

① 사육이 쉬움
② 길들이기 용이
③ 소리를 통한 치유 효과
④ 소통성이 높음

풀이 : 새는 좁은 새장에서 이동이 용이하고 사육 및 길들이기가 용이하나 소통성은 높지 않다.

문제 10
난이도 : 기본

치료도우미동물로서 새를 활용한 동물매개치료 프로그램으로 적합하지 않은 활동은?

① 새에게 먹이를 주는 활동
② 새장 속의 새들을 보는 활동
③ 나는 모습을 볼 수 있는 활동
④ 훈련된 새를 손 위에서 놀게 하거나 만져보는 활동

풀이 : 장애아동이나 어르신들이 생활하는 시설에서 내담자에게 새장 속에 가두어진 새를 사육하게 하거나, 새를 데리고 방문하여 새들의 노는 모습을 보도록 하거나, 길들여진 새를 활용하여 새들을 직접 만지고 먹이를 주면서 새들과 함께 어울리는 시간을 갖도록 하는 활동을 할 수 있다.

문제 11
난이도 : 기본

치료도우미동물로서 돌고래의 장점에 해당되지 않은 것은?

① 동기 부여
② 물에 대한 스트레스 감소
③ 주의집중 증가
④ 센터 설립이 용이

풀이 : 돌고래는 사육과 관리에 많은 비용이 들고 시설 투자가 되어야 해서 센터 설립에 어려움이 있다.

정답 8. ② 9. ④ 10. ③ 11. ④

문제 12 난이도 : 중급
돌고래 매개 치료에 대한 다음 설명 중 옳지 않은 것은?

① 심리치료의 탁월한 효과를 가지고 있음
② 안전사고 우려가 없어 안전에 대한 별도 지침 필요 없음
③ 동물보호단체의 문제 제기와 같은 사회적 이슈 고려 필요
④ 행동, 감정 및 언어 발달에 도움을 줌

풀이 : 돌고래가 물거나 꼬리로 치는 사고 등이 발생할 수 있어 안전 지침이 필요하다.

문제 13 난이도 : 중급
유기동물에 대한 다음 설명 중 옳지 않은 것은?

① 동물복지에 대한 관심 확대로 유기동물의 수는 급격이 감소하고 있음
② 길을 잃어버렸거나 버려진 애완동물을 말함
③ 구조 후 주인을 찾을 수 있도록 보호센터는 7일 이상 공고 하여야 함
④ 공고한 지 10일이 지나도 주인이 나타나지 않은 경우 일반인에게 분양을 실시함

풀이 : 유기동물의 수가 매년 증가하고 있다.

문제 14 난이도 : 기본
치료도우미동물로서 유기동물에 대한 설명으로 옳지 않은 것은?

① 무료입양이므로 초기비용이 적게 듦
② 동물복지차원에서 긍정적 평가 받음
③ 애정을 받고 싶어 하기 때문에 사회성이 높음
④ 질병에 취약한 개체일 가능성이 높음

풀이 : 유기동물은 사람에 대한 상처로 사람을 경계하는 성향이 있으며 질병 치료에 시간이 소요되고 훈련이 어렵고 많은 관리 비용이 필요하다.

문제 15 난이도 : 기본
유기동물을 활용한 치료도우미동물 인증에 대한 설명으로 옳지 않은 것은?

① 일반 동물 보다 인증에 시간과 비용이 적게 소요됨
② 질병 치료가 완전히 이루어져야 하며 수의학적 평가를 통과하여야 함
③ 공격성 평가, 사회성 평가, 적합성 평가를 통과하여야 함
④ 한국동물매개심리치료학회에서 인증을 받을 수 있음

풀이 : 유기동물은 사람에 대한 상처로 사람을 경계하는 성향이 있으며 질병 치료에 시간이 소요되고, 훈련이 어렵고 많은 관리 비용이 필요하고, 인증에 드는 시간이 더 오래 소요된다.

정답 12. ② 13. ① 14. ③ 15. ①

문제 16 난이도: 기본
치료도우미동물로서 곤충의 장점에 대한 설명이 아닌 것은?
① 사육이 용이함
② 감정소통이 우수함
③ 적은 초기비용
④ 운반 및 이송이 용이함

풀이 : 곤충은 사람과 감정소통이 떨어지는 단점을 가지고 있다.

문제 17 난이도: 중급
치료도우미동물로서 곤충의 장점에 대한 설명이 아닌 것은?
① 정서곤충은 정서 함양에 도움을 주는 곤충을 말함
② 학습곤충은 어린이들의 학습과 교육에 도움을 주는 곤충을 말함
③ 애완곤충은 어린이들의 호기심을 자극하는 곤충을 말함
④ 의학곤충은 심리치료와 심리안정에 도움을 주는 곤충을 말함

풀이 : 심리치료와 심리안정에 도움을 주는 곤충은 치유곤충이라 한다.

문제 18 난이도: 기본
심리치료에 대한 곤충의 조건에 해당되지 않는 것은?
① 강렬한 색상을 가지는 것이 좋음
② 위험하지 않아야 됨
③ 사육 및 관리가 용이하여야 함
④ 질병을 전파하는 등 위생을 해치지 않아야 됨

풀이 : 치유곤충의 9가지 조건은 1) 위험하지 않아야 됨, 2) 고약한 냄새가 나지 않아야 됨, 3) 질병을 전파하는 등 위생을 해치지 않아야 됨, 4) 생김새가 타인에게 혐오감을 주지 않아야 됨, 5) 위협을 주는 너무 강렬한 색상을 가지지 않아야 됨, 6) 사육 및 관리가 용이하여야 함, 7) 초식성 또는 초식이 가능한 잡식성이어야 하며 육식성 곤충은 혐오감을 줄 수 있기 때문에 피해야 함, 8) 연중사육과 번식이 가능 하여야 함, 9) 인공사료가 개발되어 대체사료를 먹일 수 있는 곤충이 바람직하다.

문제 19 난이도: 기본
다음 중 곤충을 활용한 심리치료 활동에 적합한 곤충으로 거리가 먼 것은?
① 사슴벌레
② 누에
③ 장수하늘소
④ 귀뚜라미

풀이 : 장수하늘소는 천연기념물로 수가 적고 사육 및 관리가 어려우며 번식 또한 어려워 치유곤충으로 적합하지 않다.

정답 16. ② 17. ④ 18. ① 19. ③

문제 20 난이도 : 중급
왕귀뚜라미를 활용한 심리치료 활동의 결과로 기대되지 않는 것은?
① 인지 기능 지수 높아짐
② 평형감 증가
③ 우울증 지수 낮아짐
④ 삶의 질 지수 상승

풀이 : 귀뚜라미는 소리 자극에 의한 심리치료 프로그램에 이용될 수 있으며 평형감 상승 효과는 기대가 되지 않다.

문제 21 난이도 : 중급
아동에 대한 곤충 활용 심리치료 활동의 결과로 기대되지 않는 것은?
① 감정소통 증가
② 생명존중 의식 향상
③ 인성 향상
④ 부정정서 감소

풀이 : 곤충은 감정소통성이 떨어져 감정소통 증가 효과는 기대가 되지 않다.

문제 22 난이도 : 기본
치료도우미동물로서 파충류의 장점에 대한 설명이 아닌 것은?
① 실내 사육 용이
② 다양한 종류가 있어 내담자의 기호에 맞춤
③ 감정소통성 좋음
④ 조용한 상태에서 활동이 가능함

풀이 : 파충류는 감정소통성이 떨어져 감정소통 증가 효과는 기대가 되지 않다. 파충류의 단점은 위생 문제, 공격성, 의사소통 불가능, 낮은 운동성, 높은 사육 난이도, 비싼 사육 비용이다.

문제 23 난이도 : 기본
치료도우미동물로서 닭의 장점에 대한 설명이 아닌 것은?
① 질병에 강함
② 사육이 용이함
③ 사람과 친근함
④ 정서 순화에 도움을 줌

풀이 : 닭은 병아리 때 질병에 취약하고 다양한 질병이 문제가 될 수 있다. 치료도우미동물로서 닭은 이른 새벽에 수탉의 울음소리로 인해 시끄러움, 병아리 쉽게 죽고, 여러 가지 질병 위험, 심한 배설물 냄새, 배변 훈련의 어려움, 환경스트레스에 민감, 조류인플루엔자 등 인수공통전염병 위험, 날카로운 부리와 발톱, 의사소통의 어려움, 함께 운동하기 어려움 등의 단점이 있다.

정답 20. ② 21. ① 22. ③ 23. ①

문제 24
난이도: 고급
치료도우미동물의 특성 분석표가 아래와 같이 나왔을 때 가장 유사한 동물 종은?

사육성	운반성	상호 접촉성	감정 소통성	안전성	인간의 운동성	동물 자신의 즐거움	감염의 안전성
★	◇	☆	◇	★	▽	◇	◇

★ = 매우 좋음 ☆ = 좋음 ◇ = 보통 ▽ = 나쁨

① 개
② 고양이
③ 닭
④ 말

풀이: 닭은 사육성과 안정성이 매우 좋고 상호접촉성은 좋은 편이나, 감염의 안전성과 인간의 운동성이 나쁜 편이다.

문제 25
난이도: 기본
치료도우미동물로서 미니 돼지의 장점에 대한 설명이 아닌 것은?

① 감정소통성 우수
② 사육과 운반이 용이
③ 사람과 친근함
④ 물거나 할퀴는 안전성 우수함

풀이: 미니돼지는 사육과 운반이 개와 고양이에 비교하여 어려우며 성격이 민감하다.

문제 26
난이도: 기본
치료도우미동물로서 염소의 장점에 대한 설명이 아닌 것은?

① 감정소통성 우수
② 상호접촉성 우수
③ 사람과 유대관계 형성
④ 사육과 운반이 용이

풀이: 염소는 사육과 운반성이 보통정도로 개와 고양이에 비교하여 어렵다.

문제 27
난이도: 기본
치료도우미동물로서 오리의 장점에 대한 설명이 아닌 것은?

① 사육성 우수
② 안전성 매우 좋음
③ 운동성 매우 좋음
④ 상호접촉성 좋음

풀이: 오리는 사람의 운동성이 나쁘다.

정답 24. ③ 25. ② 26. ④ 27. ③

문제 28 난이도: 기본

치료도우미동물로서 토끼의 장점에 대한 설명이 아닌 것은?

① 사육성 우수
② 안전성 매우 좋음
③ 운동성 매우 좋음
④ 상호접촉성 좋음

풀이 : 토끼는 사람의 운동성이 나쁘다.

문제 29 난이도: 고급

치료도우미동물의 특성 분석표가 아래와 같이 나왔을 때 가장 유사한 동물 종은?

사육성	운반성	상호 접촉성	감정 소통성	안전성	인간의 운동성	동물 자신의 즐거움	감염의 안전성
★	▽	▽	◇	★	▽	◇	☆

★ = 매우 좋음 ☆ = 좋음 ◇ = 보통 ▽ = 나쁨

① 관상어
② 고양이
③ 닭
④ 말

풀이 : 수족관 관상어는 운반성과 상호접촉성, 인간의 운동성이 나쁘다.

문제 30 난이도: 고급

치료도우미동물의 특성 분석표가 아래와 같이 나왔을 때 가장 유사한 동물 종은?

사육성	운반성	상호 접촉성	감정 소통성	안전성	인간의 운동성	동물 자신의 즐거움	감염의 안전성
◇	◇	◇	◇	☆	▽	◇	☆

★ = 매우 좋음 ☆ = 좋음 ◇ = 보통 ▽ = 나쁨

① 관상어
② 고양이
③ 닭
④ 파충류

풀이 : 파충류는 안전성과 감염의 안전성이 좋다.

정답 28. ③ 29. ① 30. ④

chapter 02 치료도우미동물학

문제 31 난이도 : 고급
치료도우미동물의 특성 분석표가 아래와 같이 나왔을 때 가장 유사한 동물 종은?

사육성	운반성	상호 접촉성	감정 소통성	안전성	인간의 운동성	동물 자신의 즐거움	감염의 안전성
★	★	★	☆	★	◇	◇	☆

★ = 매우 좋음 ☆ = 좋음 ◇ = 보통 ▽ = 나쁨

① 관상어   ② 토끼
③ 닭   ④ 파충류

풀이 : 토끼는 운동성과 동물 자신의 즐거움이 보통이다.

문제 32 난이도 : 고급
치료도우미동물의 특성 분석표가 아래와 같이 나왔을 때 가장 유사한 동물 종은?

사육성	운반성	상호 접촉성	감정 소통성	안전성	인간의 운동성	동물 자신의 즐거움	감염의 안전성
☆	★	▽	▽	★	▽	▽	★

★ = 매우 좋음 ☆ = 좋음 ◇ = 보통 ▽ = 나쁨

① 곤충   ② 토끼
③ 닭   ④ 파충류

풀이 : 곤충은 운반성, 안전성, 감염 안전성이 좋다.

정답 31. ② 32. ①

III 치료도우미동물로 개와 고양이

1 치료도우미동물에 대한 이해

(1) 치료도우미동물의 사회화

1) 사회성의 발달

동물이 사람을 잘 따르고 좋은 품성을 갖게 되는 것은 주인이 쏟는 애정의 양과 비례한다고 할 수 있다. 사회화가 잘되면 동물과 사람간의 신뢰와 유대관계가 좋아지게 된다.

① 개의 행동발달

개의 발달단계는 행동 발달 이전(신생기, 이행기)과 행동 발달기(사회화기, 유년기)로 나눌 수 있다. 사회화 시기는 생후 4주부터 14주까지이다.

- ㉠ **생후 4-5주령** : 강아지끼리 서로 싸우며 놀고, 다른 강아지가 물면 아파서 소리를 내고, 이를 통해 무는 강도를 조절하는 법을 배우며, 이후에 무는 것을 자제하는 것을 배우게 된다.
- ㉡ **생후 6-7주령** : 이 시기는 개의 감수성기로 어떤 사건이 개체의 발달에 장기간 영향을 끼치는 시기이다.
- ㉢ **생후 8-9주령** : 싫어하는 자극에 대해 두려운 반응을 표현하기 시작한다.
- ㉣ **유년기** : 사회화기 이후의 유년기는 성 성숙이 될 때까지로, 이 시기는 개 품종간 상당한 차이가 있다.
- ㉤ **사회화의 영향** : 사람과 관계를 맺는 사회화는 대체로 3-12주령, 최적기는 6-8주령이며, 생후 14주령에 이르기까지 사람의 접촉 없이 자란 개는 사회화를 시키기에 매우 어려우며, 야성이 남아 있을 수도 있다고 한다.

② 고양이의 행동발달

- ㉠ **고양이의 사회화기** : 고양이의 행동발달은 신생기, 사회화기, 유년기의 3단계 이상으로 구분할 수 있다고 한다. 이중에서 사람과의 관계형성에 중요한 것은 사회화기와 유년기이다.
- ㉡ **유년기** : 유년기는 사회화기에 적합한 감수성기 말기부터 성 성숙이 발현될 때까지를 일컫는 말이며, 이때의 고양이 새끼는 매우 활동적으로 운동과 감

각 기능을 계속적으로 발달시켜 나간다.
ⓒ **감수성기** : 강아지와 마찬가지로 고양이 새끼 역시 사람에게 친근하고 잘 어울리기 위해서는 사람의 손길이 필요하며, 사람에 대해 사회화에 적당한 감수성기가 존재한다.

2) 치료도우미동물의 사회화 훈련

표 2-16 강아지의 사회화에 도움 되는 경험들

사람	• 어린이부터 노인 • 남자, 여자 • 다양한 민족 • 건강한 사람, 장애가 있는 사람 • 휠체어를 탄 사람이 있는 곳 • 사람들이 많이 모여 있는 곳 • 사람들이 많이 오고가는 곳 • 롤러스케이트 타는 사람	• 다양한 옷차림을 한 사람들 • 모자를 쓴 사람 • 가방을 들은 사람 • 목발을 집고 있는 사람 • 지팡이를 들고 있는 사람 • 운동장에서 놀고 있는 아이들 • 달리기하는 사람 • 자전거 타는 사람
동물	• 다른 품종의 개나 고양이 • 어린 개에서 큰 개	• 다른 가축들(말, 소, 돼지, 닭, 토끼 등) • 암컷, 수컷의 동물들
소리	• 아기 우는 소리, 사람들 큰 목소리로 얘기하는 소리, 시장같이 많은 사람들이 모이는 곳, 각종 다양한 소리	• 자동차소리 • 기차소리 • 경적소리 • 천둥소리
탈것	• 승용차, 버스, 지하철	• 엘리베이터 등
기타환경	• 도시, 시골, 조용한 곳, 공원, 시끄러운 곳, 큰 도로, 골목길	• 흙길, 아스팔트길, 콘크리트 포장길, 아파트, 단독주택

2 개에 대한 이해

(1) 개의 역사적 배경(背景)

화석에 나타난 최초의 가축은 개로 알려져 있으며, 가장 오래된 화석은 최근에 서독의 유적지에서 출토된 단일의 턱뼈이며 대략 1만 4000년 전의 것으로 추정되고 있다. 최초의 집개의 화석은 지금의 이스라엘의 원형 집 자리에서 발견된 1만2천 년 전의 화석으로서 개를 안은 자세로 묻힌 여인의 유골과 함께 발굴되었다.

(2) 개의 감정

1) 개와 사람의 감정은 같은 점과 다른 점이 있다.
2) 개는 주인의 관심이 필요하다.
3) 감정적 의존과 거부의 두려움이 있다.
4) 기본적인 욕구에 대한 만족한다.

(3) 도전과 저항

1) 도전에 대처 하는 방법
① 개의 도전을 감정적으로 받아들이지 말아야 한다.
② 개의 도전에 대해 짜증을 내며 고함을 치며 대응하지 말아야 한다.
③ 개로부터 도전을 받았을 때 도전은 하지 못하도록 하고 서로의 관계는 향상시키는 방법이 바람직하다.

2) 적극적 저항과 소극적 저항
① 적극적 저항이란 짖기, 물기, 으르렁거리기, 끌어당기기 등으로 직접적으로 훈련자와 대립하는 것이다.
② 소극적 저항은 땅에 엎드려 꼼짝 않기, 멀뚱멀뚱 쳐다만 보기, 주인에게 무조건 달라붙기, 못들은 척 하기, 배를 하늘로 향한 채 "나는 못해" 라는 식으로 저항하는 것을 말한다.
③ 적극적인 저항은 대담한 성격을 가진 개들이 주로 한다.
④ 소극적인 저항은 여리고 사교적인 성격의 개들이 사용하는 방법이다.

단원정리문제

문제 01 난이도 : 중급
개의 가축화에 대한 설명으로 옳지 않은 것은?

① 가장 먼저 가축화된 동물이다.
② 현재 주된 학설은 회색늑대 유래설이다.
③ 개-늑대 게놈 비교로 최근 북미 늑대 유래설이 보고되었다.
④ 북부이스라엘에서 구석기 원시인과 개의 화석이 발견되었다.

풀이 : 개-늑대 게놈 비교 연구로 최근 중동 늑대 유래설이 보고되었다.

문제 02 난이도 : 중급
다음 반려견의 역사에 대한 설명으로 옳지 않은 것은?

① 고대 이집트의 벽화들에서 반려견을 발견할 수 있다.
② 한반도에서는 신석기 시대부터 개의 화석이 발견된다.
③ 개과 동물은 사이노딕티스를 거쳐 진화되었다.
④ 개는 가장 많은 품종을 가진 동물이다.

풀이 : 한반도에서는 구석기 시대부터 개의 화석이 발견된다.

문제 03 난이도 : 고급
사람에게 도움을 주는 도우미견에 대한 설명으로 옳지 않은 것은?

① 보청견은 대형견보다 소형견이 적합하다.
② 구조견의 효시는 리트리버이다.
③ 발달된 후각을 활용하여 탐지견을 육성한다.
④ 세퍼드는 대표적인 군용견이다.

풀이 : 세인트버나드가 구조견의 효시이다.

문제 04 난이도 : 고급
개의 크기 측정에 대한 설명으로 옳지 않은 것은?

① 체장은 가슴에서 엉덩이 좌골 끝까지의 길이이다.
② 개의 크기는 체고와 체중으로 표기한다.
③ 체고는 앞발바닥에서 머리까지의 높이이다.
④ 개에서 체고는 사람의 키와 같은 역할을 한다.

풀이 : 체고는 앞발바닥에서 기갑까지의 높이이다.

정답 1. ③ 2. ② 3. ② 4. ③

문제 05 난이도 : 고급
조렵견 및 반려견 용도로 털이 풍부하고, 부드러운 표정을 가지고 있는 영국산 대형견 품종은?

① 진돗개
② 세인트 버나드
③ 로트와일러
④ 골든 리트리버

풀이 : 골든 리트리버는 조렵견 및 반려견 용도로 털이 풍부하고, 부드러운 표정을 가지고 있는 영국산 대형견 품종이다.

문제 06 난이도 : 기본
인명 구조견에 대한 설명으로 옳지 않은 것은?

① 미국은 인명구조견의 보유 두수가 가장 많은 것으로 알려져 있다.
② 인명구조견의 탄생국은 미국으로 알려져 있다.
③ 국제 수색 구조 가이드라인에 따라 양성된다.
④ 한국의 경우에 삼성화재 안내견학교에서 활발한 양성을 한다.

풀이 : 인명구조견의 탄생국은 스위스로 알려져 있다.

문제 07 난이도 : 기본
사람을 도와주는 개에 대한 설명으로 옳지 않은 것은?

① 장애인을 도와주는 Service dog이 있다.
② 동물매개치료 동물은 Therapy dog이다.
③ Service dog에는 시각안내견, 보청견 등이 있다.
④ Emotional support dog은 미국에서 공공장소 출입이 허용된다.

풀이 : Emotional support dog은 미국에서 공공장소 출입이 허용되지 않는다.

문제 08 난이도 : 고급
다음 중 안내견이 갖추어야 할 사항이 아닌 것은?

① 체력이 있을 것
② 소리에 대한 높은 반응성이 필요함
③ 공격성 적을 것
④ 사회화 잘 되어 있을 것

풀이 : 소리에 대한 높은 반응성이 필요한 것은 보청견이다.

정답 5. ④ 6. ② 7. ④ 8. ②

문제 09 난이도: 중급
다음 중 대표적인 애견단체가 아닌 것은?
① 영국켄넬클럽
② AKC
③ FCI
④ 국제애견협회

풀이 : 국제애견협회가 아니라 한국애견협회이다.

문제 10 난이도: 중급
다음 개의 품종 중 스피츠(5그룹)에 속하며 사모예드를 소형화하여 개량한 품종은?
① 말티즈
② 치와와
③ 포메라니안
④ 요크셔테리어

풀이 : 스피츠(5그룹)에 속하며 사모예드를 소형화하여 개량한 품종은 포메라니안이다.

문제 11 난이도: 중급
다음 개의 품종 중 엽견으로 토끼 사냥에 주로 이용하였던 품종으로 최근 실험동물로 주로 이용되는 품종은?
① 불테리어
② 비글
③ 코커스파니엘
④ 바셋트 하운드

풀이 : 비글은 토끼 사냥 개에서 유래되었다.

문제 12 난이도: 중급
다음 개의 품종 중 독특한 눈썹과 턱수염이 특징인 독일산 품종은?
① 도베르만
② 닥스훈트
③ 킹 찰스스파니엘
④ 슈나우저

풀이 : 슈나우저는 독특한 눈썹과 턱수염이 특징인 독일산 품종이다.

정답 9. ④ 10. ③ 11. ② 12. ④

문제 13 난이도 : 고급
반려견의 신체구조 특징에 대한 설명으로 옳지 않은 것은?

① 앞발 4개, 뒷발 5개 발가락 있음
② 땀샘은 피부에 발달되어 있지 않음
③ 귀는 대부분 삼각형임
④ 보스턴테리어는 블록키 헤드임

풀이 : 앞발 5개, 뒷발 4개의 발가락 있다.

문제 14 난이도 : 고급
반려견의 신체구조 특징에 대한 설명으로 옳지 않은 것은?

① 불독은 장미귀로 분류된다.
② 라브라도 리트리버는 오터 테일 꼬리로 분류된다.
③ 콜리는 오벌 눈 형태로 분류된다.
④ 불테리어는 휩테일로 분류된다.

풀이 : 콜리는 차이나 눈 형태로 분류된다.

문제 15 난이도 : 고급
반려견의 생리의학적 특징에 대한 설명으로 옳지 않은 것은?

① 직장의 온도를 표준체온으로 한다.
② 맥박 수는 큰개가 더 낮다.
③ 성견보다 자견의 맥박 수가 높다.
④ 체온은 사람보다 낮다.

풀이 : 체온은 사람보다 높다.

문제 16 난이도 : 중급
고양이의 가축화에 대한 설명으로 옳지 않은 것은?

① 말은 고양이 보다 먼저 가축화되었다.
② 고양이는 기원전 약 10,000년 전에 가축화되었다.
③ 아프리카 북부 리비아산 살쾡이가 선조이다.
④ 고대 이집트 시대에 쥐로부터 곡식을 보호하기 위해 사육되었다.

풀이 : 고양이는 기원전 약 5,000년 전에 가축화되었다.

정답 13. ① 14. ③ 15. ④ 16. ②

chapter 02 치료도우미동물학

문제 17 난이도 : 중급
다음 중 고양이의 역사에 대한 설명으로 옳지 않은 것은?

① 고대 이집트의 벽화들에서 고양이를 발견할 수 있다.
② 중세 시대 유럽에서는 박해를 받았다.
③ 한반도에는 유교 서적의 전파 시 중국에서 유래되었다.
④ 바스트 신으로 숭배된 적도 있었다.

풀이 : 한반도에는 불교 경전의 전파 시 중국에서 유래되었다.

문제 18 난이도 : 중급
다음 중 고양이의 특성에 대한 설명으로 옳지 않은 것은?

① 고양이 발가락은 앞발 3개이고 뒷발 5개이다.
② 고양이는 색을 잘 볼 수 없다.
③ 어두운 곳에서 눈의 반사막에 빛이 반사되어 빛난다.
④ 고양이는 개보다 청각이 좋다.

풀이 : 고양이 발가락은 앞발 5개이고 뒷발 4개이다.

문제 19 난이도 : 중급
다음 중 고양이와 관련된 내용에 대한 설명으로 옳지 않은 것은?

① 고양이의 1살은 사람의 15살에 해당된다.
② 집 안에 사는 고양이는 집 밖에 사는 고양이 보다 노령화가 빠르다.
③ 수명은 약 20년이다.
④ 야행성 동물이다.

풀이 : 집 밖에 사는 고양이는 집 안에 사는 고양이 보다 노령화가 빠르다.

문제 20 난이도 : 고급
다음 중 고양이와 관련된 내용에 대한 설명으로 옳지 않은 것은?

① TICA가 CFA 보다 먼저 결성된 세계 고양이 단체이다.
② CFA는 유럽, 아시아, 라틴 아메리카에 국제 지역 구분이 있다.
③ CFA는 유전자형을 혈통 등록 기준으로 잡는다.
④ CFA는 매월 온라인 웹진을 발행한다.

풀이 : CFA가 TICA 보다 먼저 결성된 세계 고양이 단체이다.

정답 17. ③ 18. ① 19. ② 20. ①

문제 21 난이도 : 고급

영국이 발생지이며 오리엔탈 타입으로 살찌지 않는 단단한 근육질과 큰 귀가 특징인 고양이 품종은?

① 봄베이
② 샤트룩스
③ 브리티시 숏 헤어
④ 코니쉬 렉스

풀이 : 코니쉬 렉스는 영국이 발생지이며 오리엔탈 타입으로 살찌지 않는 단단한 근육질과 큰 귀가 특징이다.

문제 22 난이도 : 고급

미국이 발생지이며 단모에 코비 체형으로 둥글고 큰 머리에 작은 귀, 크고 둥근 눈이 특징인 고양이 품종은?

① 하바나브라운
② 샤트룩스
③ 엑소틱
④ 브리티시 숏 헤어

풀이 : 엑소틱(이그조틱)은 미국이 발생지이며 단모에 코비 체형으로 둥글고 큰 머리에 작은 귀, 크고 둥근 눈이 특징이다.

문제 23 난이도 : 고급

태국이 발생지이며 중형의 세미 코비 타입, 빛나는 녹색 눈, 블루 또는 짙은 회색의 털이 특징인 고양이 품종은?

① 하바나브라운
② 샤트룩스
③ 엑소틱
④ 코렛

풀이 : 코렛은 태국이 발생지이며 중형의 세미 코비 타입, 빛나는 녹색 눈, 블루 또는 짙은 회색의 털이 특징이다.

정답 21. ④ 22. ③ 23. ④

문제 24 난이도: 기본

미국이 발생지이며 오리엔탈 타입 체형, 단모종, 체형은 아비시니안과 닮았지만 다 컷을 때의 체중이 5-6kg로 중량감이 있는 고양이 품종은?

① 하바나브라운
② 옥시켓
③ 엑소틱
④ 코렛

풀이 : 옥시캣은 미국이 발생지이며 오리엔탈 타입 체형, 단모종, 체형은 아비시니안과 닮았지만 다 컷을 때의 체중이 5-6kg로 중량감이 있다.

문제 25 난이도: 고급

다음 고양이와 관련된 내용에 대한 설명으로 옳지 않은 것은?

① 교미 후 배란 동물이다.
② 12개월 이후에 교배시키는 것이 바람직하다.
③ 교배하지 않으면 자연 배란이 되지 않는다.
④ 년 2회 발정이 온다.

풀이 : 고양이는 3-5회 발정이 오는 다발정 동물이다.

정답 24. ② 25. ④

Ⅳ 치료도우미동물 선발과 평가

1 치료도우미동물 선발

(1) 치료도우미동물 선발기준

1) 동물선택의 기준
   ① **신뢰성** : 행동이 독립적이거나 또는 반복되는 비슷한 상황에서 거의 똑같이 행동하는 것을 의미한다.
   ② **예측가능성** : 특수한 환경에서의 행동을 미리 예측할 수 있음을 의미한다.
   ③ **조정가능성** : 행동을 억제하거나 안내하거나 관리할 수 있음을 의미한다.
   ④ **적합성** : 목적에 맞거나 적격하다는 것을 의미한다.
   ⑤ **신임을 주는 능력** : 사람들이 동물의 주위에 있을 때 편안함(위협적이지 않은)을 느끼는 것이다.

2) 치료도우미동물의 선발을 위한 4가지 평가
   ① 수의학적 평가
   치료도우미동물은 수의사에 의하여 정기적 검진과 적절히 예방접종 및 위생 관리를 위한 수의학적 진료를 받고 평가 인증을 받아야 한다.

   ② 공격성 평가
   동물매개치료 치료도우미동물로 활용하기 위해서는 공격성 평가를 통해 평가인증을 받아야한다.

   ③ 사회성 평가
   사회성 평가를 통해 동물매개치료활동에 적합한지 파악을 한다.

   ④ 적합성 평가
   동물매개치료 동물의 선택기준은 이들 동물을 신뢰할 수 있는지, 조정 가능한지, 예측할 수 있는지, 그리고 AAA/T과제, 대상자, 일하는 환경에 적합한지를 알아본다.

(2) 치료도우미동물 인증을 위한 절차

치료도우미동물로 인증 받기 위해서는 후보 동물의 보호자가 한국동물매개심리치료학회의 가이드라인에 따라 4가지 선발 평가인 수의학적 평가, 공격성 평가, 사회성 평가, 적합성 평가를 통과하기에 합당하도록 자신의 동물을 육성하여야 한다.

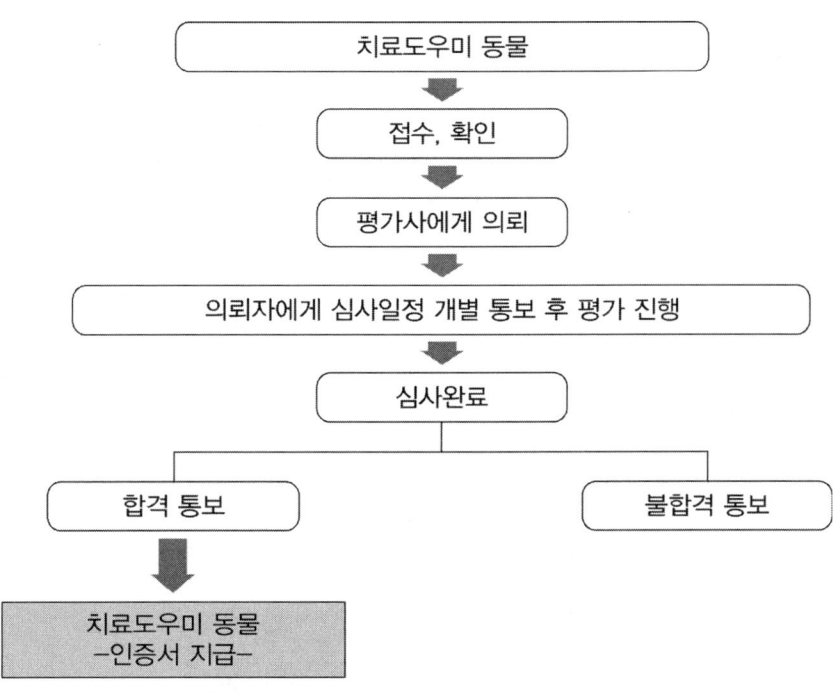

그림 2-2 치료도우미동물 선발의 과정

단원정리문제

문제 01 난이도 : 기본
동물매개치료 과정에서 치료도우미동물의 역할이 아닌 것은?
① 사회적 윤활제
② 감정의 촉매자
③ 평가자
④ 중간 연결체

풀이 : 동물매개치료 과정에서 치료도우미동물의 역할은 사회적 윤활제, 감정의 촉매자, 선생님으로서 역할, 중간 연결체 역할을 할 수 있다.

문제 02 난이도 : 기본
치료도우미동물로 활용되기 위한 최소 조건에 대한 설명으로 옳지 않은 것은?
① 공격성이 없어야 함
② 수의학적인 관리가 수행되어야 함
③ 동물매개심리상담사와 호흡이 맞아야 됨
④ 유순한 어린 연령이어야 함

풀이 : 성숙한 연령(개의 경우는 최소 1살 이상)이 치료도우미동물로 활용될 수 있다.

문제 03 난이도 : 기본
치료도우미견의 선발을 위한 4대 평가가 아닌 것은?
① 수의학적 평가
② 운동성 평가
③ 공격성 평가
④ 사회성 평가

풀이 : 치료도우미견의 선발을 위한 4대 평가는 수의학, 공격성, 사회성, 적합성 평가이다.

문제 04 난이도 : 기본
치료도우미동물 선택을 위한 8가지 기준에 따라 동물 선택을 할 때 안전성이 우수한 동물이 아닌 것은?
① 물고기
② 기니피그
③ 토끼
④ 원숭이

풀이 : 동물이 사람에 대한 공격을 하지 않아 안전한 동물은 물고기, 새, 기니피그, 토끼 등이며 원숭이는 사람에게 공격을 할 수 있어서 조심해야 한다.

정답 1. ③ 2. ④ 3. ② 4. ④

문제 05 난이도: 중급
치료도우미견의 수의학적 평가를 위해 DHPPL 예방접종 여부를 확인하여야 하는데, DHPPL에 해당되지 않는 것은?

① 개홍역
② 렙토스파이라
③ 개코로나장염
④ 개간염

풀이 : 개 DHPPL은 개홍역, 개간염, 개파보장염, 개감기, 렙토스파이라를 포함한다.

문제 06 난이도: 중급
치료도우미동물의 광견병 예방에 대한 기초 지식으로 옳지 않은 것은?

① 광견병은 개와 고양이만 예방하면 된다.
② 개의 경우 생후 3~4개월령 1회 접종한다.
③ 새는 광견병 예방접종을 하지 않아도 된다.
④ 파충류는 광견병과 관련 없다.

풀이 : 광견병은 개와 고양이 이외의 모든 온혈동물에 감염이 될 수 있어 예방접종을 하여야 한다.

문제 07 난이도: 중급
다음 중 치료도우미동물의 인증을 수행하는 기관은?

① 농림축산식품부
② 농촌진흥청
③ 한국동물매개심리치료학회
④ 국립축산과학원

풀이 : 한국동물매개심리치료학회는 치료도우미동물의 인증을 수행하고 있다.

문제 08 난이도: 중급
치료도우미동물과 함께 중재단위를 구성하여 대상자와 활동하는 자격을 무엇이라 하는가?

① 도우미동물평가사
② 펫파트너
③ 핸들러
④ 동물매개심리상담사

풀이 : 펫파트너란 동물매개치료 활동에서 치료도우미동물과 함께 중재단위를 구성하여 대상자와 활동하는 자격을 한국동물매개심리치료학회로부터 취득한 자이다.

정답 5. ③ 6. ① 7. ③ 8. ②

문제 09 난이도 : 중급
치료도우미동물 선발 시 수의사에 의한 정기적 검진과 적절한 예방접종 및 위생 관리 여부를 평가하는 항목은?

① 적합성 평가
② 수의학적 평가
③ 공격성 평가
④ 사회성 평가

풀이 : 치료도우미동물의 질병 예방과 위생적 관리를 평가하기 위하여 수의학적 평가를 수행한다.

문제 10 난이도 : 중급
치료도우미동물 선발 시 후보 동물의 우호적이고 순종적이며 친화적, 명랑하고 활동적, 돌발적인 상황에 대한 적응 정도를 평가하는 항목은?

① 적합성 평가
② 수의학적 평가
③ 공격성 평가
④ 사회성 평가

풀이 : 치료도우미동물의 활동을 위해서는 사회성 평가를 통과하여야 한다.

문제 11 난이도 : 중급
치료도우미동물 선발 시 후보 동물의 사교성, 훈련에 대한 복종능력, 상황에 따른 통제 능력 정도를 평가하는 항목은?

① 적합성 평가
② 수의학적 평가
③ 공격성 평가
④ 사회성 평가

풀이 : 적합성 평가는 후보 동물의 사교성, 훈련에 대한 복종능력, 상황에 따른 통제 능력 정도를 평가하는 것이다.

문제 12 난이도 : 고급
치료도우미동물의 공격성 평가 통과를 위한 최소 점수는?

① 1점　　② 2점
③ 3점　　④ 4점

풀이 : 한국동물매개심리치료학회의 공격성 평가 최소 점수는 4점이다.

정답　9. ②　10. ④　11. ①　12. ④

문제 13 난이도 : 고급
치료도우미동물의 사회성 평가 통과를 위한 최소 점수는?

① 4점
② 6점
③ 10점
④ 20점

풀이 : 한국동물매개심리치료학회의 사회성 평가 최소 점수는 10점이다.

문제 14 난이도 : 고급
치료도우미동물의 적합성 평가 통과를 위한 최소 점수는?

① 6점
② 10점
③ 12점
④ 20점

풀이 : 한국동물매개심리치료학회의 적합성 평가 최소 점수는 12점이다.

문제 15 난이도 : 중급
치료도우미동물 선발 시 다른 치료도우미동물과 만났을 때의 변화를 보는 평가는?

① 적합성 평가
② 수의학적 평가
③ 공격성 평가
④ 사회성 평가

풀이 : 사회성 평가는 후보 동물의 사람과 동물에 대한 친화력, 사회성 정도를 평가하는 것이다.

문제 16 난이도 : 기본
유기동물로부터 치료도우미동물 육성에 대한 내용으로 옳지 않은 것은?

① 질병에 대한 수의학적 관리가 철저히 되어야 한다.
② 비용과 시간을 절감할 수 있다.
③ 4가지 선발 조건을 통과하여야 한다.
④ 육성된 후보 동물은 한국동물매개심리치료학회의 인증을 받아 치료도우미동물로 활용될 수 있다.

풀이 : 유기동물은 버려진 상처 때문에 훈련과 사회성 향상에 시간이 소요되고 수의학적 관리 등으로 비용이 증가한다.

정답 13. ③ 14. ③ 15. ④ 16. ②

문제 17
난이도: 중급

유기동물로부터 치료도우미동물 활용 사례에 대한 내용으로 옳지 않은 것은?

① 경기도의 경우 도에서 직접 운영하는 센터가 있다.
② 일본의 치로리는 유기견에서 치료도우미견으로 활동한 사례이다.
③ 미국 교도소에서 유기견을 활용한 교정 프로그램이 운영되고 있다.
④ 유기견은 사회성이 좋아 치료도우미견으로 육성이 쉽다.

풀이 : 유기동물은 버려진 상처 때문에 훈련과 사회성 향상에 시간이 소요되고 수의학적 관리 등으로 치료도우미동물로 육성하기 어렵다.

정답 17. ④

Ⅴ 치료도우미견의 훈련

1 치료도우미견의 훈련

(1) 동물훈련의 이해

1) 훈련의 기초

① 사회화

출생 후 3~12주령을 보통 사회화 시기라고 한다. 사회화 시기는 태어나서 처음 겪는 환경에 대해 점차 적응해 가는 시기로 주변 환경을 잘 조성해 주는 것이 필요하다.

② 훈련의 기본자세

치료도우미견을 훈련시킬 때는 개의 특성을 우선 잘 파악해야 하며 주인과 반려견 상호 간에 즐기면서 신뢰를 바탕으로 진행되어야 한다.

③ 연상(association)

연상이란 두 가지의 사건이나 사물 사이에 분명하고 간결한 연관관계를 설정하는 것이다.

④ 체벌보다 효과가 큰 칭찬

원칙 없는 벌이나 도를 넘는 벌은 오히려 개의 반감만 살 뿐이다. 개를 훈련시킬 때 체벌보다 훨씬 더 효과적인 방법은 옳은 행동을 했을 때 적절한 칭찬을 해주는 것이다.

⑤ 명령어의 사용

명령어는 일관되게 사용해야 한다.

(2) 반려견의 훈련

1) 반려견 훈련의 종류

① 조기훈련

사람 만나기, 사물에 적응하기, 배변 훈련, 목줄 적응하기와 같은 개의 원만한

성격 형성을 위해 사회에 본격적으로 적응하는 시기인 4개월 이전에 시키는 사회화훈련 과정으로 모든 훈련에 앞서는 가장 중요한 훈련이다.

② 복종훈련
따라 걷기, 앉아, 엎드려, 이리와, 가져와, 기다려와 같은 복종훈련은 얼핏 간단해 보이지만 제대로 되어 있지 않으면 다른 응용훈련과 고등훈련을 해나가는데 어려움이 많다.

③ 고등훈련
경비견훈련, 수색훈련, 프리스비, 아질리티 와 같은 고등훈련은 개인 능력을 최대한 끌어내는 훈련으로 사람에게 이로운 역할을 해낼 수 있게끔 가르치는 것이다.

2) 복종 훈련
복종훈련이 되어 있지 않은 상태에서는 다른 훈련을 한다는 것이 무의미하다.

(3) 응용훈련(치료도우미견)
① 낯선 사람을 만나도 경계하지 않아야 한다.
② 귀찮게 쓰다듬어도 거부하지 않는다.
③ 처음 보는 행동에도 당황해 하지 않는다.
④ 안아줄 때 발버둥치지 않는다.
⑤ 사람이 많은 곳에서도 무서워하지 않는다.
⑥ 여러 사람이 모여들어도 무서워하지 않는다.
⑦ 큰 소리가 나도 신경 쓰지 않는다.
⑧ 관심 있는 물건으로부터 통제가 된다.
⑨ 다른 동물(개, 고양이 등)에 대해서 공격성이 없어야 한다.

단원정리문제

문제 01 난이도 : 기본
반려견의 사회화 시기에 맞는 훈련이 아닌 것은?
① 강아지는 놀이를 통해 서열을 정한다.
② 특정장소에 배설하도록 훈련시킬 수 있다.
③ 잘못에 대해서는 체벌을 통한 훈련이 필요하다
④ 사람과의 관계는 특히 생후 5~6주경에 강해진다.

🔎 풀이 : 체벌에 의한 훈련은 동물복지에 위배되어 칭찬과 보상에 의한 훈련을 하여야 한다.

문제 02 난이도 : 기본
동물이 가지고 있는 본능을 인간과의 생활에 적합하도록 길들이는 기술과 길들이는 일련의 과정을 무엇이라 하는가?
① 조련　　　　　　　　　② 테라피
③ 연습　　　　　　　　　④ 훈련

🔎 풀이 : 훈련은 동물이 사람에 대한 기본적인 복종훈련, 경제, 추적, 인명구조, 안내 등 고난이도 기술의 습득과정을 포함하고 있다.

문제 03 난이도 : 기본
동물의 부적절 또는 비인본적 훈련방법에 해당되는 것은?
① 내적 동기가 유발되지 않는 개를 훈련시키는 것
② 사람과 사회적 상호반응의 보상에 따라 훈련시키는 것
③ 동물의 심리적, 신체적 및 특성을 파악하고 적용하는 것
④ 강아지 때부터 조기교육을 실시하는 것

🔎 풀이 : 내적 동기가 유발되지 않는 개를 훈련시키는 것과 단순히 지치게 하는 훈련은 부적절 또는 비인본적 훈련방법이다.

문제 04 난이도 : 중급
강아지의 사회화 과정에 관한 내용으로 옳지 않은 것은?
① 강아지는 여러 가지 놀이를 하면서 점차 순위가 정해진다.
② 사람과의 관계는 특히 생후 5~6개월령에 강해진다.
③ 강한 개체에게 복종하는 행동을 취한다.
④ 냄새 흔적을 따라가는 행동을 하게 된다.

🔎 풀이 : 강아지는 사람과의 관계 형성이 특히 생후 5~6주경에 강해진다.

정답 1. ③ 2. ④ 3. ① 4. ②

문제 05 난이도 : 중급
다음 중 반려견 훈련의 기본 자세로 옳지 않은 것은?
① 주인과 반려견 상호간에 즐기면서 신뢰를 바탕으로 진행되어야 한다.
② 훈련에는 칭찬, 식사, 휴식 등 적절한 보상체계가 이루어져야 한다.
③ 강아지 때부터 조기교육이 필요하다.
④ 잘못에 대해서는 체벌을 통한 훈련이 필요하다

풀이 : 체벌에 의한 훈련은 동물복지에 위배되어 칭찬과 보상에 의한 훈련을 하여야 한다.

문제 06 난이도 : 기본
다음 중 훈련의 기초 이론으로 두 가지의 사건이나 사물 사이에 분명하고 간결한 관계를 설정하는 것을 무엇이라 하는가?
① 연상
② 유대
③ 강화
④ 보상

풀이 : "앉아"라는 명령 또는 수신어와 함께 개를 앉도록 만드는 행위를 여러 번 반복 행한다면, "앉아"라는 명령과 앉는다는 행동을 연관시킬 수 있는데 이러한 부분이 연상이다.

문제 07 난이도 : 중급
다음 중 반려견 훈련에 대한 설명으로 옳지 않은 것은?
① 명령어는 일관되게 사용해야 한다.
② 발음이 비슷한 명령어를 쓰지 말아야 한다.
③ 반려견은 단어의 뜻을 알고 행동한다.
④ 부드러우면서 명료하게 명령어를 주어야 한다.

풀이 : 반려견은 단어의 뜻을 알고 행동하는 것이 아니라 억양을 듣고 이해한다.

문제 08 난이도 : 중급
치료도우미견으로 독서보조견 활동(Reading dog program)에 가장 필요한 능력의 내용으로 옳은 것은?
① 대상자의 표정을 읽는 능력
② 대상자와 함께 즐거운 놀이 활동을 할 수 있는 능력
③ 대상자와 오랜 시간 함께 운동을 할 수 있는 능력
④ 대상자 앞에 오랜 시간 앉아 있는 능력

풀이 : 독서보조견은 오랜 시간 책 읽는 소리를 앉아서 듣는 능력이 있어야 한다.

정답 5. ④ 6. ① 7. ③ 8. ④

문제 09 난이도 : 중급
치료도우미견 훈련이 일반 반려견 훈련과 다른 점에 대한 설명으로 옳지 않은 것은?

① 스트레스 없는 동물복지적 훈련법 적용
② 주변 환경의 변화에 민감하게 인지할 수 있도록 훈련
③ 휠체어나 목발 등의 물건에 친화 되도록 훈련
④ 사람과 동물에 사회성이 높도록 훈련

풀이 : 치료도우미견은 주변 환경 변화에 민감하게 반응하면 활동이 어려울 수 있어 훈련을 통하여 둔감하게 반응할 수 있도록 한다.

문제 10 난이도 : 중급
다음 미국의 도우미견 종류 중에서 학생 주인의 심리 지원을 위해 등교가 허락되는 동물은?

① Service dog
② Emotional support dog
③ Therapy dog
④ Healing dog

풀이 : Emotional support dog은 미국에서 정서 장애나 다양한 심리 문제를 겪고 있는 아동 주인의 심리 지원을 위해 학교에 동반 등교가 허락되는 동물이다.

문제 11 난이도 : 중급
치료도우미견 훈련의 목표에 해당되지 않는 것은?

① 민첩성과 반응성이 높아질 수 있도록
② 많은 사람들과도 편안하게 있을 수 있도록
③ 사람들이 만지는 것에 편안함을 느끼게
④ 사람들과 다른 동물에도 사회성이 있도록

풀이 : 치료도우미견 훈련의 목표는 많은 사람들과도 편안하게 있을 수 있도록, 사교적이고 충직하게, 스트레스에 덜 민감하게, 사람들이 만지는 것에 편안함을 느끼게, 음식이나 장난감에 호기심이 없도록, 사람들과 다른 동물에도 사회성이 있도록, 의료기기나 환자 용품에 친숙하게 하는 것이다.

정답 9. ② 10. ② 11. ①

문제 12 난이도 : 중급
사람을 만나는 부분에 대한 치료도우미견 훈련의 내용에 해당되지 않는 것은?

① 만나는 사람에 대하여 경계하지 않고 호의적인 감정을 가질 수 있어야 함
② 사람에 대한 신뢰감을 갖도록 하는 것이 필요함
③ 호의적인 감정을 갖도록 하는 것이 필요함
④ 낯선 사람에 민감하게 반응하는 것이 필요함

풀이 : 치료도우미견은 낯선 사람에도 친화력을 가져야 한다.

문제 13 난이도 : 중급
반려견의 행동학적 특징에 대한 설명으로 옳지 않은 것은?

① 반려견은 보라색, 푸른색, 노란색으로 세상을 본다.
② 반려견에서 후각은 중요한 의사소통 수단이 아니다.
③ 청각은 반려견의 일반적인 음성교신 수단이다.
④ 귀를 접는 행동은 두려움이 증가되는 상황의 표현이다.

풀이 : 개는 인간이 느낄 수 있는 것보다 백분의 일부터 삼만분의 일 정도까지 냄새를 맡을 수 있어 후각이 중요한 의사소통이다.

문제 14 난이도 : 중급
반려견의 행동학적 특징에 대한 설명으로 옳지 않은 것은?

① 냄새 자극은 후상피라는 후각계의 감각기에 있는 수용체에서 감지한다.
② 서비기관에서는 주로 페르몬을 감지한다.
③ 주사의 공포로 인해 맥박이 빨리 뛰는 것은 고전적조건화이다.
④ 공격의 표현으로 꼬리를 낮춘다.

풀이 : 꼬리를 낮추는 것은 복종이나 두려움의 표시이다.

문제 15 난이도 : 중급
반려견의 학습이론에 대한 설명으로 옳지 않은 것은?

① 반려동물에게 강화인자로는 먹이, 칭찬, 쓰다듬기 등이 활용된다.
② 반응과 동시에, 또는 직후에 강화가 이루어져야 한다.
③ 반응 후 혐오적인 강화인자가 제거됨에 따라 반응이 일어나는 것은 플러스 강화이다.
④ 칭찬은 2차적 강화인자로서의 보상 역할을 한다.

풀이 : 반응 후 혐오적인 강화인자가 제거됨에 따라 반응이 일어나는 것은 마이너스 강화이다.

정답 12. ④ 13. ② 14. ④ 15. ③

문제 16 난이도: 중급
반려견의 훈련에 대한 설명으로 옳지 않은 것은?
① 반려견의 사회화 시기는 6~8개월에 집중적으로 이루어진다.
② 문과 현관 등 출입은 리더가 먼저하도록 한다.
③ 머즐 컨드롤은 자연스러운 지배적 행동을 연습하는 방법이다.
④ 반려견과 파트너쉽을 위한 기초적인 부분이 유대관계이다.

풀이 : 반려견의 사회화 시기는 2~3개월에 집중적으로 이루어진다.

문제 17 난이도: 중급
반려견의 훈련에 대한 설명으로 옳지 않은 것은?
① 훈련자가 물리적으로 개의 자세를 만드는 방법을 모양 만들기라고 한다.
② 문과 현관 등 출입은 리더가 먼저하도록 한다.
③ 머즐 컨드롤은 자연스러운 지배적 행동을 연습하는 방법이다.
④ 연상훈련의 단점은 만지는 자극으로 개의 주의가 산만해진다는 점이다.

풀이 : 모양만들기의 단점은 손이 자신을 만질 경우 개의 주의가 산만해지면서 연상관계를 빨리 만들지 못한다는 점이다.

문제 18 난이도: 중급
2~3주 령의 강아지이며 귀가 열려 들을 수 있게 되고 짖을 수 있게 되는 시기를 무엇이라 하는가?
① 과도기
② 성장기
③ 유년기
④ 청년기

풀이 : 출생 후 듣고 짖을 수 있는 기간을 과도기라 한다.

정답 16. ① 17. ④ 18. ①

VI 치료도우미동물 관련 자격

1 펫 파트너

펫파트너란 동물매개치료 활동에서 치료도우미동물과 함께 중재단위를 구성하여 대상자와 활동하는 자격을 한국동물매개심리치료학회로부터 취득한 자이다.

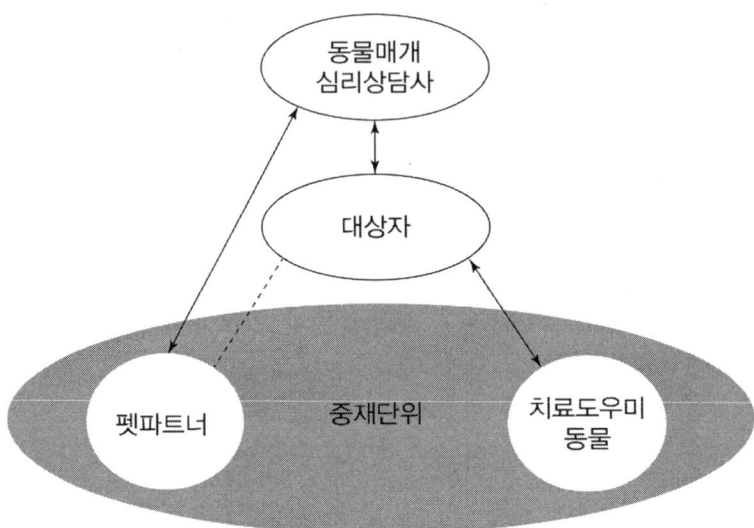

그림 2-3 동물매개치료의 구성과 역할

2 도우미 동물 평가사

도우미동물평가사는 치료도우미동물의 선발과 관리 및 도우미 동물의 훈련과 평가를 할 수 있는 전문인을 말한다.

3 동물행동상담사

동물행동상담사는 동물행동상담을 수행할 수 있는 자격을 한국동물매개심리학회에서 취득한 자이다.

4 펫 헬스 테라피

펫 헬스 테라피 (pet health therapy)는 반려동물인 개와 고양이의 건강 증진을 위한 테라피를 수행할 수 있는 자격을 한국동물매개심리학회에서 취득하여 수행하는 요법을 말한다.

(1) 펫 마사지

펫 마사지 (pet massage)는 반려동물인 개와 고양이들에게 마사지를 해 주는 것으로, 펫 마사지를 통하여 반려동물에게 휴식을 줄 수 있고, 스킨십을 제공하여 반려동물들이 사람들과 사회화가 촉진되며, 공격적 성향을 갖지 않도록 하기 위한 예방 효과도 유도할 수 있다.

(2) 펫 요가

펫 요가 (pet yoga)는 보호자가 반려동물인 개와 고양이들과 함께 요가를 하는 것으로, 펫 요가를 통하여 반려동물의 적절한 운동과 신체 재활을 증진하고, 적절한 자극을 제공하여 반려동물의 건강 향상에 크게 기여할 수 있다.

(3) 펫 아로마 테라피

펫 아로마 테라피 (pet aroma therapy)는 반려동물인 개와 고양이들에게 효과가 검증된 아로마 향을 제공하여 반려동물의 건강 향상과 안정을 유도하는 요법이다.

(4) 펫 뮤직 테라피

펫 뮤직 테라피 (pet music therapy)는 반려동물인 개와 고양이들에게 음악을 들려주어 반려동물에게 심리적 안정과 휴식을 제공하는 요법이다.

(5) 펫 푸드 테라피

펫 푸드 테라피 (pet food therapy)는 반려동물인 개와 고양이들에게 주는 자연 식이와 음식을 통하여 반려동물의 건강을 회복하거나 증진시키는 것이다.

(6) 펫 하이드로 테라피

펫 하이드로 테라피 (pet hydrotherapy, 수치료: 水治療)는 반려동물인 개와 고양이들에게 따뜻한 스파와 같은 물을 이용하여 체내의 혈액순환 및 신진대사를 촉진하고, 발한을 통해 노폐물과 독소를 제거하여 질병을 치료하는 방법을 말한다.

단원정리문제

문제 01 난이도 : 기본
치료도우미동물과 함께 중재단위를 구성하여 대상자와 활동하는 자격을 무엇이라고 하는가?
① 도우미동물평가사
② 펫파트너
③ 동물매개심리상담사
④ 핸들러

풀이 : 펫파트너는 치료도우미동물과 파트너쉽을 가지고 중재단위를 구성하여 대상자와 활동하는 자격이다.

문제 02 난이도 : 기본
다음 중 동물매개치료의 중재단위 구성으로 짝이 옳은 것은?
① 도우미동물평가사–치료도우미동물
② 펫파트너–동물매개심리상담사
③ 동물매개심리상담사–치료도우미동물
④ 펫파트너–치료도우미동물

풀이 : 동물매개치료의 중재단위 구성은 펫파트너–치료도우미동물이다.

문제 03 난이도 : 기본
다음 중재 활동 중 동물매개심리상담사가 없어도 활동이 가능한 것은?
① 동물매개치료
② 동물매개교육
③ 동물매개활동
④ 동물매개평가

풀이 : 동물매개심리상담사는 전문적인 동물매개중재 활동에 필수적으로 포함되어야 하지만 동물매개활동은 동물매개심리상담사 없이 봉사 활동 개념으로 진행이 가능하다.

정답 1. ② 2. ④ 3. ③

문제 04 난이도 : 기본
다음 중 한국동물매개심리치료학회의 위탁을 받아 치료도우미동물의 평가를 맡는 자격을 무엇이라 하는가?
① 도우미동물평가사
② 펫파트너
③ 동물매개심리상담사
④ 핸들러

풀이 : 도우미동물평가사는 치료도우미동물 인증을 위한 평가를 수행하는 자격이다.

문제 05 난이도 : 기본
다음 중 치료도우미동물의 인증에 대한 설명으로 잘못된 것은?
① 한국동물매개심리치료학회의 인증을 받아야 한다.
② 도우미동물평가사가 공격성, 적합성, 사회성 평가를 수행한다.
③ 수의학적 평가는 동물병원 수의사가 평가한 서류를 제출 받아 서류검토로 진행된다.
④ 인증을 위한 4가지 평가 항목 중 3가지 이상 통과 시 인증이 가능하다.

풀이 : 인증을 위한 수의학적 평가, 공격성, 적합성, 사회성 평가 4가지 평가 모두 통과되어야 인증 받을 수 있다.

문제 06 난이도 : 기본
인간과 반려동물과의 상호작용으로 정신적·신체적으로 안정과 기능 회복에 도움을 주는 사람은?
① 펫파트너
② 동물행동상담사
③ 동물매개심리상담사
④ 펫 마사지 지도사

풀이 : 동물매개심리상담사는 치료도우미동물을 활용하여 심리치료를 수행한다.

문제 07 난이도 : 중급
반려동물 문제 해결에 도움을 주어 인간과 반려동물의 삶의 질을 개선하는데 도움을 주는 사람은?
① 펫파트너
② 동물행동상담사
③ 동물매개심리상담사
④ 펫 마사지 지도사

풀이 : 동물행동상담사는 반려동물의 문제 행동을 진단하고 교정하여 삶의 질을 개선하는데 도움을 준다.

정답 4. ① 5. ④ 6. ③ 7. ②

문제 08 난이도 : 중급

반려동물에게 휴식을 주고 스킨십을 제공하여 반려동물들이 사람들과 사회화가 촉진하는 데 도움을 주는 사람은?

① 펫파트너
② 동물행동상담사
③ 동물매개심리상담사
④ 펫요가지도사

풀이 : 펫요가지도사는 반려동물에게 휴식을 주고 스킨십을 제공하여 반려동물들이 사람들과 사회화가 촉진하는데 도움을 주는 사람이다.

정답 8. ④

VII 치료도우미동물의 위생

1 치료도우미동물의 역할

심리 및 재활치료 효과를 얻기 위해 중재 역할로서 치료도우미동물이 활용되기 때문에 치료도우미동물의 위생적 관리는 매우 중요하다고 할 수 있다.

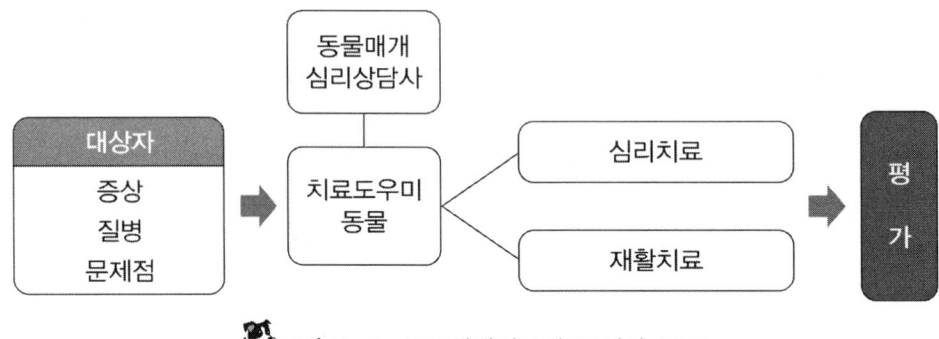

그림 2-4 동물매개치료의 구성과 목표

2 일반 감염병 및 인수공통감염병

동물매개치료 확산의 최대 걸림돌은 동물로부터 올 수 있는 감염병인 인수공통감염병(zoonosis) 문제이다. 동물매개치료가 진행되는 동안 치료동물에 의한 인수공통감염병이 발생하는지에 대한 연구들이 그동안 수행되었으나, 연구결과 동물에 의한 문제는 거의 없는 것으로 보고되고 있다 (Jorgenson, 1997; Lerner-Durjava, 1994).

(1) 개의 감염성 질병

1) 바이러스 감염증
① 광견병(Rabies) : 인수공통감염병. 모든 온혈 포유동물에 감염되는 치명적인 법정전염병으로서 사람이나 다른 동물을 물었을 때 타액을 통해 전파되어 사람에

게는 공수병을 일으킨다.
② 개 파보 바이러스 감염증(canine parvovirus infection) : 개과 동물 감염증. 본 질병은 개와 늑대, 여우와 코요테 등의 개과 동물과 족제비, 밍크, 페렛 등의 족제비과 동물에 전염력과 폐사율이 매우 높은 질병으로 어린 연령의 개일수록, 백신 미접종의 개체일수록 증상이 심하게 나타나며, 심한 구토와 설사가 따르므로 강아지에게는 치명적인 질병이다.
③ 개 홍역(canine distemper) : 개과 동물 감염증. 본 질병은 개와 늑대, 여우와 코요테 등의 개과 동물과 족제비, 밍크, 페렛 등의 족제비과 동물에 전염성이 강하고 폐사율이 높은 전신감염증으로서 눈곱, 소화기증상, 호흡기증상, 신경증상 등의 임상증상을 보이며 병이 경과하는데 소수의 사례에서는 발바닥이나 코가 딱딱해지고 균열이 생기는 경우도 있다.
④ 개 전염성 간염(canine infectious hepatitis) : 개과 동물 감염증. 본 질병은 개와 늑대, 여우와 코요테 등의 개과 동물과 족제비, 밍크, 페렛 등의 족제비과 동물에 감염되며 개의 홍역(canine distemper)과 유사한 증상을 나타내는 질병으로서 강아지 때 급사되는 경우를 제외하고는 사망률이 10% 정도로 가볍게 내과하는 경우가 대부분이며 국내에서 판매되는 백신에 의하여 비교적 잘 방어가 되는 질병이다.
⑤ 개 코로나 바이러스 장염(Canine coronavirus infection) : 개과 동물 감염증. 본 질병은 개와 늑대, 여우와 코요테 등의 개과 동물과 족제비, 밍크, 페렛 등의 족제비과 동물에서 전염성이 강하고 구토와 설사를 주 증상으로 한다.
⑥ 개 감기(canine parainfluenza virus infection) : 개과 동물 감염증. 본 질병은 개와 늑대, 여우와 코요테 등의 개과 동물과 족제비, 밍크, 페렛 등의 족제비과 동물에 감염되는 개의 감기로서 켄넬코프와 증상이 유사하지만 병원체가 다르다.
⑦ 개 허피스바이러스(canine herpesvirus infection) : 개과 동물 감염증. 본 질병은 개와 늑대, 여우와 코요테 등의 개과 동물과 족제비, 밍크, 페렛 등의 족제비과 동물에 감염된다. 개에서 한 번 감염되면 어린 연령에 치명적인 허피스바이러스 감염증으로 유사산의 원인이 된다.

2) 세균성 감염증
① 렙토스피라증(leptospirosis) : 인수공통감염병. 1898년 이래 유럽 등지에서 많이 발생한 질병으로 갑작스런 고열, 오한, 황달 그리고 유산을 일으키는 등의 증상을 보이며, 사람에게도 전파되어 비슷한 증상을 보이는 인수공통감염병으로서 렙토스파이라 세균에 감염된 들쥐에 의하여 전파되는 질병이다.

② 켄넬코프(kennel cough) : 개과 동물 감염증. 본 질병은 개와 늑대, 여우와 코요테 등의 개과 동물과 족제비, 밍크, 페럿 등의 족제비과 동물에 감염된다.
③ 개 부루셀라병(canine brucellosis) : 인수공통감염병. 유산을 제외한 특별한 임상증상을 나타내지 않고, 진단상 어려움이 많고, 항상 보균동물로 존재함으로써 집단적으로 사육하고 있는 번식장에서는 매우 중요한 전염병이다.
④ 개 라임 병(canine Lyme Disease. canine Borreliosis) : 인수공통감염병. 진드기에 의하여 전파되는 질병으로 사람에 감염이 일어나는 인수공통감염병이다.

3) 기생충 감염증

대부분의 기생충 감염은 개와 사람에게 모두 감염될 수 있는 인수공통감염병이다. 따라서 개의 기생충에 대한 구충과 예방과 공중보건학적으로 매우 중요하다고 할 수 있다.

① 심장사상충(Heartworm) : 개와 고양이 감염병. 심장사상충(Heartworm, Dirofilaria immitis)은 현재 가장 광범위하게 퍼져 있는 기생충으로 중간 숙주인 모기를 통해 전염된다.
② 원충감염(protozoa infection)
- 지알디아증(Giardia infection) : 인수공통감염병. 주 원인은 Giardia canis 이며 수양성 설사와 식욕감퇴를 주 증상으로 하는 급성형과 만성적으로 흡수장애를 일으키는 만성형으로 구분된다.
- 트리코모나스증 : 인수공통감염병. 편모를 가지며 운동성이 있는 원충이 감염되어 발생하는 질병으로서 수양성 설사를 유발하는 원인이 된다.
- 크립토스포리디아증(Cryptosporidium infection) : 인수공통감염병. 콕시디아 속 원충인 크립토스포리디움(Cryptosporidium)의 중요한 보균 가축은 소이지만 개와 고양이의 분변에서도 검출되며 이 원충은 많은 동물을 감염시키고 감염된 동물의 대변으로 나온 낭포체는 전염성을 가지고 있다.
- 톡소플라즈마증(Toxoplasma infection) : 인수공통감염병. 톡소플라즈마증은 편성 세포내 원충인 톡소플라스마 곤디(Toxoplasma gondii)의 감염에 의해 발생하며 사람에 감염되면 인체의 면역능력에 따라 무증상에서 뇌염, 폐렴 등의 증상을 나타낼 수 있으며 급성형으로 나타나거나 만성화 할 수 있다.
- 아메바증(Entamoeba infection) : 인수공통감염병. 이질아메바(Entamoeba histolytica)가 개, 고양이, 쥐, 돼지 등에 감염되어 소화기관내에서 궤양을 일으키며 점액성 설사를 유발하기도 한다.
- 바베시아증(Babesia infection) : 인수공통감염병. 진드기 매개성 주혈 원충증(住血原蟲症)으로서 Babesia canis, Babesia gibsoni 등의 원충이 문제가

되며 주 증상으로는 발열, 빈혈증상, 혈색소뇨, 황달이 특정인 증상을 보이며 종대된 간이나 비장 등이 촉진된다.

③ 외부 기생충
- 개 선충(scabies) : 인수공통감염병. 주 원인은 개 선충(Sarcoptesscabies)의 감염으로 옴이라고도 불리는 증상을 유발한다.
- 개 모낭충(demodex) : 인수공통감염병. 주 원인은 개 모낭충(Demodex canis)의 감염으로 모낭충에 감염된 개는 모낭 안에 기생충 감염에 의한 염증으로 털이 빠지고 가려워 긁은 피부에 2차 세균감염으로 염증이 유발된다.
- 귀 이(Ear mite) : 인수공통감염병. 주 원인은 ear mite의 감염으로 증상이 유발된다.
- 이(lice) 및 벼룩(flea) : 인수공통감염병. 주 원인은 이와 벼룩으로 이와 벼룩의 감염은 위생적 관리로 예방할 수 있다.

4) 내부 기생충 감염증
① 선충류(線蟲類) : 인수공통감염병. 선 형태의 모양을 한 견회충(Toxocara canis), 견소회충(Toxocaraleonina), 개편충(Trichuris vulpis) 등이 있으며 구충류(鉤蟲類)는 갈고리가 있는 형태를 갖춘 견십이지장(Ancylosto ma caninum), 비경구충(Uncinaria stenocephais)이 있다.
② 조충류(條蟲類) : 인수공통감염병. 납작한 선모양의 형태를 한 기생충으로서 긴촌충(Diphyllobothriumlatum), 촌충(Echinococcus spp.), 일반조충(Taenia spp.), 두상조충(Taenia pisifomis), 고양이 조충(Taeniataenia formis), 다두조충(Multiceps spp.) 등이 있다.
③ 흡충류(吸蟲類) : 인수공통감염병. 창형흡충(D. lanceolatum), 묘흡충(O. tenuicollis), 간흡충(Fasciolahepatica), 폐디스토마(P. westermanii) 등이 있다.

5) 곰팡이 감염증
피부 곰팡이 감염증은 진균에 의하여 유발되며 인수공통감염병으로 사람 피부에도 감염이 유발된다. 다양한 곰팡이에 의하여 피부 병변이 유발되며 세균과 외부 기생충 감염증과 감별 진단이 필요하다. 우드 램프에 의하여 피부에 자외선을 쬐어 형광을 발하는 것을 확인하여 피부 곰팡이 감염증을 진단 할 수 있다. 피부를 긁어 도말하여 현미경으로 관찰하여 곰팡이 포자를 관찰하는 것으로 진단하기도 한다. 곰팡이는 치료가 어렵고 흔히 재발하기 때문에 주의를 요한다.

(2) 고양이 전염성 질병

1) 고양이 바이러스 전염병
① 광견병(Rabies) : 인수공통감염병. 광견병 바이러스 감염에 의하여 유발되며 광견병에 걸린 야생동물 또는 다른 동물에 의해 물릴 때 생긴 상처로 체내에 들어온 바이러스가 신경세포를 타고 뇌로 들어가 뇌세포를 손상시켜 신경 마비와 광폭증상을 보이다 치명적으로 사망한다.
② 고양이 범백혈구감소증(Feline panleukopenia, FPV) : 고양이과 동물의 감염증. 고양이과 동물들에만 감염이 이루어진다. 고양이 홍역(distemper) 또는 고양이 전염성 장염이라고 불리기도 하는 바이러스 질환으로 고양이 파보바이러스 감염에 의한다.
③ 고양이 백혈병바이러스 감염증(Feline leukemia virus, FeLV) : 고양이과 동물의 감염증. 고양이과 동물들에만 감염이 이루어진다. 레트로바이러스에 속하는 고양이 백혈병바이러스 감염에 의해 유발된다. 백혈구에 암이 유발되는 것으로 이 병에 걸린 고양이의 타액에는 대량의 바이러스가 존재하므로 같은 식기로 먹던가, 몸을 서로 핥는 것으로 감염된다.
④ 고양이 바이러스성 호흡기 질환 2개의 바이러스(비기관염바이러스, 칼리시바이러스)에 의해 발생하는 경우가 많다.
  - 고양이 비기관염(Feline rhinotracheitis): 고양이과 동물의 감염증. 고양이과 동물들에만 감염이 이루어진다. 고양이 허피스 바이러스(Feline herpesvirus) 감염에 의한다.
  - 고양이 칼리시바이러스(Feline calicivirus): 고양이과 동물의 감염증. 고양이과 동물들에만 감염이 이루어진다. 고양이 칼리시바이러스(Feline calicivirus)감염에 의한다.
⑤ 고양이 전염성 복막염(Feline infectious peritonitis, FIP) : 고양이과 동물의 감염증. 고양이과 동물들에만 감염이 이루어진다. 고양이 코로나바이러스가 원인으로 생기는 병으로 전신의 장기를 침입한다.
⑥ 고양이 면역결핍증 바이러스(Feline immunodeficiency virus, FIV) : 고양이과 동물의 감염증. 고양이과 동물들에만 감염이 이루어진다. 고양이 면역결핍바이러스가 원인으로 생기는 병으로 면역 저하로 만성 구내염, 치은염, 기도염, 임파절부종, 설사와 빈혈 증상을 보인다.

2) 클라미디아
인수공통감염병 *Chlamydia Pschittasi* 감염에 의한다. 사람에서 결막염이 유발된다.

3) 기생충

대부분의 고양이 기생충은 인수공통감염병이다.

① 톡소플라즈마 : 인수공통감염병. 원충에 의한 전염병으로 사람과 고양이에 공통된 인수공통감염병이다. 원충은 고양이 몸 어딘가를 침입, 발열, 폐렴, 설사, 간장애(황달) 등의 여러 가지 증세를 일으킨다.

② 회충 : 인수공통감염병. 고양이 회충은 고양이가 회충 충란에 오염된 음식물이 등의 섭취를 통하여 전염된다.

③ 조충 : 인수공통감염병. 고양이 조충은 길이가 15~40cm로 체절을 가지고 있으며 고양이의 소장에 기생한다.

④ 콕시디움 감염증 : 인수공통감염병. 몸이 약한 고양이가 감염되면 증상이 특히 심하며 장에 많은 병변을 일으킨다.

⑤ 벼룩 감염증 : 인수공통감염병. 벼룩은 고양이 및 다른 동물에 감염되어 피를 빨아 먹는다.

⑥ 진균(곰팡이) 감염증 : 인수공통감염병. 주로 털 관리가 제대로 되지 않아 곰팡이에 감염되어서 발생하는 피부병이다.

(3) 병원체의 예방

1) 기생충의 예방 및 치료

다양한 전파방법으로 감염되는 기생충의 감염예방은 단순한 구충제 투여만으로는 예방에 어려움이 있다. 다음과 같은 요령으로 관리하면 구충은 물론 건강한 동물의 상태를 유지 할 수 있다.

① 조속한 분변 청소 및 위생적 처리

② 동물 자체 및 주변 정기적인 소독

③ 청결하고 영양이 풍부한 먹이 급여

④ 이, 벼룩, 모기 등의 해충 구제

⑤ 쥐의 구제

⑥ 선충류 및 조충류, 흡충류 구충이 가능한 종합구충제 투여 기생충 감염은 어린 동물에게 특히 피해가 크기 때문에 어린 동물은 동물병원을 방문하여 건강진단과 분변검사를 받아 보아야 한다. 생후 4~6주경에 구충한 후 생후 4개월이 되면 3주 간격으로 구충제를 투여한다. 심장사상충 예방을 위해서는 모기가 발생하는 계절에 심장사상충 예방제를 월 1회 경구 투여한다.

2) 예방접종

① 개의 예방접종의 종류와 접종 프로그램. 모체이행항체가 소실되기 이전인 생후

6주령부터 예방접종을 실시하여 방어항체 수준을 끌어올리기 위해서 백신을 프로그램에 따라 반복 접종을 한다.

표 2-20 개 예방접종의 종류와 접종 프로그램

백신 종류	예방 목적 질병	접종 프로그램
종합백신 (DHPPL)	개 홍역, 개 간염, 개 감기, 개 파보장염, 렙토스피라	• 생후 6주부터 2~4주 간격으로 5회 접종 • 이 후 매 년 1회 보강접종
코로나 장염	Canine corona virus	• 생후 6주부터 2~4주 간격으로 2~3회 접종 • 이 후 매 년 1회 보강접종
켄넬코프	*Boardetella brochiceptica* Parainfluenza virus	• 생후 8주부터 2~4주 간격으로 2~3회 접종 • 이 후 매 년 1회 보강접종
광견병	Rabies virus	• 생후 3~4개월령 1회 접종 • 이 후 6개월 마다 보강접종

② 고양이 예방접종의 종류와 접종 프로그램
- 고양이 예방접종 종류
  고양이 종합백신 국내에서 3종 백신이 주로 사용되며, 4종 백신 또한 일부 이용되고 있다.

1. 3종 종합 백신
   고양이 범백혈구감소증(Feline panleukopenia virus, FPV)과 바이러스성 호흡기 질환으로 고양이 바이러스성 비기관염(Feline viralrhino tracheitis, FVR), 고양이 칼리시 바이러스 (Feline Calici virus, FCV)의 3개 병원체에 대한 예방
2. 4종 종합 백신
   3종 종합 백신 병원체 + 고양이 백혈병 바이러스(Feline leukemia virus)의 4개 병원체에 대한 예방
3. 단독 백신
   - 고양이 전염성 복막염 (Feline infectious peritonitis, FIP)
   - 고양이 광견병 : Rabies virus 예방
   - 클라미디아 : *Chlamydia pschittasi* 병원체 예방
   - 고양이 면역결핍 바이러스 (Feline immunodeficiency virus, FIV) : lentivius 일종

③ 고양이 예방접종 스케줄
- 고양이 백신은 생후 8주령부터 접종하는데, 종합백신은 흔히 3종 백신으로 「백혈구감소증(FPV)+바이러스성 호흡기질환(FVR, FCV)」의 3개 병원체에 대한 백신이 혼합되어 있는 제재를 많이 사용하며, 생후 8주부터 접종을 시작하여 3-4주 간격으로 3회를 실시한다.
- 이후 매 1년에 한 번 이상 추가접종을 해주며 종합백신 추가접종 시에는 고양이 백혈병 바이러스 검사를 필수적으로 해주어야 한다.
- 12주령에 고양이 백혈병 바이러스 백신 1차 접종, 16주령에 2차, 이후 1년에 1회 추가 접종한다.
- 고양이 전염성복막염과 고양이 광견병 예방주사는 생후 16주령에 1차 접종한 후 매년 추가 접종을 한다.
- 고양이의 기생충 감염은 때로 사람에게도 옮겨 질 수 있기 때문에 기생충 검사 후 건강상태에 따라 구충제를 먹여야 한다.

표 2-21 고양이 예방접종의 종류와 접종 프로그램

연 령	백 신 종 류
6~8주령	1차: 3종 종합백신 「백혈구감소증(FPV)+바이러스성 호흡기질환(FVR, FCV)」
12주령	2차: 3종 종합백신 「백혈구감소증(FPV)+바이러스성 호흡기질환(FVR, FCV)」 1차: 백혈병 (FeLV)
16주령	1차: 전염성복막염 (FIP), 광견병 (rabies) 2차: 백혈병 (FeLV) 3차: 3종 종합백신 「백혈구감소증(FPV)+바이러스성 호흡기질환(FVR, FCV)」
매년	3종 종합백신 「백혈구감소증(FPV)+바이러스성 호흡기질환(FVR, FCV)」, 백혈병, 광견병

* FPV: 고양이 백혈구감소증, FVR: 고양이 바이러스성 비기관염, FCV: 고양이 칼리시바이러스, FeLV: 고양이 백혈병, FIP: 고양이 전염성복막염

(4) 치료도우미동물의 위생 관리

동물매개치료는 엄격한 치료도우미동물의 선발과 훈련 과정을 거칠 뿐 아니라 위생 관리에 대한 지침을 따라 철저한 관리를 받아야 한다. 치료도우미동물들은 적절히 예방접종이 실시되어야하고 그에 따른 증명서를 첨부하여야 한다. 치료도우미동물 또한 예방접종 프로그램에 따라 최근 백신이 접종되어야 하고 질병이나 기생충이 없도록 철저한 관리가 필요하며, 동물매개치료 활동 전 24시간 안에 목욕을 시키도록 한다.

단원정리문제

문제 01 난이도 : 중급
반려견의 중성화 수술에 대한 설명으로 옳지 않은 것은?
① 수컷은 정소를 적출한다.
② 배뇨 행동 교정에 도움을 받는다.
③ 암컷은 난소를 적출한다.
④ 자궁축농증을 예방한다.

풀이 : 암컷의 중성화 수술은 난소와 자궁을 적출한다.

문제 02 난이도 : 중급
반려견에서 식욕부진, 다음, 체온 상승, 복부팽만 등의 증상을 보일 경우 의심되는 질병은?
① 유방암
② 자궁축농증
③ 항문낭염
④ 쿠싱증후군

풀이 : 식욕부진, 다음, 체온 상승, 복부팽만 등의 증상을 보일 경우 자궁축농증을 의심해 보아야 한다.

문제 03 난이도 : 중급
다음 반려견의 건강관리에 대한 설명으로 옳지 않은 것은?
① 개의 종합백신은 DHPPL이다.
② DHPPL에는 인수공통전염병이 없다.
③ 모기가 있는 계절에는 심장사상충을 예방해야 한다.
④ 광견병은 개 이외에 다른 동물에도 감염이 된다.

풀이 : 렙토스피라는 사람에 감염이 되는 인수공통전염병이다.

정답 1. ③ 2. ② 3. ②

문제 04 난이도 : 고급

다음 ( )에 적합한 내용을 순서대로 올바로 적은 것은?

( ) 바이러스는 포유류의 ( )를(을) 공격하며 매우 치명적인 질병이다. 모든 ( ) 동물이 감염이 일어날 수 있다.

① 페스트 - 말초신경 - 온혈
② 구제역 - 중추신경 - 포유
③ 구제역 - 말초신경 - 포유
④ 광견병 - 중추신경 - 온혈

풀이 : 광견병 바이러스는 뇌 손상으로 치명적이며 개를 비롯한 다른 포유동물에 감염이 유발된다.

문제 05 난이도 : 중급

쥐의 배설물을 통해 주로 감염되어 고열과 황달, 용혈, 간 장애, 신부전을 유발하는 질병으로 와일병으로도 불리어지는 세균성 인수공통전염성 질환은?

① 일본뇌염
② 황열
③ 렙토스피라병
④ 말레이사상충증

풀이 : 렙토스피라는 황달과 출혈을 유발하는 세균이다.

문제 06 난이도 : 중급

다음 중 반려견 종합백신 DHPPL에 포함되지 않는 병원체는?

① 개홍역
② 개코로나바이러스
③ 렙토스피라
④ 개파라인플라인자

풀이 : 개홍역, 개간염, 개파라인플루엔자, 개파보, 렙토스피라가 반려견 종합백신 DHPPL에 포함된다.

정답 4. ④ 5. ③ 6. ②

문제 07 난이도 : 중급
4주 미만의 어린 신생 강아지에 전신 출혈과 피부 수포를 유발하는 바이러스 질병의 명칭은?

① 개홍역
② 개파보바이러스
③ 렙토스피라
④ 개허피스바이러스

풀이 : 개허피스바이러스는 신생자견에 출혈로 집단 폐사를 유발한다.

문제 08 난이도 : 중급
반려견에 초유를 꼭 먹여야 하는 이유는?

① 필수 영양소
② 모체항원전달
③ 모체이행항체
④ 능동면역

풀이 : 초유에는 모체이행항체가 많이 들어 있다.

문제 09 난이도 : 중급
각각의 건강검진과 그 설명이 알맞지 않은 것은?

① 분변검사: 기생충검사, 원충검사, 세균검사
② 홍역/파보에 대한 면역항체 검사: 파보진단키트, 홍역진단키트
③ 일반검사: 신체검진, 구강검진, 안구검진, 귀검진
④ 혈액검사: 혈액정량분석, 간기능검사, 신장기능검사

풀이 : 면역항체 검사는 진단키트가 아닌 면역항체 검사로 진행된다.

문제 10 난이도 : 중급
항문 양 옆에 있는 개 특유의 냄새가 나는 곳은?

① 서비기관
② 요도구선
③ 응고선
④ 항문낭

풀이 : 항문낭은 항문 양 옆에 있는 기관으로 분변에 냄새가 난다.

정답 7. ④ 8. ③ 9. ② 10. ④

문제 11 난이도 : 중급

다음 고양이 질병에서 털이 문제가 되어 유발되는 질병은?

① 타우린결핍증
② 모구증
③ 모낭충
④ 개선충

풀이 : 모구증은 고양이가 털을 먹어서 위에 뭉쳐 생기는 질병이다.

문제 12 난이도 : 중급

다음 고양이 질병에서 고양이 파보바이러스가 감염되어 발생하는 질병은?

① 고양이 비기관염 바이러스 감염증
② 고양이 칼리시 바이러스 감염증
③ 고양이 백혈병 바이러스 감염증
④ 고양이 범백혈구 감소증

풀이 : 고양이 범백혈구 감소증은 고양이 파보바이러스가 감염되어 발생하는 질병이다.

문제 13 난이도 : 중급

다음 고양이 질병에서 고양이 코로나 바이러스가 감염되어 발생하는 질병은?

① 비기관염 바이러스 감염증
② 칼리시 바이러스 감염증
③ 백혈병 바이러스 감염증
④ 고양이 전염성 복막염

풀이 : 고양이 전염성 복막염은 고양이 코로나 바이러스가 감염되어 발생하는 질병이다.

문제 14 난이도 : 중급

다음 중 고양이 4종 종합백신에 포함되지 않는 것은?

① 비기관염 바이러스 감염증
② 칼리시 바이러스 감염증
③ 범백혈구 감소증
④ 고양이 전염성 복막염

풀이 : 고양이 전염성 복막염은 단독 백신으로 4종 종합백신에 들어가지 않는다.

정답 11. ② 12. ④ 13. ④ 14. ④

문제 15 난이도 : 중급
다음 중 임산부가 감염되면 유산되거나, 출산할 경우 기형아의 위험이 있는 병원체는?

① 콕시듐
② 톡소프라즈마
③ 데모덱스
④ 사상충

풀이 : 톡소플라즈마는 임산부가 감염되면 유산되거나, 출산할 경우 기형아의 위험이 있다.

문제 16 난이도 : 중급
고양이 홍역으로도 불리는 질병은?

① 고양이백혈병
② 고양이범백혈구감소증
③ 고양이면역결핍증
④ 고양이비기관염

풀이 : 고양이범백혈구감소증은 고양이 홍역 또는 고양이 장염으로 불리는 질병이다.

문제 17 난이도 : 중급
다음 중 모기에 의해 고양이와 개에서 옮겨지는 질병은?

① 콕시듐
② 톡소프라즈마
③ 데모덱스
④ 심장사상충

풀이 : 심장사상충은 개와 고양이에서 모기가 흡혈 시 옮기는 기생충성 질병이다.

문제 18 난이도 : 중급
다음 중 고양이의 기생충성 질병이 아닌 것은?

① 콕시듐
② 톡소프라즈마
③ 모구증
④ 심장사상충

풀이 : 모구증은 털을 핥아 먹은 털이 위장관 내에서 공처럼 뭉쳐 생기는 질병이다.

정답 15. ② 16. ② 17. ④ 18. ③

문제 19 난이도 : 중급
다음 중 고양이의 피부 기생충성 질병은?

① 톡소프라즈마
② 데모덱스
③ 모구증
④ 심장사상충

풀이 : 데모덱스는 모낭충이라 불리며 피부 모낭에 사는 기생충으로 고양이의 피부질환을 유발하고 사람에도 옮기는 질병이다.

문제 20 난이도 : 중급
다음 중 고양이의 질병 중 인수공통전염병이 아닌 것은?

① 톡소프라즈마
② 모낭충
③ 모구증
④ 개선충

풀이 : 모구증은 털을 핥아 먹은 털이 위장관 내에서 공처럼 뭉쳐 생기는 질병이다.

정답 19. ② 20. ③

VIII 치료도우미동물의 복지

1 치료도우미동물의 복지

(1) 동물의 복지

① 대부분의 동물들은 식량, 물, 기본적인 보호 등의 물리적인 필수조건 뿐만 아니라 가능하면 언제든지 제공되어야 할 사회적 그리고 행동적 욕구들을 가지고 있다. (Dawkins, 1988).
② 모든 치료도우미동물은 언제나 내담자의 어떤 학대나 위험으로부터 안전할 필요가 있다.
③ 하루 종일 AAA/T에 이용되는 동물은 실제 내담자와의 접촉을 피해 휴식을 가질 필요가 있다.
④ 치료도우미동물은 아프거나, 다치거나 병이 있어서는 안 된다. 모든 동물들은 반드시 예방접종을 해야 한다.
⑤ 동물이 아프거나, 스트레스를 받았거나 또는 지쳤을 때에는 프로그램에서 활동하지 않도록 하고 쉬도록 하면서 필요한 경우 의료 처리를 받아야 한다.

표 2-22 치료도우미동물을 위한 윤리적 환경

1	치료도우미동물로 이용되는 모든 동물들은 학대, 불편, 질병으로부터 신체적 정신적으로 보호되어야 한다.
2	동물에 대한 적절한 건강관리가 항상 제공되어야 한다.
3	치료도우미동물은 활동하는 장소에서 멀리 떨어진 곳에서 조용한 휴식을 취할 수 있는 장소가 있어야 한다.
4	내담자와의 상호작용으로 치료도우미동물의 역할을 다 할 수 있도록 동물의 능력을 유지하도록 해야 한다.
5	치료도우미동물의 학대 또는 심한 스트레스 상황은 특별한 경우를 제외하고는 용납되어서는 안 된다.

표 2-23 치료도우미동물에 대한 윤리적인 원칙

번호	상황	내용
1	인간 요구의 확인	내담자가 치료도우미동물에게 요구하는 것
		내담자가 동물과 함께하는 시간
		동물과 보내는 접촉하는 시간의 본질
2	동물의 가장 기본적인 요구 확인	적절한 관리, 애정, 조용한 휴식시간
3	인간과 동물의 요구 비교	가장 저항하기 어려운 인간의 요구 (예를 들어, 심각한 정신적 또는 신체적 상해)는 동물의 기본적인 요구들보다 우선시 되어져야 한다.

표 2-24 치료도우미동물에 대한 윤리적인 상황대처법

번호	상황	대처법
1	심한 스트레스	만약 내담자가 동물에게 과도하게 스트레스를 준다면 동물매개심리상담사는 그 세션이나 상호작용을 일시 중지시켜야 한다.
2	휴식시간	치료도우미동물을 이용하는 동물매개심리상담사들은 동물에게 하루에 여러 번씩 "휴식시간"을 제공해야 한다.
3	노령화와 스트레스	나이든 동물들과 엄청난 스트레스에 직면한 동물들은 그들의 서비스 규모를 줄이거나 완전히 제거해야 한다.
4	치료도우미동물에 대한 학대	그것이 의도적이든 부주의에 의한 것이든 내담자가 치료도우미동물을 학대의 대상으로 삼는 환경에서 비록 그것이 그 동물과 내담자와의 관계 단절을 의미한다고 하더라도 동물의 기본적인 요구들은 존중되어야 한다.
		동물매개심리상담사가 보기에 내담자가 동물을 학대할 가능성이 있다고 의심되는 경우라면 동물의 복지와 권리를 보호하도록 예방책을 취해야 한다.
		스트레스나 학대의 어떤 증거이든 명확해졌을 때 동물매개심리상담사는 동물의 내담자와의 관계를 종료시켜야 한다.

2 치료도우미동물의 복지 평가

(1) 치료도우미동물들의 돌봄과 중개를 위한 윤리 지침

1) **치료도우미동물 사용을 위한 기본 윤리 원칙**
   ① 동물매개치료 활동에 이용되는 모든 동물들은 신체적과 정식적 둘 다에서 학대, 불편, 스트레스로부터 자유로워져야 한다.
   ② 항상 적절한 건강유지를 위한 수의학적 예방과 치료 서비스가 치료도우미 동물에 제공되어야 한다.
   ③ 모든 동물들은 활동이 끝나면 조용한 장소에서 휴식을 취할 수 있어야만 한다. 모든 활동에 포함된 도우미동물들을 위한 질병 예방 및 건강 증진 프로그램에 실시되어야 한다.
   ④ 대상자들과의 상호반응은 치료 매체로서 유용하게 활동할 수 있도록 치료도우미동물들의 능력을 유지하는 프로그램으로 짜야한다.
   ⑤ 치료도우미 동물을 위한 학대와 스트레스 상황은 허용되면 안 된다.

2) **치료도우미동물들을 고려하는 윤리적 결정을 내리는 과정**
   ① 사람의 필요내용들을 정하기
   대상자가 치료도우미동물로부터 무엇을 필요로 하는지 확인한다.
   얼마나 자주 대상자가 치료도우미동물과 시간을 보내는 것의 필요를 확인한다.
   치료도우미동물과의 접촉상태와 시간보내기에 대한 대상자의 필요를 명확히 한다.
   ② 치료도우미동물의 필요내용들을 정하기
   - 적절한 돌봄
   - 애정
   - 조용한 휴식 시간
   ③ 사람 대상자와 치료도우미동물의 필요를 비교하기
   사람 대상자와 치료도우미동물의 필요가 서로 부딪힐 때, 치료도우미동물의 필요를 존중하는 것을 원칙으로 한다. 예외적으로 절대적으로 긴급한 사람 대상자의 필요 내용만인 치료도우미동물의 기본적 필요 요소들 보다 우선권을 가질 수 있다. 예를 들어 심각한 정신적 또는 신체적 손상을 극복하는 프로그램 등이 있다.

3) **치료도우미동물을 고려하는 윤리적 결정을 내리는 과정의 영향**
   ① 만약 동물매개치료에 의한 중개활동이 치료도우미동물에 스트레스를 주는 상황

이면, 프로그램 과정 또는 중개활동이 중단되어야 한다.
② 치료도우미동물을 이용하는 동물매개심리상담사는 하루에 여러 도우미 동물을 위한 휴식을 제공하여야만 한다.
③ 나이든 동물 또는 많은 양의 스트레스에 노출된 동물들은 그들의 활동을 줄이거나 활동 강도를 낮추어야만 한다. 이에 해당되는 동물들은 은퇴를 고려하여 적절한 시기를 판단하여야 한다.
④ 의식적이든 무의식적이든 대상자가 치료도우미동물을 학대하는 경우라면 비록 이러한 경우가 대상자와 치료도우미 동물의 관계를 종료시키는 경우라 하더라도 치료도우미 동물의 기본적 필요가 고려되어져야만 한다.
⑤ 치료도우미 동물에 대한 스트레스와 학대가 명백하다면 동물매개심리상담사는 대상자와 동물 관계를 반드시 종료시켜야 한다.
⑥ 치료도우미 동물을 심각하게 학대하는 대상자는 치료도우미동물의 보조와 도움 능력을 떨어뜨릴지 모른다.

4) 동물매개치료 과정에서 동물복지 향상을 위한 권장 사항
① 치료도우미동물을 선택하고 육성하는 과정은 변화된 환경에 적응하고 극복하는데 스트레스를 받지 않도록 배려가 필요하며, 잘 계획된 교육을 제공하여야 한다.
② 치료도우미동물을 양육하고 훈련하는 과정 동안 발생할 수 있는 주인으로부터 핸들러에게 보내지게 됨에 따라 느끼게 되는 사회적 유대감의 붕괴를 미리 예측하고 이러한 스트레스를 경감시킬 수 있는 사전 배려가 있어야 한다.
③ 야생동물 재활프로그램과 같은 예외적 상황 이외에는 길들여지지 않은 동물들은 동물매개치료 프로그램 활동에 사용하지 않는다.
④ 치료도우미동물은 임무를 수행하도록 적절히 준비되어질 수 있도록 발육단계에서부터 환경과 교육에 주의를 기울여야만 한다.
⑤ 치료도우미동물의 훈련을 위해 단시간적 훈련 방법이 아닌 동물복지 관점에서의 방법이 개발되어 적용되어야 한다.
⑥ 동물매개치료 프로그램에 동물 친화적 장비와 동물시설이 계획되어지고 구축되어야 한다.

단원정리문제

문제 01 난이도 : 중급

동물의 5대 자유와 관계없는 것은?

① 배고픔과 갈증으로부터의 자유
② 공포와 고통으로부터의 자유
③ 정상적인 행동 표현의 자유
④ 구속으로부터 자유

풀이 : 동물의 5대 자유는 배고픔과 갈증으로부터의 자유, 불안으로부터의 자유, 통증, 부상 또는 질병으로부터의 자유, 정상적인 행동 표현의 자유, 공포와 고통으로부터의 자유이다.

문제 02 난이도 : 중급

동물매개치료 활동에서 고려해야 할 동물복지 가이드라인으로 옳지 않은 것은?

① 가장 중요한 것은 치료도우미동물의 복지 상태를 고려하는 것이다.
② 목표한 효과를 얻기 위해 대상자의 요구가 가장 먼저 되어야 한다.
③ 스트레스가 나타나면 즉시 활동을 중단한다.
④ 활동시간은 45분 전후가 가장 적합하다.

풀이 : 동물매개치료 활동에서 가장 중요한 것은 치료도우미동물의 복지 상태를 고려하는 것이다.

문제 03 난이도 : 중급

개의 부정적 행동이 아닌 것은?

① 꼬리를 위로 향하고 크게 흔든다.
② 귀를 앞으로 세운다.
③ 털을 엉덩이부터 목까지 세운다.
④ 입술은 올라가며 입을 벌린다.

풀이 : 꼬리를 위로 향하고 크게 흔드는 행동은 긍정적 행동이다.

문제 04 난이도 : 중급

치료도우미견이 스트레스를 받았을 때 나타나는 현상이 아닌 것은?

① 팬팅
② 침흘림
③ 동공이 작아짐
④ 입술 핥기

풀이 : 스트레스를 받으면 동공이 커짐

정답 1. ④ 2. ② 3. ① 4. ③

문제 05 난이도 : 기본

인간이 동물에 미치는 고통이나 스트레스 등의 고통을 최소화하며, 동물의 심리적 행복을 실현하는 것을 무엇이라 하는가?

① 동물권
② 동물복지
③ 동물윤리
④ 동물자유

풀이 : 동물복지는 동물이 건강하고, 안락하며, 좋은 영양 및 안전한 상황에서 본래의 습성을 표현할 수 있으며, 고통, 두려움, 괴롭힘 등의 나쁜 상태를 겪지 않는 것으로 정의할 수 있다.

문제 06 난이도 : 기본

인간권에 대한 인식을 바탕으로 그 개념을 동물에 확대시킨 것을 무엇이라 하는가?

① 동물권
② 동물복지
③ 동물윤리
④ 동물자유

풀이 : 동물권(동물권리, Animal Rights)은 동물의 권익을 지칭한다. 단순히 고통을 피할 수 있는 권리 역시도 동물권에 해당하며 인간권에 대한 인식을 바탕으로 그 권리 개념을 동물에 확대시킨 것이다.

문제 07 난이도 : 고급

동물복지에 대한 다음 설명 중 옳지 않은 것은?

① 서양의 동물복지 개념은 철학자들에 의해 정립되었다.
② 세계 최초의 동물보호 관련 법은 영국에서 마련되었다.
③ 동양은 서양 보다 동물복지에 대한 개념이 늦게 확산되었다.
④ 한국에서는 '동물보호법'이 제정되어 시행되고 있다.

풀이 : 동양은 불교의 윤회사상으로 동물에 대한 생명존중과 동물복지가 서양 보다 일찍 정립되었다.

정답 5. ② 6. ① 7. ③

문제 08 난이도 : 고급
동물의 5대 자유에 해당되지 않는 것은?

① 부상 또는 질병으로부터의 자유
② 번식과 양육의 자유
③ 불안으로부터의 자유
④ 정상적인 행동 표현의 자유

풀이 : 동물의 5대 자유는 배고픔과 갈증으로부터의 자유, 불안으로부터의 자유, 통증, 부상 또는 질병으로부터의 자유, 정상적인 행동 표현의 자유, 공포와 고통으로부터의 자유를 말한다.

문제 09 난이도 : 고급
동물이 충분한 공간, 적절한 시설 그리고 동물 자신들끼리의 어울림을 준비할 수 있는 권리는 다음 중 어느 것인가?

① 부상 또는 질병으로부터의 자유
② 공포와 고통으로부터의 자유
③ 불안으로부터의 자유
④ 정상적인 행동 표현의 자유

풀이 : 정상적인 행동 표현의 자유는 동물이 충분한 공간, 적절한 시설 그리고 동물 자신들끼리의 어울림을 준비할 수 있는 권리를 말한다.

문제 10 난이도 : 고급
동물보호법의 1장에 있는 동물보호의 기본원칙의 조항에 들어 있지 않은 항목은?

① 동물이 양육의 어려움으로부터 자유롭도록 할 것
② 동물이 갈증 및 굶주림을 겪거나 영양이 결핍되지 아니하도록 할 것
③ 동물이 정상적인 행동을 표현할 수 있고 불편함을 겪지 아니하도록 할 것
④ 동물이 공포와 스트레스를 받지 아니하도록 할 것

풀이 : 동물보호법의 1장에는 동물이 본래의 습성과 신체의 원형을 유지하면서 정상적으로 살 수 있도록 할 것, 동물이 갈증 및 굶주림을 겪거나 영양이 결핍되지 아니하도록 할 것, 동물이 정상적인 행동을 표현할 수 있고 불편함을 겪지 아니하도록 할 것, 동물이 고통·상해 및 질병으로부터 자유롭도록 할 것, 동물이 공포와 스트레스를 받지 아니하도록 할 것이 포함되어 있다.

정답 8. ② 9. ④ 10. ①

문제 11 난이도: 고급
동물보호법의 2장에 있는 적정한 사육·관리 조항에 들어 있지 않은 항목은?

① 동물에게 적합한 사료와 물을 공급하고, 운동·휴식 및 수면이 보장되도록 노력하여야 한다.
② 동물이 번식과 양육이 자유롭게 필요한 조치를 하도록 노력하여야 한다.
③ 동물이 질병에 걸리거나 부상당한 경우에는 신속하게 치료하거나 그 밖에 필요한 조치를 하도록 노력하여야 한다.
④ 동물을 관리하거나 다른 장소로 옮긴 경우에는 그 동물이 새로운 환경에 적응하는 데에 필요한 조치를 하도록 노력하여야 한다.

풀이 : 동물보호법의 2장에 있는 적정한 사육·관리 조항으로 소유자 등은 동물에게 적합한 사료와 물을 공급하고, 운동·휴식 및 수면이 보장되도록 노력하여야 한다. 소유자 등은 동물이 질병에 걸리거나 부상당한 경우에는 신속하게 치료하거나 그밖에 필요한 조치를 하도록 노력하여야 한다. 소유자 등은 동물을 관리하거나 다른 장소로 옮긴 경우에는 그 동물이 새로운 환경에 적응하는 데에 필요한 조치를 하도록 노력하여야 한다.

문제 12 난이도: 중급
동물보호법에서 지정한 맹견의 품종에 해당되지 않는 것은?

① 도사
② 아메리칸 핏불 테리어
③ 아프간 하운드
④ 로트와일러

풀이 : 동물보호법에 따르면 도사견과 아메리칸 핏불 테리어, 스태퍼드셔 불테리어, 로트와일러를 포함한다.

문제 13 난이도: 중급
동물매개치료 수행 과정에서 가장 우선시 되어야 하는 항목은?

① 치료 목표
② 대상자 의견
③ 치료도우미동물의 훈련
④ 동물복지

풀이 : 동물매개치료 수행 과정에서 가장 우선시 되어야 하는 항목은 동물복지이다.

정답 11. ② 12. ③ 13. ④

문제 14 난이도 : 중급
다음 중 치료도우미동물을 위한 윤리적 결정 내리기 과정의 고려사항이 아닌 것은?

① 심한 스트레스
② 노령화에 따른 신체 기능 약화
③ 치료도우미동물에 대한 학대
④ 맛있는 간식주기

풀이 : 치료도우미동물을 위한 윤리적 결정 내리기 과정의 고려사항은 스트레스와 학대 등 동물복지 침해 요소와 노령화 등의 신체 기능에 대한 고려와 같이 동물복지적 측면이다.

문제 15 난이도 : 중급
다음 중 치료도우미동물을 위한 윤리적 환경 요소에 해당되지 않는 것은?

① 감정이입이 좋은 대상자와 활동이 계획되어야 한다.
② 적절한 건강관리가 항상 제공되어야 한다.
③ 휴식을 취할 수 있는 장소가 있어야 한다.
④ 학대와 같은 심한 스트레스 상황은 어떠한 경우도 용납되어서는 안 된다.

풀이 : 치료도우미동물을 위한 윤리적 환경은 건강관리 제공, 휴식, 스트레스 예방과 같은 것이다.

문제 16 난이도 : 중급
다음 중 치료도우미동물을 위한 윤리적 결정에 해당되지 않는 것은?

① 학대가 발생되면 활동은 중단되어야 한다.
② 동물의 기본적인 요구들이 존중되어야 한다.
③ 목표한 성과 달성을 위해 대상자 입장에서 활동이 진행되어야 한다.
④ 동물의 복지와 권리를 보호하도록 예방 대책을 취해야 한다.

풀이 : 치료도우미동물을 위한 윤리적 결정은 치료도우미동물의 스트레스나 학대 환경에서 활동이 중단되는 것을 기본으로 하고 있다.

정답 14. ④ 15. ① 16. ③

문제 17 　난이도: 중급
다음 중 치료도우미동물의 돌봄과 관리에 대한 윤리적 원칙에 해당되지 않는 것은?

① 활동을 하지 않는 시간에는 조용하고 안락한 장소에서 휴식을 취할 수 있어야 한다.
② 신체적이나 정신적 스트레스 받는 것으로부터 자유로워야 한다.
③ 수의사에 의해 모든 동물들의 질병 예방 관리가 수행 되어야 한다.
④ 집중도를 높이기 위해 환경을 수시로 바꾸어 주어야 한다.

풀이 : 환경이 자주 바뀌면 치료도우미동물이 스트레스를 받을 수 있다.

17. ④

MEMO

Chapter 03 발달심리

- I. 유아기 발달심리 ·········· 144
- II. 아동기 발달심리 ·········· 160
- III. 청소년기 발달심리 ·········· 172
- IV. 중년기 발달심리 ·········· 193
- V. 노년기 발달심리 ·········· 211

I 유아기 발달심리

1 신체발달

(1) 신체적 성장
유아기의 중대 변화는 뇌와 신경계의 성숙이다. 뇌와 신경계의 성숙으로 유아는 새로운 운동기술과 인지능력을 발달시키게 된다.

1) 신장과 체중의 증가
유아기에도 신장과 체중이 꾸준히 증가한다. 유아기의 신장과 체중에 영향을 미치는 요인 중 가장 영향력 있는 것은 유전적 배경, 영양, 건강관리 등이다(Meredith, 1978).

2) 신체비율의 변화
유아기에는 하체가 길어지면서 가늘어진다. 전체적으로 통통하던 영아의 모습에서 길고 홀쭉한 모습으로 변한다.

3) 골격의 성장
유아의 신체적 성숙도를 측정하는데 가장 좋은 방법은 신체골격의 발달수준을 나타내는 골연령(skeletal age)을 이용하는 것이다.

(2) 뇌의 성장
유아기의 중요한 신체발달 중 하나는 뇌와 신경계의 계속적 성장이다. 유아기 동안의 뇌 크기 증가는 수초화(髓鞘化)와 시냅스 밀도의 증가로 인한 것이다.

(3) 운동기능의 발달

1) 대근육 운동
① 걷기와 달리기 : 영아는 첫돌을 전후해서 걷기 시작하고, 2~3세 사이에는 달리기 시작한다(Cratty, 1986). 3세에는 잘 달리지만 달리면서 방향을 바꾸지는 못한다. 4세에는 직선보다 걷기 어려운 곡선 위를 걸을 수 있다.

② 뛰기 : 2세 이전에는 한쪽 발로 뛸 수 있고, 2세에는 두 발로 잠깐 뛸 수 있다.
③ 계단 오르내리기 : 영아가 걸을 수 있으면 바로 계단을 오를 수 있다. 4세 전에는 발을 번갈아 가면서 계단을 내려오지 못한다.
④ 공 던지기 : 영아기에 공 던질 때 두 손을 사용하고, 유아기에 와서는 한 손으로 던질 수 있다. 공 던지기 기술은 연령이 증가하면서 발달한다.
⑤ 공받기 : 공받기 기술도 유아기에 습득된다.

2) 소근육 운동
① 유아기는 눈과 손의 협응과 소근육 통제도 급속히 발달하므로 손의 사용이 더 정교해진다.
② 3세 유아는 엄지와 검지로 매우 작은 물체를 잡을 수 있지만 아직 서투르며 원, 정사각형, 직사각형, 삼각형, 십자모양, X자 모양을 그릴 수 있다.
③ 4세 유아는 소근육 운동기술이 상당히 발달하여 블록으로 탑을 높이 쌓을 수 있다. 구두끈을 맬 수도 있고, 선을 따라 가위로 오릴 수 있다.
④ 5세 유아는 블록으로 탑을 쌓는 단순한 놀이에는 관심이 없다. 종이를 반으로 또는 1/4 로 접을 수 있고, 글자나 숫자를 베낄 수 있고 크레용으로 색칠할 수 있다.
⑤ 소근육의 대표적인 운동기술이 그림그리기이다.

2 유아기의 인지발달

(1) 유아기 사고의 특성

1) 전개념적 사고기(전조작기)
① 상징적 사고 : Piaget(1962)는 전조작기의 가장 중요한 인지적 성취는 상징적 사고(symbolic thought)의 출현이라고 한다.
② 자기중심적 사고 : 자기중심적 사고(egocentric thought)는 타인의 관점을 고려하지 못하기 때문이다.
③ 물활론적 사고 : 생명이 없는 대상에게 생명과 감정을 부여하는 사고를 한다.
④ 인공론적 사고 : 유아는 자기중심적 사고의 특성으로 인해, 사물이나 자연현상이 자신을 위해 존재한다고 생각한다.
⑤ 전환적 추론 : 전환적 추론의 특징은 한 특정 사건으로부터 다른 특정 사건을 추론하는 것이다.

2) 직관적 사고기
   ① 보존개념 : 보존개념(conservation)은 어떤 대상의 외양이 바뀌어도 그 속성이 바뀌지 않음을 이해하는 능력이다. Piaget에 의하면 전조작기에는 보존개념이 획득되지 않는다고 한다.
   ② 유목포함 : 유목화라고 하며, 유목포함(class inclusion)이라고도 한다. 전체와 부분의 관계를 이해하는 능력이다. 유아기에는 사건이나 사물을 일정한 규칙에 따라 분류하지 못한다.
   ③ 서열화 : 유아에게 길이가 다른 여러 개의 막대기를 주고 길이가 짧은 것부터 순서대로 나열해 보라고 하면 차례대로 나열하지 못한다.

3) 유아기의 기억발달
   유아기에는 영아기에 비해 기억능력이 크게 발달하는데, 여기에는 네 가지 요인이 작용한다(Shaffer, 1999). 첫째, 정보를 저장할 저장 공간의 크기, 둘째, 정보를 체계적으로 저장 인출할 수 있는 기억전략(memory strategy)의 발달, 셋째, 기억과 기억과정에 대한 지식인 상위기억(metamemory)의 발달, 넷째, 연령증가에 따른 지식기반(knowledge base)의 확대이다.

3 유아기의 언어발달

(1) 단어와 문장의 발달

1) 단어 수의 증가
   유아가 사용하는 단어 수는 빠른 속도로 증가하는데, 이는 유아의 인지적 성숙으로 인해 사물을 범주화하는 능력의 발달과 관련된다(Goldfield & Reznick, 1990).

2) 단어의 의미 이해하기
   유아가 처음 듣는 단어의 의미를 어떻게 습득하는가는 아직 완전히 밝혀지지 않았지만, 상당히 어린 시기부터 사회적·맥락적 단서를 활용하는 것으로 보인다. 유아가 새로운 단어의 의미를 습득하는 방법 중 하나는, 짧은 순간에 어떤 단어를 한 번만 듣고도 그 단어의 의미를 습득하는 '신속표상대응(fast mapping)'이라는 과정을 통해서 습득하는 방법이다(Carey, 1977; Heiback & Markman, 1987).

3) 문장의 발달
   유아 연령증가에 따라 언어사용이나 이해가 더 증가한다. 한 단어의 문장을 거쳐,

전문식(telegraphic)형태를 보이는 두 단어의 문장을 사용한 후, 2~3세경이 되면 세 단어 이상으로 문장을 만들 수 있다. 유아가 문법적 형태소를 획득하면 전문식 표현이 감소하고 말의 길이가 점차 길어진다.

4) 의사소통 기술의 발달

유아기에는 단어 획득, 문법 숙달로 의사소통이 보다 효율적으로 이루어지나 아직 사고의 자기중심성 때문에 언어도 자기중심적인 특성을 갖는다. 유아의 의사소통 능력에는 여전히 한계가 있으나 효율적인 의사소통을 위해서는 물리적·사회적 맥락에 적절한 언어를 사용하는 방법을 습득, 다른 사람의 말을 잘 듣고 모호한 부분은 분명히 알 때까지 물어볼 수 있는 청자(listener)의 능력도 습득해야 한다.

4 유아기의 사회·정서발달

(1) 정서의 발달

1) 정서이해 능력의 발달

유아기가 되면 정서표현에 대해 많은 것을 이해하게 된다. 정서를 표현하는 단어를 사용하고, 이해하는 능력이 급속도로 증가하며 행복과 같은 긍정적 정서를 더 쉽게 이해한다. 유아는 아직 사물의 실제 모습과 겉으로 보이는 모습의 차이를 이해 하지 못하기 때문에, 느끼는 정서와 표현하는 정서를 구별하지 못한다.

2) 정서규제 능력의 발달

정서규제 능력은 정서표현을 통제하는 능력인데 유아기에 크게 증가한다. 정서규제의 중요한 측면은 좌절에 대한 참을성(tolerance for frustration)이다. 이 능력은 2세 경에 나타나기 시작해서 유아기에 극적으로 증가한다. 좌절에 대한 참을성은 만족지연(delay of gratification)에서도 나타난다. 만족지연은 지금 바로 보상을 받는 것보다 만족을 지연시켜 나중에 더 큰 보상을 받는 것을 말한다.

3) 놀이

유아의 하루는 놀이의 연속이며, 모든 활동이 놀이가 된다. 놀이는 유아의 생활이며 여러 지식 획득의 수단으로 성장 발달에 영향을 미치는 중요한 활동이다. 놀이는 또래관계를 확장시키고 신체발달을 돕는다.

(2) 성 역할 발달

사회가 각 성에 적합한 것으로 규정한 행동이나 태도를 자신의 것으로 내면화시키는 것을 성유형화라고 하며, 이를 통해 우리는 자신의 성에 적합한 성 역할 개념을 습득하게 된다. 한 개인이 그가 속해 있는 사회가 규정하는 성에 적합한 행동, 태도 및 가치관을 습득하는 과정을 성역할 사회화라 한다.

(3) 사회화와 가족의 영향

사회화란 개인이 자기가 속해 있는 사회집단에 적합하다고 생각되는 행동양식을 습득하는 과정을 말한다. 가족은 개인의 사회화에 가장 영향력 있는 집단이며, 부모는 아동이 세상에 태어나서 최초로 관계 하는 대상이며, 형제는 아동이 출생 후 처음으로 경험하는 또래집단이자 가장 오랫동안 개인의 사회화에 영향을 미치는 중요한 인물이다.

1) 부모의 양육행동

표 3-1 부모의 유형과 아동의 사회적 행동

부모유형	특 성	아동의 사회적 행동
권위적 부모	애정적·반응적이고 자녀와 항상 대화를 갖는다. 자녀의 독립심을 격려하고 훈육 시 논리적 설명을 한다.	책임감, 자신감, 사회성이 높다.
권위주의적 부모	엄격한 통제와 설정해 놓은 규칙을 따르도록 강요한다. 훈육 시 체벌을 사용하고 논리적 설명을 하지 않는다.	비효율적 대인관계, 사회성 부족, 의존적, 복종적, 반항적 성격
허용적 부모	애정적·반응적이나 자녀에 대한 통제가 거의 없다. 일관성 없는 훈육을 한다.	자신감 있고 적응을 잘하나, 규율을 무시하고 제멋대로 행동한다.
무관심한 부모	애정이 없고, 냉담하고, 엄격하지도 않으며, 무관심하다.	독립심이 없고 통제력이 부족하다. 문제행동을 많이 보인다.

2) 형제자매

형제관계는 부모-자녀 관계에 비해 상호적이며 보다 평등한 관계이다. 형제간의 상호작용은 또래집단 간의 상호작용과 상당히 유사하여, 빈번한 상호작용이 있고, 솔직한 정서표현, 상호간의 관심과 애착의 증거를 볼 수 있다.

3) 출생순위

맏이는 부모로부터 가장 많은 기대와 관심 속에 성장하고, 지적 자극이나 경제적 투자도 가장 많다. 그 결과 맏이는 이후에 태어나는 아이에 비해 성취 지향적이며, 인지발달이나 창의성이 뛰어나고, 친구들 간에 인기가 높다.

둘째는 출생 후 손위 형제의 존재로 인해 무력감과 좌절감을 느끼게 된다. 자신보다 우월한 형의 존재는 경쟁심을 유발시켜, 그 결과보다 사교적이며 손위형제와는 다른 특성을 보임으로써 자신의 위치를 확보하려 한다.

막내는 불리한 위치에서 출생하지만 폭군이 될 수도 있다. 애교를 부리거나, 약하고, 귀엽고, 겁 많게 보임으로써 자신의 위치를 이용하여 모든 가족구성원에게 자기를 시중 들도록 요구할 수 있다.

외동이의 성격특성은 종종 부정적인 측면에서 부각되고 있다. 하지만 지적능력이나 성취동기, 사교성 등에서 맏이와 유사한 성격특성을 갖는다. 독자인 경우 성인과 같은 행동특성을 보인다.

4) 조부모

조부모와 함께 사는 아이들은 폭넓은 인간관계로 애착 형성이 다양해지고 사회성도 발달한다.

(4) 가족구조의 변화

1) 이혼가정의 자녀

부모 이혼 후 어머니와 함께 사는 남아의 경우, 남성모델 부재로 고통을 당한다. 결과적으로 학교에서는 적응을 잘 못하고 비행을 저지른다. 여아의 경우, 어머니의 존재와 지원 때문에 이혼에 적응을 잘하는 편이나 항상 그런 것은 아니다. 어머니와 갈등이 있는 경우 학교생활을 잘 못하고 더 오랫동안 분노를 경험한다. 이는 주로 아버지를 향한 분노이다.

2) 편부모 가정의 자녀

편모 가족의 가장 큰 어려움은 경제적 곤란이다. 때로는 자녀들이 경제적 책임을 지고 일을 해야 하는 경우도 있으나 자녀들이 가족의 의사결정에 적극 참여하고, 독립심이 증가된다. 아들이 딸보다 적응을 못하고 반사회적 행동을 하기 쉽다.

3) 재혼가정의 자녀

계부모 가족은 아이와 어른 모두가 경험한 죽음, 이혼의 결과에서 비롯된 상실로 인해 받는 스트레스가 있는데 그 스트레스는 믿고 사랑하는 것을 두려워하게 만든다. 이전의 친부모와의 유대가, 혹은 헤어진 부모나 죽은 부모에 대한 충성심이 계부모와의 유대를 형성하는 데 방해가 될 수 있다.

4) 맞벌이 가정의 자녀

맞벌이 부부의 장점은 경제적인 것이다. 남편과 아내가 동등한 관계를 유지함으로써 여성의 자아존중감과 통합감이 증진된다. 맞벌이 부부의 단점은 시간과 에너지 부족, 일과 가족역할 간의 갈등, 자녀양육문제 등이다.

단원정리문제

문제 01 난이도 : 기본
다음 중 보기의 내용과 연관된 발달의 원리에 해당하는 것은?

> 인간을 비롯한 동물은 보통 머리가 먼저 발달하고, 꼬리나 사지는 나중에 발달한다.

① 발달에는 개별성 혹은 개인차가 있다.
② 발달에는 일정한 순서와 방향성이 있다.
③ 발달은 연속적이고 점진적인 과정이다.
④ 발달은 통합되어 상호관련성을 가진다.

풀이 : 발달에는 일정한 순서와 방향성이 있다는 것은 위에서 아래로, 중심이나 중추에서 말초나 모세혈관 쪽으로 방향성을 가지며 발달한다는 뜻이다.

문제 02 난이도 : 기본
다음 중 아동기 사고 중 전 개념적 사고에 해당하지 않는 것은?

① 상징적 사고   ② 자기중심적 사고
③ 물활론적 사고 ④ 추상적 사고

풀이 : 추상적 사고는 청소년기에 해당된다.

문제 03 난이도 : 기본
다음 프로이트의 발달단계 중 오이디푸스·엘렉트라 콤플렉스와 관련된 것은?

① 구강기   ② 항문기
③ 남근기   ④ 잠복기

풀이 : 남근기(3~6세)에 남아는 오이디푸스 콤플렉스(거세불안), 여아는 엘렉트라 콤플렉스(남근선망)를 경험한다.

문제 04 난이도 : 중급
다음 중 학령전기(4~6세) 아동의 발달특성에 대한 설명으로 옳지 않은 것은?

① 자신의 성역할을 인식한다.
② 자신과 타인을 구분할 수 있지만 타인의 관점을 고려할 수 없다.
③ 자신을 돌봐주는 사람과 사회적 애착을 확립하기 시작한다.
④ 피아제의 전조작기 중 직관적 사고단계에 해당한다.

풀이 : 사회적 애착이 형성되는 시기는 영아기이다. 영아기 부모와의 긍정적인 애착형성은 이후 사회적 관계형성능력의 기초가 된다.

정답 1. ② 2. ④ 3. ③ 4. ③

문제 05 난이도 : 기본
다음 중 가족구조의 변화에 대한 설명 중 옳지 않는 것은?

① 이혼 가정의 자녀 – 부모 이혼 후 어머니와 함께 사는 남아의 경우 남성적 롤모델 부재로 고통을 당한다.
② 편모 가정의 자녀 – 편모 가족의 가장 큰 어려움은 경제적 곤란이다.
③ 재혼 가정의 자녀 – 헤어진 부모나 죽은 부모에 대한 충성심이 계부모와의 유대를 형성하는데도 도움이 된다.
④ 맞벌이 가정의 자녀 – 맞벌이 부부의 가장 큰 장점은 경제적인 것이다.

풀이 : 재혼 가정의 자녀 – 헤어진 부모나 죽은 부모에 대한 충성심이 계부모와의 유대를 형성하는데 방해가 될 수 있다.

문제 06 난이도 : 기본
유아기 발달의 신체적 성장에 대한 설명이 아닌 것은?

① 신장과 체중이 꾸준히 증가한다.
② 유아기에는 영아기 보다 성장 속도가 둔화된다.
③ 두미발달 원칙에 의해 뇌와 머리 크기는 신체의 다른 부분보다 더 빨리 성장한다.
④ 유아의 신체적 성숙도를 측정하는데 가장 좋은 방법은 신체골격의 발달수준을 나타내는 골연령(skeletal age)을 이용하는 것이다.

풀이 : 아동기 발달의 뇌 성장에 대한 설명이고, 나머지는 신체적 성장에 대한 설명이다.

문제 07 난이도 : 기본
운동기능의 발달에 대한 설명으로 틀린 것은?

① 뛰기 : 2세 이전에는 한쪽 발로 뛸 수 있고, 2세에는 두 발로 잠깐 뛸 수 있다.
② 공받기 : 공받기 기술은 유아기에 습득한다.
③ 계단 오르내리기 : 영아가 걸을 수 있으면 바로 계단을 오를 수 있다.
④ 걷기와 달리기 : 영아는 첫돌을 전후해서 걷기 시작하고, 2~3세 사이에는 달리기 시작한다(Cratty, 1986).

풀이 : 공받기 – 공받기 기술도 아동기에 습득, 3단계에 걸쳐 발달한다.

정답 5. ③ 6. ③ 7. ②

chapter 03 발달심리 **153**

문제 08 난이도 : 기본
소근육 발달에 대한 설명으로 바른 것은?

① 3세 – 단순한 놀이에 관심 없다.
② 4세 – 소근육 운동기술이 상당히 발달한다.
③ 5세 – 엄지와 검지로 매우 작은 물체를 잡을 수 있다.
④ 소근육의 대표적 운동기술은 그림 그리기, 연령 변화는 뇌와 소근육이 성숙됨을 뜻한다.

풀이 : 소근육 운동
- 3세 유아는 엄지와 검지로 매우 작은 물체를 잡을 수 있지만 아직 서투르며 원, 정사각형, 직사각형, 삼각형, 십자모양, X자 모양 그릴 수 있다.
- 4세 유아는 소근육 운동기술이 상당히 발달한다(블록 탑 높이 쌓기/ 구두매기/ 선 따라 가위 오리기). 또 사람 그릴 때 눈은 큰 점으로, 다리는 막대 모양으로 그린다.
- 5세 유아는 단순한 놀이에 관심 없다(종이를 반, 1/4 로 접기/ 글자나 숫자 베끼기/ 크레용 색칠하기) 그림도 제법 잘 그린다.

문제 09 난이도 : 기본
다음은 무엇에 대한 설명인가?

> 타인의 관점을 고려하지 못하기 때문이다. 이것은 유아가 이기적이거나 일부러 배려 하지 않는 것이 아니라 사람의 관점을 이해하지 못함을 의미한다.

① 자기중심적 사고　　　　　② 전환적 추론
③ 보존개념　　　　　　　　④ 서열화

풀이 : 아동기 사고의 특성 중 전 개념적 사고기에서의 특징이다.

문제 10 난이도 : 기본
전조작기의 유아가 생물과 무생물을 구분하지 못하고 생명이 없는 대상에게 생명과 감정을 부여하는 사고를 무엇이라고 하는가?

① 상징적 사고　　　　　　② 전환적 추론
③ 인공론적 사고　　　　　④ 물활론적 사고

풀이 : '가위로 종이를 자르면 종이가 아프다'거나 '책꽂이에서 떨어진 책은 다른 책과 함께 있기가 싫어서 떨어졌다'고 믿는 등

정답 8. ② 9. ① 10. ④

문제 11 난이도: 기본
다음의 예는 어떤 것을 설명하는 예시인가?

> 어떤 아동은 "내가 동생을 미워해서 동생이 아프게 되었어요" 라고 생각한다.

① 상징적 사고 ② 전환적 추론
③ 인공론적 사고 ④ 물활론적 사고

풀이 : 인과개념은 어떤 현상의 원인과 결과 간의 관계 추론 능력이다. 성인의 추론은 귀납적이거나 연역적 추론을 한다. 전환적 추론의 특징은 한 특정 사건으로부터 다른 특정 사건을 추론하는 것이다. 어떤 두 가지 현상이 시간적으로 근접해서 발생하면 두 현상 간에 아무런 관계가 없는 데도 유아는 인과관계가 있는 것으로 생각한다.

문제 12 난이도: 중급
보존개념에 대한 설명으로 부적절한 것은?

① 이 개념은 모든 아이들이 비슷한 시기에 획득한다.
② 어떤 대상의 외양이 바뀌어도 그 속성이 바뀌지 않음을 이해하는 능력이다.
③ 수 보존개념은 5~6세이다.
④ 길이 보존개념은 6~7세이다.

풀이 : 보존개념(conservation)은 어떤 대상의 외양이 바뀌어도 그 속성이 바뀌지 않음을 이해하는 능력이다. 이 개념의 획득 연령은 과제 종류에 따라 다르다. 수 보존개념은 5~6세, 길이 보존개념은 6~7세, 무게, 액체, 질량, 면적의 보존개념은 7~8세, 부피 보존개념은 11~12세에 획득된다.

문제 13 난이도: 중급
다음은 기억전략 중 무엇에 대한 설명인가?

> 기억하려는 정보를 서로 관련 있는 것끼리 묶어 범주로 분류하여 기억의 효율성을 높이는 전략이다. 시연처럼 조직화의 초보 형태는 아동기에도 나타난다.

① 인출전략 ② 주의집중
③ 정교화 ④ 조직화

풀이 : 조직화란 기억하려는 정보를 서로 관련 있는 것끼리 묶어 범주로 분류하여 기억의 효율성을 높이는 전략이다. 시연처럼 조직화의 초보 형태는 아동기에도 나타난다. 아동기에 의미론적 조직화는 못한다. 집중인 훈련으로 유아에게 조직화를 가르칠 수 있으나 항상 성공적이지는 않다.

정답 11. ② 12. ① 13. ④

문제 14 난이도: 중급
이것을 사용하기 위해서는 기억할 항목을 이미지 형태로 전환해야 하고, 양자 간의 관계 설정해야 하므로 다른 전략에 비해 늦게 발달한다. 이것은 무엇인가?
① 인출전략 ② 주의집중
③ 정교화 ④ 조직화

풀이 : 11세 이전에는 정교화 전략을 사용하지 못한다.

문제 15 난이도: 기본
유아기의 사회 정서발달에 대한 설명으로 적절하지 않은 것은?
① 유아기는 대인관계의 폭이 넓어지고 다양해진다.
② 활동반경이 넓어지면서 인간상호관계에 따른 정서적 긴장이 나타난다.
③ 언어능력의 발달로 자기주장 관철을 위해 언어적 표현을 많이 한다.
④ 또래 친구는 유아의 사회성발달에 매우 중요한 역할을 한다.

풀이 : 놀이는 유아의 사회성발달에 매우 중요한 역할을 한다. 놀이를 통해 유아는 사회적 관계를 형성하고, 사회적 기술과 역할을 습득하게 된다. 유아가 최초로 맺는 인간관계는 부모와의 관계이다. 부모가 제공하는 환경은 유아의 신체적, 지적, 사회 정서적 발달에서 중심적 역할을 하게 된다.

문제 16 난이도: 중급
사회적 수준에 따른 놀이의 유형이 바르게 짝지어지지 않은 것은?
① 몰입되지 않은 놀이(unoccupied play): 영아는 놀고 있지 않은 것처럼 보이지만 주변 일에 흥미를 가지고 있으며, 주로 자신의 신체를 가지고 논다.
② 방관자적 놀이(on-looker behavior): 대부분의 시간을 다른 유아가 노는 것을 관찰하면서 보낸다.
③ 혼자놀이(solitary play): 곁에 있는 유아와 상호작용을 하기 보다는 혼자 장난감을 가지고 논다.
④ 평행놀이(parallel play): 둘 이상의 아동이 함께 공통적인 활동을 하고, 장난감을 빌리고 빌려주며 논다.

풀이 : 평행놀이(parallel play): 같은 공간에서 다른 유아와 상호간에 특별한 교류가 없고 이들과 가까워지려는 노력도 보이지 않는다.

정답 14. ③ 15. ④ 16. ④

문제 17 난이도 : 기본
인지발달이론 측면에서의 놀이에 대한 설명으로 부적절한 것은?

① 놀이는 새롭고 복잡한 사건이나 사물을 배우는 방법이다.
② 감각운동기에는 구성놀이를 주로 한다.
③ 놀이를 통해 새로운 개념이나 기술을 습득한다.
④ 구체적 조작기에는 규칙이 있는 게임을 주로 한다고 한다.

풀이 : 놀이는 새롭고 복잡한 사건이나 사물을 배우는 방법이다. 놀이는 아동 인지발달에 절대적 영향을 미친다. 놀이를 통해 새로운 개념이나 기술을 습득하고, 생각과 행동을 통합해 나아가며, 문제해결능력을 키울 수 있다. 감각운동기에는 기능놀이를 주로하고, 전조작기에는 구성놀이나 가상놀이를 주로 하고, 구체적 조작기에는 규칙이 있는 게임을 주로 한다고 한다.

문제 18 난이도 : 기본
성역할 발달에 대한 설명이다. 틀린 것은 무엇인가?

① 성에 적합한 행동, 태도 및 가치관을 습득하는 과정을 성역할 사회화라 한다.
② 이 과정을 통해 남성성 또는 여성성이 발달한다.
③ 동성의 부모와 동일시하려는 심리적 과정에서 진행된다.
④ 성에 적합한 사회적 역할을 학습하는 과정은 그 기초가 사회에서 이루어진다.

풀이 : 성에 적합한 사회적 역할을 학습하는 과정은 그 기초가 가정에서 이루어지며, 동성의 부모와 동일시하려는 심리적 과정에서 진행된다.

문제 19 난이도 : 중급
다음의 설명은 어떤 이론에 해당하는 성역할발달인가?

> 남아는 단호하고, 경쟁적, 자동차나 총과 같은 장난감을 가지고 놀도록 장려되고, 여아는 얌전하고, 협동적이며, 인형이나 소꿉놀이를 하도록 장려된다.

① 정신분석 이론 ② 사회학습 이론
③ 인지발달 이론 ④ 성도식 이론

풀이 : Mischel(1970): 성역할은 직접학습과 관찰학습에 의해 발달한다. 부모, 교사 또는 친구가 아동의 성에 적합한 행동을 강화하고, 성에 적합하지 못한 행동을 벌함으로써 직접학습이 이루어진다.

정답 17. ② 18. ④ 19. ②

문제 20 난이도: 기본
다음은 어떤 부모의 특성인가?

> 애정적, 반응적이나 자녀에 대한 통제가 거의 없다.
> 훈육에 일관성이 없다.

① 권위적 부모
② 권위주의적 부모
③ 허용적 부모
④ 무관심한 부모

풀이 : 애정차원은 높은데 통제차원이 낮은 경우는 '허용적(indulgent)'부모.

문제 21 난이도: 기본
권위적 부모의 자녀가 가질 수 있는 사회적 행동은?

① 책임감, 자신감, 사회성이 높다.
② 비효율적 대인관계, 사회성 부족, 의존적, 복종적, 반항적 성격을 갖는다.
③ 자신감이 있고 적응을 잘하나, 규율을 무시하고 제멋대로 행동한다.
④ 독립심이 없고 자기통제력이 부족하고 문제행동을 많이 보인다.

풀이 : 애정적, 반응적이고 자녀와 항상 대화를 갖는다. 자녀의 독립심을 격려하고 훈육 시 논리적 설명을 한다.

문제 22 난이도: 기본
자애롭기만 한 부모의 특성을 고르시오.

① 칭찬을 하지 않는다.
② 칭찬도 벌도 없이 비난만 한다.
③ 자녀의 모든 요구를 다 들어준다.
④ 자녀의 문제를 정상적 삶의 한 부분으로 생각한다.

풀이 : 자애롭기만 한 부모의 특성
- 자녀의 모든 요구를 다 들어준다.
- 단호하게 자녀압도보다 양보한다.
- 말은 엄격, 행동으로 보이지 못한다.
- 때로는 극단적인 벌을 주거나 분노를 폭발하여 스스로 죄책감을 느낀다.
- 벌주는 것 자체를 잘못이라고 생각한다.

정답 20. ③ 21. ① 22. ③

문제 23 난이도 : 기본

바르게 연결된 것을 고르시오.

① 자애롭기만 한 부모 - 자녀의 장점을 발견하여 키워준다.
② 엄격하기만 한 부모 - 무관심하고 무기력하다.
③ 엄격하면서 자애로운 부모 - 자녀의 장, 단점을 지닌 한 인간으로 간주한다.
④ 엄격하지도 자애롭지도 못한 부모 - 칭찬을 하지 않는다.

풀이 : 엄격하면서 자애로운 부모의 특성
- 자녀의 문제를 정상적 삶의 한 부분으로 생각한다.
- 자녀에게 적절한 좌절경험으로 자기훈련의 기회를 제공한다.
- 자녀의 장, 단점을 지닌 한 인간으로 간주한다.
- 자녀의 잘못을 벌할 때도 자녀의 잠재력은 인정한다.
- 자녀의 장점을 발견하여 키워준다.

문제 24 난이도 : 기본

다음의 보기 중 바르지 않은 설명을 고르시오.

① 자녀와 함께 하는 시간의 양보다, 어떻게 질적인 시간을 보내느냐 하는 것이 더 중요하다.
② 아동기 중반부터 같이 놀거나 서로를 위해 무엇을 해 주는 것 이상의 지속적이고 헌신적인 관계를 유지한다.
③ 취업모의 자녀가 아들인 경우, 남자와 여자의 역할에 대해 고정관념을 적게 가진다.
④ 여아들은 정서적 친밀감과 신뢰감이 중요한 역할을 한다.

풀이 : 취업모의 자녀가 딸인 경우, 어머니를 역할모델로 삼을 수 있고 더 독립적이고 높은 교육적, 직업적 목표를 세우고, 남자와 여자의 역할에 대해 고정관념을 적게 가진다.

문제 25 난이도 : 기본

도덕성 발달과 영향 요인으로 해당하지 않는 것은?

① 부모의 영향
② 또래의 영향
③ 대중매체의 영향
④ 형제자매의 영향

풀이 : 도덕성 발달과 영향요인
㉠ 부모의 영향 : 애정 지향적이고 수용적인 양육태도는 자녀의 도덕성 발달에 긍정적인 영향을 미치고, 지나치게 엄격하고 통제적인 양육 태도는 부정적인 영향을 미친다.
㉡ 또래의 영향 : 아동이나 청소년은 또래와 함께 있을 때, 반사회적 행동에 대해 불안이나 죄책감을 덜 느끼게 되므로, 아주 낮은 단계까지 퇴행하는 경향이 있다.
㉢ 대중매체의 영향 : 텔레비전이나 영화에 나오는 역할 모델을 관찰함으로써 태도, 가치, 정서적 반응, 새로운 행동들을 학습한다.

정답 23. ③ 24. ③ 25. ④

문제 26 난이도: 중급

발달 초기의 결정적 시기 동안에 새끼 동물이 처음 보이는 움직이는 물체에 애착을 형성하는 학습의 본능적 형태를 무엇이라고 하는가?

① 본능 ② 애착
③ 각인 ④ 결정

풀이 : 로렌츠는 그의 연구에서 갓 부화한 새끼 오리들이 본능적으로 처음 보이는 움직이는 물체를 어미로 알고 따라다니는 것을 '각인'이라고 하였다.

정답 26. ③

Ⅱ 아동기 발달심리

1 신체발달

(1) 신체적 성장
영유아기의 급속한 신체발달이나 사춘기의 성장급등과 비교해 보면 아동기의 신체발달은 비교적 완만한 편이다.

1) 신장과 체중의 증가
아동기에는 이전처럼 급속한 신체발달은 일어나지 않지만 비교적 완만하고 꾸준한 발달이 이루어진다. 근육이 성장하는 신체에 적응하느라 근육이 당기는 듯한 느낌의 통증을 경험하게 되는데 이것을 '성장통'이라고 한다. 성장기 아동의 10~20%가 경험하는 성장통은 보통 밤에 심하고 아침에 없어진다. 10세 이전에는 남아가 여아보다 키와 몸무게에서 우세하지만, 11~12세경에는 여아의 발육이 남아보다 우세해진다.

(2) 운동기능의 발달
아동기에 운동기능은 계속해서 발달하므로 달리기, 줄넘기, 자전거타기, 등산, 수영, 스케이트 등 거의 모든 운동기능을 수행할 수 있게 된다. 남아는 야구와 같은 대근육을 사용하는 스포츠에서 우세하고, 여아는 체조나 수공예와 같이 소근육을 사용하는 활동에서 우세하다. 운동기능의 발달은 아동의 자아개념에도 영향을 미친다.

1) 대근육 운동
아동기에는 유아기 때 잘 수행하지 못했던 여러 가지 대근육 운동기능을 습득하게 된다. 자전거타기, 아이스 스케이팅, 수영, 줄넘기, 야구, 농구, 피구, 테니스, 술래잡기 등이다. 스포츠게임에 참여하는 것은 운동효과 외에도 우정관계를 형성하고, 게임의 규칙을 준수하며, 팀의 구성원들과 협동하는 법을 배우게 된다.

2) 소근육 운동
중추신경계의 수초화가 증가하면서 아동기의 소근육 운동기능도 증가한다. 손과 손가락을 사용하는 소근육 운동기능의 증가로 말미암아 아동은 놀랄 정도로 여러

가지 취미활동을 할 수 있게 된다. 악기를 연주하거나 수공예를 하는 것이 좋은 예이다. 또한 소근육 운동기술이 증가함에 따라 아동의 독립심도 증가하고 초등학교에 입학할 무렵(6세)이면 대부분의 아동은 도움 없이 옷을 입고 벗을 수 있으며, 신발 끈을 매고, 식사시간에 수저를 잘 사용할 수 있다.

① 7세에는 손놀림이 안정되고, 연필로 글씨 쓰는 속도가 빨라진다.
② 8~10경세에는 양손을 따로따로 쓸 수 있다.
③ 10~12세경에는 손놀림이 성인의 수준에 가까워지고, 정교한 수공예품을 만들 수 있으며, 어려운 곡을 악기로 연주할 수 있다.

2 아동기의 인지발달

(1) 아동기 사고의 특성

아동기 사고는 Piaget(1962)의 인지발달의 네 단계 중 세 번째 단계인 구체적 조작기에 해당된다.

1) 보존개념
전조작기와 구체적 조작기의 중요한 차이는 아동이 문제해결 과정에서 직관보다는 논리적 조작이나 규칙을 적용하기 시작한다는 사실이다. 아동은 수와 길이, 양에 대한 보존개념을 가장 먼저 획득하게 되며, 다음으로 무게에 대한 보존개념, 부피에 대한 보존개념의 순서로 획득한다.

2) 조망수용능력
아동기에는 사고의 자기중심성에서 벗어나 타인의 입장, 감정, 인지 등을 추론하고 이해할 수 있는 조망수용능력을 습득하게 된다.

3) 유목화
아동기에는 물체를 공통의 속성에 따라 분류하고 한 대상이 하나의 유목에 속하는 것으로 분류할 수 있다.

4) 서열화
구체적 조작기인 아동기에 이르러서는 서열화의 개념을 완전히 획득하게 된다. 아동은 한 가지 속성에 따라 대상을 비교하면서 순서대로 배열하는 단순 서열화뿐만 아니라, 두 가지 이상의 속성에 따라 대상을 비교해서 순서대로 배열하는 다중 서열화도 가능하다.

(2) 인지양식

인지양식이란 개인이 환경에 대해 인식하고 반응하는 양식으로써 아동기에 나타나기 시작하는 것이다.

1) 수렴적 사고와 확산적 사고

수렴적 사고(convergent thinking)는 여러 가지 가능한 해결책이나 답들 가운데서 가장 적합한 해결책이나 답을 모색하는 사고를 말한다. 확산적 사고(divergent thinking)는 문제를 해결하기 위해 다양한 해결책이나 답을 모색하는 사고를 말한다.

2) 장 의존성과 장 독립성

장 의존성(field dependence)과 장 독립성(field independence) 개념은 개인이 사물을 인식할 때 그 사물을 둘러싼 배경의 영향을 많이 받거나 받지 않는 인지양식을 의미한다. 장 의존적인 아동은 어려운 상황에 처하면 단서를 얻기 위하여 주위 사람들에게 의존하거나 다른 사람의 견해에 맞추어 자신의 견해를 수정한다. 반면, 장 독립적인 아동은 스스로 문제를 해결하고자 하고 매우 자율적이다.

3) 사려성과 충동성

주어진 문제에 즉각적 반응을 보이면서 실수가 많은 아동이 있는가 하면, 찬찬히 생각하여 문제를 풀어 실수를 적게 하는 아동이 있다. 전자는 충동적이고 후자는 사려적이다.

3 아동기의 언어발달

(1) 어휘와 문법의 확장

학동기에 아동의 어휘능력은 급속히 발달하여 초등학교를 졸업할 때쯤에는 약 40,000 단어 정도를 습득하게 되는데 이는 하루에 평균 20개 정도의 새로운 단어를 습득하게 된다.

(2) 의사소통 기술의 발달

아동기에는 의사소통 기술이 크게 발달한다. 특히 분명한 언어적 메시지를 전달할 수 있는 능력인 참조적 의사소통 기술이 발달한다.

4 아동기의 사회정서발달

(1) 자기이해의 발달

자신에 대한 이해는 자기인식에서 출발하는데 자기인식의 발달은 영아가 다른 대상과 구분되는 독립된 실체로서 자신을 인식하는 것에서부터 시작된다. 아동의 자기인식은 자아개념과 자아존중감의 발달을 초래한다. 자기인식을 위해서는 어느 정도 수준의 인지발달과 함께 사회적 경험이 중요하다. 한 연구에서 자기인식에 영향을 미치는 사회적 경험은 양육자와의 안정애착인 것으로 나타났다.

1) 자아개념

자아개념(Self-concept)의 발달을 통해 자신이 독특하고 타인과 구별되는 분리된 실체임을 인식한다. 자아개념은 신체적 특징, 개인적 기술, 특성, 가치관, 희망, 역할, 사회적 신분 등을 포함한 '나'는 누구이며, 무엇인가를 깨닫는 것을 의미한다.

2) 자아존중감

자아존중감(Self-esteem)은 자신의 존재에 대한 긍정적 견해로서, 자아개념이 자아에 대한 인지적 측면이라면 자아존중감의 감정적 측면이라 할 수 있다. 즉, 자기 존재에 대한 느낌이 자아존중감이다. 유아기에는 자아존중감이 높으나 아동기에 들어서면서 자신을 객관적으로 평가하게 됨에 따라 자아존중감은 보다 현실적인 수준으로 조정된다. 이러한 현상은 아동이 점차 자신에 대한 판단을 타인의 견해나 객관적인 수행능력에 맞추어 조정하려는 것으로 설명할 수 있다.

3) 자기효능감

아동은 스스로 상황을 극복할 수 있다는 자기효능감을 가진다. 자기효능감(Self-efficacy)이란 자신이 스스로 상황을 극복할 수 있고, 자신에게 주어진 과제를 성공적으로 수행할 수 있다는 신념이나 기대를 의미한다. 높은 자기효능감은 긍정적인 자아개념을 촉진하고, 지속적으로 과제지향적 노력을 하게 하여 높은 성취수준에 도달하게 하지만, 낮은 자기효능감은 부정적인 자아개념을 갖게 하여 자신감이 결여되고 성취지향적 행동을 위축시킨다.

4) 자기통제

아동기에는 목표를 달성하기 위해 순간의 충동적인 욕구나 행동을 억제할 수 있는 자기통제능력을 발휘한다. 자기통제(Self-control)능력은 유혹에 저항하는 능력, 만족을 지연하는 능력, 충동을 억제하는 능력으로 구성되어 있다.

(2) 정서의 발달

아동기에도 정서발달은 여전히 계속된다. 자긍심이나 죄책감 같은 정서는 성인의 피드백이 없이도 자연스럽게 표출되고, 정서를 표출하는 규칙에 대한 이해도 크게 증가한다. 또한 얼굴표정이 그 사람의 진짜 정서를 표현하는 것이 아닐 수도 있다는 사실을 이해하기 시작하고, 한 가지 이상의 정서를 경험할 수 있다는 사실을 이해하는데 그 정서는 동시에 긍정적일 수도 있고, 부정적일수도 있으며, 강도가 다를 수도 있다.

(3) 도덕성 발달

1) 인지발달이론

① Piaget의 이론

Piaget는 아동 도덕성 발달 단계를 타율적 도덕성과 자율적 도덕성의 두 단계로 구분하고, 타율적 도덕성 단계에서 자율적 도덕성 단계로 발달하기 위해서는 인지적 성숙과 사회적 경험이 중요한 역할을 한다고 한다.

② Kohlberg의 이론

Kohlberg는 전 인습적 수준, 인습적 수준, 후 인습적 수준으로 구분하며, 벌과 복종, 목적과 상호교환, 착한아이, 법과 질서, 사회계약, 보편원리 지향의 도덕으로 총 6단계에 걸쳐 발달한다고 하였다.

2) 사회학습이론

사회화의 목적은 아동들이 올바른 행동을 하게 하는데 있다. 사회학습적 견해는 일차적으로 행동에 관심을 둔다.

3) 정신분석이론

정신분석이론에서는 인생의 초기단계에 아동이 부모의 기준이나 사회의 규범에 적응하게 되면서 도덕성 발달이 이루어지는데, 이에 따라 아동은 사회규범을 내면화해서 반사회적 행동을 억제하고, 이를 위반했을 때 불안과 죄책감을 느낀다고 보았다. 따라서 죄책감이 형성되면 아동은 이로부터 벗어나기 위해 더욱더 사회의 규범에 순응하게 되면서 도덕성 발달이 이루어진다고 본다.

4) 도덕성 발달과 영향요인

① 부모의 영향
② 또래의 영향
③ 대중매체의 영향

(3) 친사회적 행동

친사회적 행동은 다른 사람을 이롭게 하는 행동으로서 친구에게 자기 소유물을 나누어 주거나, 곤경에 처한 사람을 돕거나, 자기 자랑보다는 남을 칭찬하고, 다른 사람의 복지증진에 관심을 갖는 것을 포함한다.

1) 이타적 행동

호혜성(reciprocity)이 이타적 행동과 관련이 있다. 호혜성이란 다른 사람이 나에게 해 주기를 원하는 것을 다른 사람에게 그대로 해주는 것이다. 친사회적 행동의 동기가 어디에 있느냐에 따라 이타적 행동인지 아닌지를 구분한다. 같은 친사회적 행동이라 할지라도 그 동기가 자신의 친사회적 행동으로 인하여 자신에게 돌아올 어떤 보상을 기대하지 않을 경우, 그래서 오로지 다른 사람을 이롭게 할 경우에만 이타적 행동이다.

2) 감정이입

감정이입은 다른 사람이 느끼고 있는 감정을 그대로 느끼는 것으로 친사회적 행동과 관련이 있다.

단원정리문제

문제 01 난이도 : 기본

다음 중 프로이트의 성격발달단계를 순서대로 올바르게 나열한 것은?

① 잠복기 → 구강기 → 항문기 → 남근기 → 생식기
② 구강기 → 항문기 → 남근기 → 잠복기 → 생식기
③ 구강기 → 항문기 → 잠복기 → 남근기 → 생식기
④ 잠복기 → 항문기 → 구강기 → 남근기 → 생식기

풀이 : 프로이트의 성격발달단계는 구강기(0~1세), 항문기(1~3세), 남근기(3~6세), 잠복기 또는 잠재기(6~12세), 생식기(12세 이후)이다.

문제 02 난이도 : 중급

다음 중 심리사회적 측면에서 갈등과 위기를 통해 성격의 발달단계를 구분한 학자는?

① 에릭슨   ② 피아제
③ 콜버그   ④ 프로이트

풀이 : 에릭슨은 프로이트의 제자로서 프로이트와 달리 자아를 매우 창의적이고 의식적인 존재로 보았고, 인간의 발달단계를 8단계로 구분하여 전 생애 발달단계를 중요시 했다. 따라서 그의 이론을 심리사회적 발달이론이라고 한다.

문제 03 난이도 : 고급

다음 중 프로이트와 에릭슨에 관한 설명으로 옳은 것은?

① 프로이트는 자아정체감을, 에릭슨은 정신에너지를 강조했다.
② 프로이트는 자아(Ego)를, 에릭슨은 원초아(Id)를 중요시했다.
③ 인간발달단계를 프로이트는 8단계, 에릭슨은 5단계로 구분했다.
④ 프로이트는 아동기를, 에릭슨은 청소년기를 중요시했다.

풀이 : ① 프로이트는 무의식에 기초한 정신에너지를, 에릭슨은 자아정체감을 강조했다.
② 성격의 요소로서 원초아를 강조한 학자는 프로이트이다.
③ 프로이트는 5단계를 에릭슨은 8단계를 구분했다.

문제 04 난이도 : 기본

다음 중 에릭슨의 심리사회이론에서 학령기에 해당하는 것은?

① 신뢰감 대 불신감   ② 근면성 대 열등감
③ 자아정체감 대 정체감 혼란   ④ 자아통합 대 절망

정답 1. ② 2. ① 3. ④ 4. ②

풀이 : 에릭슨에 의하면 근면성 대 열등감은 학령기(5~12세)의 중심문제가 된다. 학교나 가정으로부터 요구되는 일들을 아동이 수행할 때 또래에 비하여 자신이 잘하지 못하게 되면 열등감에 빠지고, 반면에 과제를 끝내고 성취감을 맛보거나 또래에 비해 우수한 능력을 발휘하면서 주변 환경으로부터 칭찬을 듣게 되면 자신감을 갖고 매사 열심히 몰입하는 성격으로 성장하게 된다고 하였다.

문제 05 난이도 : 기본
다음 보기의 내용과 관련된 것은?

> 아이는 수, 길이, 넓이, 부피 등을 차례나 형태를 바꾸어 여러 방법으로 보여주어도 그것이 변하지 않는다는 것을 알게 된다.

① 보존 개념   ② 가역성
③ 대상 영속성   ④ 유목화

풀이 : 보존개념
두 개의 형태가 서로 다른 그릇을 준비한 후 같은 양의 물을 넣는다. 보존개념이 발달되지 않은 아이의 경우 물의 양이 동일함에도 불구하고 어느 한 쪽 그릇에 담긴 물의 양이 더 많다고 말한다. 이러한 보존개념은 전조작기에서부터 어렴풋이 이해되기 시작하여 구체적 조작기에 이르러 확립된다.

문제 06 난이도 : 중급
다음 중 아동이 사회적 상황에서 타인들의 행동을 관찰함으로써 그들의 행동을 학습할 수 있다고 주장한 학자는?

① 에릭슨   ② 콜버그
③ 피아제   ④ 반두라

풀이 : 반두라는 직접경험에 의한 학습보다 모델링을 통한 관찰학습 및 모방학습을 강조하였다. 이 이론을 '관찰학습' 또는 '대리학습'이라고 한다.

문제 07 난이도 : 중급
아동기에는 물체를 공통의 속성에 따라 분류하고 한 대상이 하나의 것에 속하는 것으로 분류하는 개념을 무엇이라고 하는가?

① 서열화   ② 정교화
③ 유목화   ④ 조직화

풀이 : 상위유목과 하위유목 간의 관계, 즉 전체와 부분의 관계를 이해하는 능력. 아동기에는 물체를 공통의 속성에 따라 분류하고 한 대상이 하나의 유목에 속하는 것으로 분류할 수 있다. 물체를 한 가지 속성에 따라 분류하는 단순 유목화, 물체를 두 개 이상의 속성에 따라 분류하는 다중 유목화, 개념이나 상위유목과 하위유목 간의 관계를 이해하는 유목포함의 개념을 습득하게 된다.

정답 5. ① 6. ④ 7. ③

문제 08 난이도 : 기본
아동기에는 시행착오 없이 상호관계에 따라 막대를 순서대로 배열하는 것이 가능하다. 이러한 특성을 무엇이라고 하는가?
① 서열화 ② 정교화
③ 유목화 ④ 조직화

풀이 : 구체적 조작기에 이르러서는 서열화의 개념을 완전히 획득하게 된다.

문제 09 난이도 : 기본
개인이 환경에 대해 인식하고 반응하는 양식으로 다음의 설명은 어떤 것에 해당하는가?

> 이 사고를 주로 하는 아동들은 이것을 요하지 않는 매우 구조화된 과제에서도 긴장하지 않고 즐기는 듯이 문제를 해결하고자 한다.

① 수렴적 사고 ② 확산적 사고
③ 장 의존적 사고 ④ 장 독립적 사고

풀이 : 확산적 사고(divergent thinking)는 문제를 해결하기 위해 다양한 해결책이나 답을 모색하는 사고를 말한다(ex.사고의 유창성, 융통성, 독창성, 정교성, 집착성).

문제 10 난이도 : 기본
( ) 안에 들어갈 단어를 고르시오.

> ( ) 아동은 스스로 문제를 해결하고자 하고 매우 자율적이다.

① 수렴적 사고 ② 확산적 사고
③ 장 의존적 사고 ④ 장 독립적 사고

풀이 : 장 독립적인 사람은 장 영향을 거의 받지 않고 사물을 여러 개의 부분으로 지각한다.

문제 11 난이도 : 기본
문장의 발달에 대한 설명으로 틀린 것은?
① 유아의 연령증가에 따라 언어사용이나 이해가 더 증가한다.
② 한 단어의 문장을 거쳐, 전문식(telegraphic)형태를 보이는 두 단어의 문장을 사용한다.
③ 2~3세경이 되면 열 단어 이상으로 문장을 만들 수 있다.
④ 유아가 문법적 형태소를 획득하면 전문식 표현이 감소하고 말의 길이가 점차 길어진다.

정답 8. ① 9. ② 10. ④ 11. ③

> **풀이**: 유아 연령증가에 따라 언어사용이나 이해가 더 증가한다. 한 단어의 문장을 거쳐, 전문식 (telegraphic)형태를 보이는 두 단어의 문장을 사용한 후, 2~3세경이 되면 세 단어 이상으로 문장을 만들 수 있다. 유아가 문법적 형태소를 획득하면 전문식 표현이 감소하고 말의 길이가 점차 길어진다.

문제 12 난이도: 중급
의사소통 기술의 발달에 대한 설명으로 부적절한 것을 고르시오.
① 사고의 자기중심성 때문에 언어도 자기중심적인 특성을 갖는다.
② 아동기에 역할 수용 기술을 획득하여 자기중심성이 완화된다.
③ 청자(listener)의 능력도 습득해야 한다.
④ 참조적 의사소통기술을 발달시키게 된다.

> **풀이**: 학령기 아동들에서 참조적 의사소통기술이 빠르게 발달하는 것은, 이지적 발달로 자기중심성이 완화되고 역할수용 기술을 획득하기 때문이며, 청자에 맞게 말을 조절해야 한다는 사회언어학적 능력이 발달하기 때문이다.

문제 13 난이도: 중급
정서발달에 대한 설명으로 적절하지 않은 것을 고르시오.
① 유아는 행복과 같은 긍정적 정서를 더 쉽게 이해한다.
② 유아는 느끼는 정서와 표현하는 정서를 구별하지 못한다.
③ 정서규제 능력은 유아기에 크게 증가한다.
④ 아동기가 되면 정서표현에 대해 많은 것을 이해하게 된다.

> **풀이**: 정서규제 능력은 정서표현을 통제하는 능력인데 아동기에 크게 증가한다.

문제 14 난이도: 중급
도덕성 발달에 대한 피아제의 이론의 설명으로 적절하지 않은 것은?
① Piaget는 아동 도덕성 발달 단계를 타율적 도덕성과 자율성 도덕성의 두 단계로 구분했다.
② Piaget는 타율적 도덕성 단계에서 자율적 도덕성 단계로 발달하기 위해서는 인지적 성숙과 사회적 경험이 중요하다고 했다.
③ 타율적 도덕성 단계의 아동은 규칙은 신성하고 변경할 수 없는 것으로 이를 위반하면 벌을 받아야 한다고 생각한다.
④ 7세경 대부분의 아동은 두 번째 단계인 자율적 도덕성 단계에 도달한다.

> **풀이**: Piaget는 아동 도덕성 발달 단계 *타율적 도덕성 *자율성 도덕성
> • 타율적 도덕성 단계의 아동(4~7세): 규칙은 신이나 부모와 같은 권위적 존재에 의해서 만들어진 것으로 믿으며, 그 규칙은 신성하고 변경할 수 없는 것으로 이를 위반하면 벌을

정답 12. ② 13. ③ 14. ④

받아야 한다고 생각한다.
- 7세부터 10세 까지는 일종의 과도기적 단계로서 타율적 도덕성과 자율적 도덕성이 함께 나타나는 시기이다.
- 10세경 대부분의 아동은 두 번째 단계인 자율적 도덕성 단계에 도달한다. 이 단계 아동은 규칙은 사람이 만든 것이고, 그 규칙을 변경할 수도 있다고 점차 생각하며, 도덕적 판단에서 상황적 요인을 고려하는 융통성을 보인다.

문제 15 난이도 : 고급

학습 이론가들은 도덕적 행동을 어떤 관점으로 설명하였는지 해당하는 것을 고르시오.

① 아동이 자기통제를 할 수 있는 능력이나 유혹에 저항할 수 있는 힘 등에 관해 연구한다.
② 죄책감, 불안, 후회 등에 더 많은 관심을 가지는데, 도덕적 감정의 연구에서는 개인의 양심이나 초자아의 역할이 강조된다.
③ 가상적인 도덕적 갈등상황을 제시하고서 피험자가 어떤 반응을 나타내는가에 따라 그 사람의 도덕성 판단의 성숙 수준을 측정한다.
④ 죄책감이 형성되면 아동은 이로부터 벗어나기 위해 더욱더 사회의 규범에 순응하게 되면서 도덕성 발달이 이루어진다고 본다.

풀이 : 이론가들은 다음과 같은 관점에 관심을 가지고 언급하였다.
- 학습 이론가들은 도덕적 행동에 영향을 미치는 요인들에 관심을 가지고, 학습이론의 원칙이나 개념을 적용하여 아동이 자기통제를 할 수 있는 능력이나 유혹에 저항할 수 있는 힘 등에 관해 연구한다.
- 정신분석 이론가들은 죄책감, 불안, 후회 등에 더 많은 관심을 가지는데, 도덕적 감정의 연구에서는 개인의 양심이나 초자아의 역할이 강조된다.
- 인지발달 이론가들은 도덕성 발달의 또 다른 구성요소인 도덕적 판단을 연구하는데, 피험자에게 가상적인 도덕적 갈등상황을 제시하고서 피험자가 어떤 반응을 나타내는가에 따라 그 사람의 도덕성 판단의 성숙수준을 측정한다.

문제 16 난이도 : 중급

아동중심치료의 설명으로 적절하지 않은 것은?

① 자기 꿈과 잠재력의 실현을 향하여 전진하도록 하는 강한 힘이 된다.
② 아동을 보는 관점은 아동을 이해받아야 할 사람으로 본다.
③ 구조화된 목표와 치료가 아동의 도덕성을 발달시킨다.
④ 아동은 자신의 욕구를 파악하고 표현하면서 자아표현과 탐색을 한다.

풀이 : 아동중심치료는 아동 내부에 스스로 성장하고자 하는 내적인 욕구가 있다고 본다. 구조화된 목표나 치료와 같은 용어는 아동중심 철학과 모순되는 것이며 대개는 평가적이며 외부인에 의해서 결정된 것으로 아동에게 요구하는 특별한 수행을 요구하기 때문에 회피된다.

정답 15. ① 16. ③

문제 17 난이도 : 기본
발달심리학의 세 영역에 해당되지 않는 것은?
① 신체 발달
② 인지 발달
③ 심리사회적 발달
④ 도덕성 발달

풀이 : 발달심리학은 신체(physical), 인지(cognitive), 심리사회(phychosocial)의 세 주요영역에서 일어나는 발달적 변화를 연구한다.

문제 18 난이도 : 고급
Gardner의 다중지능이론에 해당되지 않는 것은?
① 언어 지능
② 미술 지능
③ 음악 지능
④ 자연 지능

풀이 : Gardner의 다중지능이론에 해당하는 8가지 지능은 ①언어 지능, ②논리수학 지능, ③공간 지능, ④신체운동 지능, ⑤음악 지능, ⑥대인간 지능, ⑦개인 내 지능, ⑧자연 지능이다.

문제 19 난이도 : 기본
아동기는 Erikson의 심리사회적 발달단계 중 어디에 해당되는가?
① 자율성 대 수치심
② 주도성 대 죄의식
③ 근면성 대 열등감
④ 정체감 대 혼미감

풀이 : 아동기는 Erikson이 제시한 8단계의 심리사회적 발달단계 중에서 4단계인 '근면성 대 열등감'에 해당된다. 아동은 본능적 성숙과 사회적 압력에 의하여 자연스럽게 근면성을 획득해야 하는 상황을 경험한다.

문제 20 난이도 : 중급
Erikson의 인간발달 8단계 이론 중 학동기에 해당하는 내용은?
① 친구나 이성 등의 타인과의 관계에서 우정, 사랑, 성적 친밀성이 과제가 되며 실패하면 고독에 빠지기도 한다.
② 목표를 세우고 이를 달성하고자 노력하기도 한다.
③ 주도성과 죄책감을 느끼게 된다.
④ 지적인 성취를 함으로써 인정을 얻고 근면성을 유지하는 자아 능력을 발달시킨다.

풀이 : 4단계 : 학동기('근면성' vs '열등감') – 보통 초등학교에 다니는 시기로, 아동은 조직이나 사회에서 요구하는 기술을 익히게 된다. 이 시기에는 지적인 성취를 함으로써 인정을 얻고 근면성을 유지하는 자아 능력을 발달시킨다. 이때 지나친 부적절감과 열등감을 느끼는 것은 위험하며, 이러한 열등감은 학교나 사회가 아동에 대한 편견적 태도를 보일 때 발달되기 쉽다.

정답 17. ④ 18. ② 19. ③ 20. ④

III 청소년기 발달심리

1 청소년기 발달이론

(1) 정신분석학적 접근(psychoanalytic approach)

1) Anna Freud의 청년기 방어이론
청년들이 증가하는 성적 긴장에 적응하는 두 가지 대표적인 양식(Anna Freud, 1948)
① 주지화(intellectualization) : 성적 갈등을 이와 정반대인 지적활동에서 찾으려는 자아 방어 양식이다.
② 금욕주의(asceticism) : 신체와 관련한 모든 것에 거부, 혐오, 분노를 나타내는 특성으로, 이는 사춘기의 급격한 성욕에 대한 두려움과 이를 통제하려는 자아의 방어기제(defense mechanism)에서 비롯된 것이다.

2) Blos의 청년기 적응이론
Blos(1962, 1979) : 생물학적 변화에 대해 적극적이며 성숙된 자아의 적응체계를 이루는 시기로 간주한다.
① 청년들은 자아 적응과정을 통해 부모에 대한 오이디푸스 콤플렉스적 집착과 의존에서 벗어나 독립하는 중요한 청년기 발달을 이룬다.
② Blos는 청년기 발달기제를 이차 개체화 과정(second individuation process)이라 부른다.

3) Erikson의 정체성 발달이론
Freud의 심리성적 발달이론에 사회적 요인의 중요성을 도입, 심리사회적 발달이론으로 확장시켰다. 전 생애 발달을 8단계로 나누어 설명했으며 청년기 발달의 핵심은 자아정체성의 개념이다. Erikson의 정체성 위기는 오늘날 청년기 발달을 설명하는 탁월한 개념이다.

(2) 인지발달적 접근

1) Piaget의 형식적 조작사고 이론
Piaget는 청소년기를 형식적 조작기(formal operational period)로 규정한다. 청소년기 형식적 조작사고의 세 가지 특성은 다음과 같다.
① 명제적 사고 : 가설을 설정하고 이를 전제로 추론한다.
② 결합적 분석 : 문제해결과정에서 관련 변인들을 추출, 분석하며, 상호 관련 짓고 통합한다.
③ 추상적 추론 : 구체적 대상의 존재여부와 관련 없이 형식논리에 의해 사고를 전개한다.

2) 청년기 도덕성 발달 이론
① Kohlberg의 정의 판단 발달 이론
- Kohlberg의 도덕성 발달은 모든 문화권에 보편적, 합리적 사고능력과 정의(justice) 판단 능력으로 본다.
- Kohlberg 이론에서의 청년기 : 인습 수준(conventional level)의 도덕적 사고를 갖는 시기이다.
- 도덕적 사고의 퇴행(regression; Kohlberg와 Kramer, 1969) : 고교 후반과 대학 2~3학년 사이의 교육 수준이 높고 지적인 청년들의 약 20%가 인습 이후 수준으로 진전하지 않고, 도덕적 상대주의(자신의 쾌락을 추구하는 단계)로 퇴보한다.

② Gilligan의 배려지향 이론
- 남성들의 도덕적 사고 : 정의, 공정성, 공평성, 합리성의 문제에 대한 도덕적 사고와 판단이 발달한다.
- 여성들의 도덕성 : 인간관계 속에서 타인을 배려하고, 타인의 요구에 민감하게 반응하며, 타인과의 관계를 고려하는 도덕적 사고를 중시한다.

(3) 맥락중심적 접근(contextual approach)

1) Mead의 문화인류학적 모형
청년심리의 문화인류학적 접근은 Boas(1950)의 문화적 상대론(cultural relativism)에 근거한다. Boas는 인간의 발달적 특성을 형성하는 것은 생물학적 기제가 아니라 사회적 요인이라는 문화적 결정론을 주장한다.

2) Bronfenbrenner의 생태학적 모형
Bronfenbrenner(1977)의 생태학적 모형은 청년기 발달에 영향을 미치는 맥락적

요인들을 거시적, 종합적으로 이해할 수 있는 틀을 제공한다.

3) Kandel의 부모-교우관계 모형

청년기의 부모관계와 교우관계 간의 갈등은 많은 발달심리학자들의 관심사이다. Kandel(1986)은 청년기 교우 집단형성 원리와 부모와 교우가 미치는 상대적 영향을 생태학적 모형의 틀 위에서 설명하였다. 전통적 청년기 발달문제를 새롭게 이해하려 하였다.

(4) Lerner의 맥락주의 모형

1) 순환적 기능(circular function) : 개인이 지닌 기질적 특성이 그가 몸담고 있는 환경적 맥락의 성격에 영향을 미치고, 이는 다시 개인의 경험을 형성함으로써 발달에 영향을 미치는 과정을 의미한다.
2) 거래적 상호작용 : 특정 환경의 경우도 환경적 요구에 청년의 기질적 특성이 조화롭게 반응한다면 환경과의 긍정적인 순환적 기능이 이루어지며, 이는 청소년의 건전한 발달을 가져온다.
3) 개인의 고유한 내적 특성과 환경적 맥락 간의 순환적 기능을 거래적 상호작용이라 한다.
4) 확률적 생성(probabilistic epigenesis) : 환경적 맥락의 특성 및 개인과 환경 간 상호작용의 가변성과 특이성을 강조하는 개념이다.

(5) 생애발달적 접근(life-span developmental approach)

1) 연령 구분적 영향 : 대부분의 청년들이 유사 연령에서 공통적으로 경험하는 생물학적 환경적 요인들(성 호르몬의 분비, 직업탐색, 학교교육)로부터의 영향을 의미한다.
2) 역사 구분적 영향 : 청년 개개인이 속하는 특정 시대사회의 역사적 특성으로부터 오는 영향력(정치사회적 변화, 경제적 요인, 전쟁, 핵가족화)을 뜻한다.
3) 비규범적 영향 : 특정 청년에게만 영향을 미치는 개인 특유의 생물학적·환경적 결정을 의미한다. (개인 특유의 가족구성·상벌경험·대학입시 실패·출산장애·실연)

2. 청년기의 신체 및 성적발달과 인지발달

(1) 청년기 신체 및 성적 발달

1) 사춘기 신체성장

사춘기 신체발육 시작연령은 개인차가 있지만, 여아는 대체로 10세경(7~14세의 범위), 남아는 12세경(9~16세의 범위)에 시작된다. 사춘기는 성호르몬 분비와 더불어 성적 발육(pubescence)이 시작된다. 사춘기 성적발달속도는 개인차가 크지만, 발달 순서는 비교적 고정적이다.

2) 사춘기 신체상

신체상(body image)은 자기 신체에 대한 감각·느낌·태도 등을 내적으로 표상하는 것을 의미한다. 사춘기 동안 자신의 신체적 변화에 큰 관심을 보이며 '신체상'을 형성한다.

3) 사춘기 신체적 성숙의 영향

사춘기 신체적 변화는 여러 심리적 변화와 수반되면서 성적 성숙을 이루게 된다. 자신의 신체적 성적 발육이 또래집단과 다르거나 바람직하지 않다고 느낄 때 심리적 적응상의 문제들이 발생한다(Peterson, 1988).

(2) 청년기 인지발달

1) 형식적 조작사고의 발달

① 형식적 조작사고의 논리적 모형

Piaget는 형식적 조작사고의 특징을 16개의 이원결합조작(16 binary operations)과 INRC군(group)의 두 논리적 모형으로 설명하고 있다. 이원결합조작은 어떤 실험이나 현상 속에서 각 변인들의 관찰 가능한 결과와 불가능한 결과 간의 논리적 결합에 의해 결론을 도출하는 조작적 기능을 의미한다. 완전 긍정과 상보적 함의를 포함하여 Piaget는 각 변인들이 결합될 수 있는 가능한 논리적 결합양상을 16개의 이원결합조작으로 개념화하였다.

INRC군은 결합조작을 조정 또는 변용하는 규칙을 의미한다. INRC군은 동일성(Identity), 부정(Negation), 상보성(Reciprocity), 상관성(Correlativity)의 머리글자를 딴 것이다. INRC군은 가역성(reversibility)에 바탕을 둔 가상적인 논리적 조작이다.

2) 청년기 사회인지 발달

① 청년기 자아중심성(adolescent egocentrism)

청년기 자아중심성(Elkind, 1978) : 청년들은 자신은 특별한 존재라는 착각에 빠져들며, 강한 자의식을 보이는 청년기 특유의 사회인지적 특성을 말한다. 자아중심성은 청년기 발달과정에서 나타나는 자연스러운 발달적 속성으로 청년기

자아중심성은 11~12세경에 시작, 15~16세경에 정점을 이루다가 다양한 대인관계의 경험을 통해 자신과 타인에 대한 객관적인 이해가 이루어지면 서서히 사라진다(Lapsley, 1991).

② 청년기 정치 및 사회적 사고의 발달
청소년의 정치적 사고는 14세를 전후로 변화를 보인다. 청소년들의 정치적 사고는 연령증가에 따라 이상주의로 변하는 경향을 보인다.

3 청년기 자아발달과 정체성발달

(1) 청년기 자아발달 양상

1) 청년기 자아인지의 특징

청년기에는 형식적 조작사고의 발달로, 자아인지 또한 다양화 된다. 청년기에는 각 영역의 자아인지 또한 세분화 된다. 청년기는 다양하게 분화되어 상호모순적인 하위 자아에 내적 일관성(internal consistency)으로 하나의 통합된 자아가 되는 과정으로 일시적 혼돈과 부정적 자아평가단계를 거친다.

2) 청년기 자아존중감의 발달(형성과 개념)

청년기 동안 자아는 여러 하위영역에서 동요를 거쳐 점차 안정, 통합된 자기평가에 도달하게 되는 것을 자아존중감이라 부른다. 자아존중감은 자아인지의 여러 영역에서 역할을 얼마나 성공적으로 수행하는가에 대한 자기평가 결과로 형성된다. 청년기 자아존중감 형성의 큰 영향은 부모나 가까운 친구보다 또래집단이나 급우들에게서 받는다.

(2) 청년기 자아발달

1) Blos의 적응체계이론 : Blos의 청년기 자아발달
① 잠재기(Iatency) : 사춘기에 나타나는 성적 충동 증가에 대처할 수 있는 자아의 적응체계가 발달하는 중요한 청년기 발달의 제1단계로 보고 있다.
② 청년전기(preadolescence) : 급격히 증가된 성적 욕구와 공격적 욕구가 산만하고 방향성 없이 표출되고 부모통제를 거부하며 청년기 비행이 나타나기 시작하는 단계이다.
③ 청년초기(early adolescence) : 자아는 자신의 성적 욕구를 표출할 수 있는 구

　　체적 대상을 찾는 행동(목표 지향적 행동)을 보인다.
　④ 청년중기(adolescence proper 또는 middle adolescence) : 성적 혼돈과 갈등이 심리적으로 구조화되는 단계이다.
　⑤ 청년후기(late adolescence) : 이전까지 지속되던 내적 위기와 갈등은 사라지며, 사회적 역할과 개인적 정체성에 대한 강한 인식이 나타난다.
　⑥ 청년 이후기(post adolescence) : 청년기에서 성인기로 이행하는 과도기로, 매우 안정된 자아가 형성되고, 외부의 실패와 비판에 직면해도 방어기제에 의존 않고, 통합할 수 있는 성숙한 대처능력과 적응체계를 가진다.

2) Erikson의 정체성 위기이론
　① 자기인식의 연속성(continuity)과 동질성(sameness) 확립
　② 상이한 관점과 시각에서 달리 판단되는 자아의 여러 국면을 일관된 자아체계로 통합(integration)
　③ 자신의 독특성(uniqueness), 특수성(distinctiveness)의 확립
　④ 정체성 탐색과업 : 실제적 자아와 이상적 자아 청년기, 정체성 위기 후 극복해야 할 7가지 주요과업
　　• 시간조망 대 혼돈(time perspective vs. time confusion)
　　• 자아확신 대 무감각(self-certainty vs. apathy)
　　• 역할실험 대 부정적 정체성(role experimentation vs. negative identity)
　　• 성취기대 대 과업마비(anticipation of achievement vs. work paralysis)
　　• 성정체성 대 양성적 혼미(sexual identity vs. bisexual diffusion)
　　• 지도성 극대화 대 권위혼미(leadership polarization vs. authority diffusion)
　　• 관념의 극대화 대 이상의 혼미(ideological polarization vs. diffusion of ideals)
　⑤ Marcia의 정체성 지위
　　• 정체성 혼미(identity diffusion) : 정체성 혼미는 청년초기에는 보편적이나, 일정한 직업이 없거나 일하지 못하는 성인들에게도 볼 수 있다. 정체성 혼미는 그대로 방치하면 부정적 정체성으로 빠져들 수 있다.
　　• 정체성 유실(identity foreclosure) : 충분한 정체성 탐색 없이 지나치게 빨리 정체성 결정을 내린 상태이다.
　　• 정체성 유예(identity moratorium) : 삶의 목표와 가치에 대해 회의하고 대안을 탐색하나, 여전히 불확실한 상태에 머물러 구체적 과업에 관여 못하는 상태이다.
　　• 정체성 성취(identity achievement) : 정체성이 성취된 청년들은 삶의 목표

·가치·직업·인간관계 등에서 위기를 경험하고 대안탐색을 했으므로, 확고한 개인적 정체성을 갖는다. 부모를 포함한 인간관계에서 현실적이고 안정되며, 자아존중감이 높고, 스트레스 저항력도 높다.

3) 정체성발달 관련요인
① 성차 : Erikson(1968a)은 정체성 발달의 성차가 있음을 주장했는데 남성의 정체성 형성은 자율과 독립의 문화적 기대를 반영하는데 반해 여성의 정체성은 사람 간의 관계성과 친밀성을 반영한다고 주장했다 (Archer, 1985: Bernard, 1981: Gilligan, 1982).
② 가정의 영향 : 부모의 양육태도는 정체성 발달에 큰 영향을 미친다. 자녀 행동을 통제하는 권위주의적 양육태도는 청년기 자녀가 정체성 탐색을 충분히 하지 못한 채 폐쇄의 지위에 정착할 확률이 크다. 반대로 부모가 주도하지 않고 자녀에게 스스로 모든 것을 결정하도록 맡겨두는 허용적 양육방식은 정체성 혼미에 빠져들게 할 위험이 높다(Bernard, 1981: Enright et al., 1980; Marcia, 1980).

4 청년기 도덕성 발달

(1) 청년기 도덕성의 일반적 특징

1) 정신분석적 관점(psychoanalytic view)
청년기는 아동기의 초자아 발달이 계속되며, 도덕적으로 성숙한다. 도덕적 자아이상을 지향하는 부모에 대한 동일시는 계속되며, 양심도 강화되어 사회가 설정하는 행위규범을 어겼을 때 죄책감을 더욱 크게 느낀다.

2) 사회학습적 관점(social learning view)
도덕성 발달은 모델의 모방과 강화에 의한다. 같은 방식으로 자신의 도덕적 행동에 대한 타인의 반응을 예상하고, 고려할 수 있게 된다. 청년기에 부모와 여타 모델집단의 도덕적 행위규범이 서로 일치할 때, 청년들은 안정된 도덕적 행동을 학습할 수 있게 된다.

3) 인지 발달적 관점(cognitive developmental view)
청년기 도덕성의 이상주의적 경향성은 타인을 돕는 강력한 이타적 성격과 정의에 대한 인식과 주장으로 나타난다. 청년기에는 자원봉사활동에 참여하거나, 부정과

불의에 대한 비판과 저항을 보인다.

(2) Kohlberg의 청년기 도덕발달이론

1) 청년기 도덕적 사고의 특징
청년기 도덕적 사고는 사회가 기대하는 바에 따라 행동하며, 사회적 규범과 의무를 준수 하려는 인습적 수준에 속한다. 사람간의 관계에 있어서 서로에게 호감을 가지고 서로를 신뢰하며, 상호 관여하는 3단계의 도덕적 가치와, 법과 질서를 중시하고 준수하는 4단계 도덕적 가치가 인습적 수준의 도덕성에 포함된다.

2) 청년기 도덕적 상대주의
청년후기 도덕적 사고 특징으로 도덕적 상대주의(moral relativism)가 있다. 도덕적 상대주의란 모든 사람이 준수해야 할 객관적, 보편타당한 도덕률의 존재를 부정하고 개인적, 주관적인 관점에서 도덕성을 판단하는 도덕적 사고의 특징을 갖는다는 뜻이다. 청년초기의 인습 수준의 도덕적 사고는, 사회적 규율과 법을 절대적 기준으로 인정하며, 인습 후 수준의 도덕성 또한 정의·공정성·생명의 존엄성 등 어느 시대 사회를 막론하고 준수해야 할 절대적이며 보편적인 도덕원리를 전제로 하는 것이다.

(3) Gilligan의 청년기 도덕성 발달이론

1) 수준1 : 자기이익 지향 (제1이행기 : 이기심에서 책임감으로)
여성들은 개인적 욕구와 자신의 책임을 구별하기 시작한다. 자기중심적인 생각에서 타인에 대한 관심이 나타나면서 아동기 자기이익지향 수준에서 성숙한 도덕적 추론이 시작된다.

2) 수준2 : 타인에 대한 책임으로부터 선의 식별 (제2이행기)
동조로부터 새로운 내재적 판단으로 이 시기에 여성들은 자신의 가치와 욕구에 대한 관심이 이기심이었던가에 대해 재고하며, 개인적 욕구와 타인에 대한 배려, 책임감의 균형성을 깨닫는다.

3) 수준3 : 자신과 타인간의 역동
여성은 자신을 무력하거나 수동적으로 보지 않고 의사결정 과정에 적극 참여한다. 비폭력·평화·박애 등은 이 시기 개인적인 권리와 타인에 대한 배려가 조화를 이루는 도덕성의 주요 지표다.

단원정리문제

문제 01 난이도 : 중급

다음 피아제의 인지발달단계 중 형식적 조작기의 특성에 해당하는 것은?

① 가역적 사고가 가능하고 보존개념을 획득한다.
② 구체적 사물에 대한 논리적 조작이 가능하다.
③ 가설-명제적 사고가 가능하다.
④ 상징놀이를 한다.

풀이 : 형식적 조작기의 특성
- 어떤 종류의 추상적 추리가 가능하다.
- 아동은 가상성에 기초하여 사고한다.
- 아동의 사고는 가설적이고 연역적이다.
- 아동은 명제 간의 사고도 할 수 있다.
- 조합적인 사고가 가능하다.
- 체계적인 사고능력, 논리적 조작에 필요한 문제해결능력이 발달한다.

문제 02 난이도 : 중급

다음 중 청소년기의 인지 발달상 특징에 해당되는 것은?

① 경험하지 않은 일에 대한 인과관계의 추론
② 전 개념적 사고의 시작
③ 대상 영속성의 발달
④ 비가역적 사고

풀이 : 청소년기는 피아제의 형식적 조작기에 해당한다. 형식적 조작기는 연역적 사고와 과학적 추리를 실행할 수 있는 단계이다.

문제 03 난이도 : 고급

다음 중 콜버그의 도덕성 발달이론에서 후인습적 수준의 내용에 해당되지 않는 것은?

① 원만한 대인관계의 유지　　　② 생명존중
③ 인간의 존엄성　　　　　　　④ 절대적 자유

풀이 : 콜버그의 도덕성 발달단계 (후인습적 수준: 13세 이상)
5단계: 사회계약으로서의 도덕성 기준(다수)
6단계: 보편적 도덕원리 기준(생명존중, 인간존엄성, 절대적 자유, 절대적 평등)

정답　1. ③ 2. ① 3. ①

문제 04 다음 중 청소년기의 원만한 발달결과로 나타나는 사회심리적 특성으로 가장 적절한 것은?

① 신뢰감
② 친밀감
③ 자아정체감
④ 근면성

풀이 : 청소년기에는 자아의 발달과 함께 자아에 대한 정체감도 발달한다.

문제 05 다음 중 에릭슨의 심리사회 이론에서 청소년기에 해당하는 것은?

① 신뢰감 대 불신감
② 자율성 대 수치심
③ 자아정체감 대 정체감 혼란
④ 자아통합 대 절망

풀이 : 에릭슨에 의하면 청소년기(12~20세)는 자아정체감 대 정체감 혼란으로 보았다.

문제 06 다음 중 에릭슨의 심리사회적 발달단계에서 청소년기에 대한 설명으로 가장 거리가 먼 것은?

① 위기를 잘 극복하지 못하면 불확실감 때문에 역할에 혼란을 경험한다.
② 갈등을 성공적으로 해결하면 다른 사람을 사랑하는 능력을 갖게 된다.
③ 이 기간 동안 청소년은 사회적·직업적 역할을 탐색하는 심리사회적 유예기간을 갖는다.
④ 이 기간에는 급격한 신체적 성장과 거대한 사회질서가 요구하는 스트레스로 인해 정체감 혼란을 일으키기 쉽다.

풀이 : 사랑하는 능력을 획득하는 시기는 성인 초기이다.

문제 07 다음 중 청소년기에 주로 나타나는 방어기제로서 보기의 내용에 해당하는 것은?

> 불편한 감정을 조절하거나 최소화하기 위해 과도하게 추상적으로 사고하거나 일반화함으로써 감정적 갈등이나 내·외적인 스트레스를 처리한다.

① 합리화
② 금욕주의
③ 주지화
④ 반동형성

풀이 : ① 합리화는 정당하지 못한 자기 행동에 그럴듯한 이유를 붙여 그 행동을 정당화하는 것이다.
② 금욕주의는 일종의 자기부정으로 본능적 충동의 노예가 될지도 모른다는 공포 때문에 성적 욕구나 무의식적으로 연합된 행동들을 거부하는 것이다.
④ 반동형성은 용납할 수 없는 생각이나 감정 등과는 정반대의 행동이나 생각, 감정들로 대치함으로써 감정적 갈등이나 내·외적인 스트레스를 처리한다.

정답 4. ③ 5. ③ 6. ② 7. ③

문제 08 난이도 : 중급
Blos의 청년기 적응이론에 대한 설명으로 적절하지 않은 것은?

① 청년들은 자아 적응과정을 통해 부모에 대한 오이디푸스 콤플렉스적 집착과 의존에서 벗어나 독립하는 중요한 청년기 발달을 이룬다.
② 생물학적 변화에 대해 적극적이며 성숙된 자아의 적응체계를 이루는 시기로 간주하였다.
③ 청년기를 성적 욕구의 표출과 억압으로 설명하는 성기기라 지칭하였다.
④ 청년기 발달기제를 이차 개체화 과정이라 부른다.

풀이 : Freud는 청년기를 성적 욕구의 표출과 억압으로 설명하는 성기기(genital stage)라 지칭→성호르몬 분비로 잠복된 성적 욕구가 급격히 증가, 성적 쾌락 추구를 위해 강화된 원초아와 초자아 사이에서 자아의 균형기능이 변화되는 특징이다.

문제 09 난이도 : 기본
다음 중 Erikson의 정체성 발달이론의 내용과 다른 것은?

① 전 생애 발달을 8단계로 나누어 설명 하였다.
② 성격이 주로 타인의 존재와 관련하여 발달하고 결정된다고 보았다.
③ 청년기 발달의 핵심은 자아정체성의 개념이다.
④ 청년기 정체성 발달수준을 4개의 정체성 지위로 구분하였다.

풀이 : Marcia(1966. 1980)는 Erikson의 청년기 정체성 발달수준을 4개의 정체성 지위(status)로 구분하여 많은 청년기 연구자들의 공감을 받고 있다.

문제 10 난이도 : 기본
Erikson의 인간발달 8단계 중 3단계인 유아기에 해당되는 것은?

① 근면성 vs 열등감
② 신뢰 vs 불신
③ 주도성 vs 죄악감
④ 생산성 vs 침체감

풀이 : 유아기('주도성' vs '죄악감') – 대개 초등학교에 입학하기 전 시기로, 부모를 동일시의 대상으로 삼는다. 유아는 매우 활발하고 경쟁을 하기도 하며, 목표를 세우고 이를 달성하고자 노력하기도 한다. 이러한 과정을 통하여 유아는 주도성을 익히게 되는데, 여기서 부모는 아동에게 탐구하고 실험할 수 있는 자유를 부여해 주고 부모가 아동의 질문에 성실히 답해 준다면, 주도성이 북돋아질 것이다. 그러나 아동의 활동을 제한하고 아동의 질문에 대한 일관성이 없고 귀찮아한다면, 아동들은 그들 자신의 행동에 대해서 죄책감을 느끼게 된다.

정답 8. ③ 9. ④ 10. ③

문제 11
난이도: 중급

Piaget의 청년기 형식적 조작사고의 특성으로 적절하지 않은 것은?

① 명제적 사고, 결합적 분석, 추상적 추론의 세 가지 특성으로 나눌 수 있다.
② 모든 문화권에 보편적, 합리적 사고 능력과 정의 판단능력으로 본다.
③ Piaget는 조작의 결합체계와 INRC 조작체계의 두 가지 대표 개념으로 설명하였다.
④ 구체적 조작기의 유목(classes)과 관계(relations) 조작에 상응하는 중요성을 가진다.

풀이 : Kohlberg의 청년기 도덕성 발달은 모든 문화권에 보편적, 합리적 사고능력과 정의(justice) 판단능력으로 본다.

문제 12
난이도: 중급

Piaget의 청년기 형식적 조작사고의 특성으로 문제해결 과정에서 관련 변인들을 추출, 분석하며, 상호 관련짓고 통합하는 특성을 일컫는 말은?

① 명제적 사고
② 결합적 분석
③ 추상적 추론
④ 개인적 우화

풀이 : 1) 결합적 분석-문제해결 과정에서 관련 변인들을 추출, 분석하며, 상호 관련짓고 통합한다.
2) 명제적 사고-가설을 설정하고 이를 전제로 추론한다. 3) 추상적 추론-구체적 대상의 존재여부와 관련 없이 형식논리에 의해 사고를 전개한다.

문제 13
난이도: 기본

도덕성발달을 모든 문화권에 보편적, 합리적 사고능력과 정의(justice) 판단능력으로 정의한 학자는?

① Gilligan
② Kohlberg
③ Piaget
④ Erikson

풀이 : Piaget의 인지발달이론은 아동과 청년의 도덕적 사고의 발달을 설명하는 이론적 틀이 된다. Kohlberg의 이론은 도덕성 발달을 대표하는 이론이며, Gillian의 배려지향적인 도덕성발달이론도 중요한 이론이다.

문제 14
난이도: 기본

Kohlbeg 이론에서의 청년기에 해당 하지 않은 것은?

① 다음 세대를 돌보고 길러감으로써 자신의 존재 가치를 확장하는 시기이다.
② 인습 수준(conventional level)의 도덕적 사고를 갖는 시기이다.
③ 대부분의 청년들은 자신이 속한 사회의 규칙, 기대, 관습을 준수하고 이에 동조하는 것을 정의로 생각한다.
④ 특정 사회의 규칙이 이러한 보편적인 도덕원리와 갈등을 일으키면, 이 시기에는 인습보다 도덕적 원리에 의해 판단하고 행동하려 한다.

정답 11. ② 12. ② 13. ② 14. ①

풀이 : Erikson의 성인기 성격발달이론의 세 단계
1) 친밀성 대 고립감
2) 생산성 대 침체감(중년기의 다음 세대를 돌보고 길러감으로써 자신의 존재 가치를 확장하는 성격 발달 특성이다. 생산성은 자녀양육의 과정을 통해 부모역할 생산성이 발달하고 자신의 기술과 능력을 다음세대에 전수하며 과업 생산성은 획득한다)
3) 통합성은 합성 대 절망감

문제 15
난이도 : 중급
Gilligan의 배려지향이론에 대한 설명으로 적절하지 않은 것은?

① 남성들의 도덕성은 추상적인 도덕적 원리보다는 인간에 대한 책임을 강조한다.
② 남성들의 도덕적 사고는 정의, 공정성, 공평성, 합리성 문제에 대한 도덕적 사고와 판단의 발달을 말한다.
③ 여성들의 도덕성은 인간관계 속에서 타인을 배려하고 타인의 요구에 민감하게 반응한다.
④ Gilligan은 도덕 판단은 근본적으로 상이한 두 측면을 공유한다고 주장하였다.

풀이 : 여성들의 도덕성은 추상적인 도덕적 원리보다는 인간에 대한 책임 강조, 타인에게 해를 끼치거나 폭력 행사를 피하고, 자신을 희생하더라도 인간관계를 유지하려는 강한 대인간 배려지향성(caring)을 갖는다.

문제 16
난이도 : 기본
Baltes의 청년기 발달에 미치는 영향이 아닌 것은?

① 문화구분적 영향
② 연령구분적 영향
③ 역사구분적 영향
④ 비규범적 영향

풀이 : Baltes(1987, 1989) : 청년기 발달에 미치는 영향
1) 연령 구분적 영향-대부분의 청년들이 유사 연령에서 공통적으로 경험하는 생물학적 환경적 요인들(성호르몬의 분비, 직업탐색, 학교교육)로부터의 영향을 의미.
2) 역사 구분적 영향-개개 청년이 속하는 특정 시대 사회의 역사적 특성으로부터 오는 영향력(정치사회적 변화, 경제적 요인, 전쟁, 핵가족화)을 뜻함. 연령 구분 및 역사 구분적 영향은 모든 청년이 유사하게 경험하며, 개개인에게 미치는 영향을 비교적 예언할 수 있다는 점에서 규범적 영향(normative influences)이라 부른다.
3) 비규범적 영향-특정 청년에게만 영향을 미치는 개인 특유의 생물학적·환경적 결정인(개인 특유의 가족구성·상벌경험·대학입시 실패·출산장애·실연) 으로 나누어 설명하고 있다.

정답 15. ① 16. ①

문제 **17** 난이도 : 기본
청년기 신체 및 성적 발달에 관한 설명으로 적절하지 않은 것은?
① 사춘기에는 급격한 신체 성장을 이루며 성장 급증기 동안 성인키의 98%가 자란다.
② 사춘기 신체발육 시작 연령은 개인차가 있지만, 여아는 대체로 8세경, 남아는 10세경에 시작된다.
③ 신체 및 성적 발달은 청년기를 이해하기 위한 중요한 요인이다.
④ 사춘기 신체발육이 점점 더 빨라지는 경향은 생활수준에 따라 건강·영양·심리적 보살핌 등에서 환경적 요인이 작용하기 때문이다

풀이 : 청년기를 제 2의 신체발육 급증기(growth spurt)라 부르듯 신체 및 성적 발달은 청년기를 이해하기 위한 중요한 요인이다. 사춘기 신체발육 시작연령은 개인차가 있지만, 여아는 대체로 10세경(7~14세의 범위), 남아는 12세경(9~16세의 범위)에 시작된다.

문제 **18** 난이도 : 고급
형식적 조작사고의 논리적 모형에 대한 설명이 아닌 것은?
① Piaget는 형식적 조작사고의 특징을 16개의 이원결합 조작과 INRC군의 두 논리적 모형으로 설명하고 있다.
② 완전긍정과 상보적 함의를 포함하여 Piaget는 각 변인들이 결합될 수 있는 가능한 논리적 결합 양상을 16개의 이원결합 조작으로 개념화 하였다.
③ 이원결합 조작은 주어진 과제해결을 위해 변인들 간의 논리적 관계를 계획, 가설 설정 할 수 있는 사고기능을 의미한다.
④ 사춘기 신체발육이 점점 더 빨라지는 경향은 생활수준에 따라 건강·영양·심리적 보살핌 등에서 환경적 요인이 작용하기 때문이다

풀이 : 이원결합조작은 어떤 실험이나 현상 속에서 각 변인들의 관찰 가능한 결과와 불가능한 결과 간의 논리적 결합에 의해 결론을 도출하는 조작적 기능을 의미한다. 즉 주어진 과제해결을 위해 변인들 간의 논리적 관계를 계획, 가설 설정할 수 있는 사고기능을 의미한다.

문제 **19** 난이도 : 기본
청소년기 사고의 특징을 가장 적절하게 설명한 것은?
① 청년들은 여러 현상에 가설을 설정할 수 있으므로 미래예측도 생각할 수 있다.
② 청년들은 여러 현상에 가설을 설정할 수 있으므로 결과도 생각할 수 있다.
③ 청년들은 여러 현상에 가설을 설정할 수 있으므로 가능성도 생각할 수 있다.
④ 청년들은 여러 현상에 가설을 설정할 수 있으므로 합리성도 생각할 수 있다.

풀이 : 청년들은 여러 현상에 가설 설정할 수 있으므로 가능성(possibility)도 생각할 수 있다. 청년기 가능성에 대한 가설설정능력은 과학적 사고뿐 아니라 사회·정치·종교·철학 등 전 영역에 걸친 이상주의(idealism)로 확장된다(Piaget, 1981). 청년기 이상주의는 자신의 관념에 대한 집착과 추구 및 자신의 관념과 일치하지 않는 모든 것들에 대해서는 비판으로 나타난다.

정답 17. ② 18. ③ 19. ③

문제 20 난이도 : 중급
청년기 정치 및 사회적 사고의 발달에 대한 설명으로 적절하지 않은 것은?

① 청소년의 정치적 사고는 14세를 전후로 변화를 보인다.
② 청소년들의 정치적 사고는 연령증가에 따라 합리주의로 변하는 경향을 보인다.
③ 연령 증가에 따라 개선과 재활의 중요성을 깨닫게 된다.
④ 정치적 사고 발달과정에서 15세 경 사고의 전환은 국적·성별·사회경제적 계층과 무관하게 공통적이다.

풀이 : 청소년들의 정치적 사고는 연령증가에 따라 이상주의로 변하는 경향이 보인다. 청년 중기부터 정치사회적 이상향을 그리며, 지각하는 현실이 이상과 불일치하면 좌절과 분노를 느낀다.

문제 21 난이도 : 중급
다음은 거짓자아에 대한 설명으로 적절하지 않은 것은?

① 자신이 원하는 자아의 모습을 마치 자신인 것처럼 나타내는 현상이다.
② 자신이 필요하다고 생각되는 상황에서만 거짓자아를 표출한다.
③ 강한 인상을 주고 싶거나 새로운 행동, 역할을 시도하고 싶을 때 거짓자아를 드러낸다.
④ 사회적 수용도가 낮거나 대인관계가 원만하지 못한 청소년에게서는 발견되지 않는다.

풀이 : 이상적 자아에 심리적으로 몰입하면 거짓자아(false-self)를 형성하게 된다. 거짓자아(false-self)는 청년들이 자신이 원하는 자아의 모습을 마치 자신인 것처럼 나타내는 현상으로 자신이 필요하다고 생각되는 상황에서만 거짓자아를 표출하며, 청년들은 자신의 거짓자아를 좋아하지 않는다(Harter & Lee, 1989). 청년기 거짓자아는 사회적 수용도가 낮거나 대인관계가 원만하지 못한 청소년에게서 자주 발견된다. 거짓자아는 보편적인 청년기 현상 중의 하나인 것 같지만, 어디까지나 청년기에 적합한 적응행동이다.

문제 22 난이도 : 고급
실제적 자아와 이상적 자아청년기 정체성 위기 확립을 위한 목표가 아닌 것은?

① 자아확신
② 자기인식의 연속성과 동질성 확립
③ 일관된 자아체계로 통합
④ 자신의 독특성, 특수성 확립

풀이 : Erikson의 정체성 위기이론의 목표
1) 자기인식의 연속성과 동질성 확립 2) 일관된 자아체계로 통합 3) 자신의 독특성, 특수성 확립

정답 20. ② 21. ④ 22. ①

문제 23 난이도 : 중급
다음 중 Erikson의 정체성탐색의 과업이 아닌 것은?
① 성취기대 대 과업마비
② 자아확신 대 무감각
③ 시간조망 대 혼돈
④ 사고의 극대화 대 이상의 혼미

풀이 : 정체성 탐색과업 – 실제적 자아와 이상적 자아청년기 정체성 위기 후 극복해야 할 7가지 주요 과업 1)시간 조망 대 혼돈 2)자아 확신 대 무감각 3)역할 실험 대 부정적 정체성 4)성취기대 대 과업마비 5)성 정체성 대 양성적 혼미 6)지도성 극대화 대 권위 혼미 7)관념의 극대화 대 이상의 혼미

문제 24 난이도 : 기본
Kohlberg의 청년기 4단계 도덕적 가치가 아닌 것은?
① 서로에게 호감을 가진다.
② 서로를 신뢰한다.
④ 서로를 이해한다.
④ 법과 질서를 중시한다.

풀이 : 청년기 도덕적 사고는 사회가 기대하는 바에 따라 행동하며, 사회적 규범과 의무를 준수 하려는 인습적 수준에 속한다. 사람간의 관계에 있어서 서로에게 호감을 가지고 서로를 신뢰하며, 상호 관여하는 3단계의 도덕적 가치와, 법과 질서를 중시하고 준수하는 4단계 도덕적 가치가 인습적 수준의 도덕성에 포함된다.

문제 25 난이도 : 고급
Kohlberg의 다섯 개 유형의 도덕적 상대주의적 사고가 아닌 것은?
① 급진적 상대론
② 이상주의적 상대론
③ 개인적 상대론
④ 정치적 상대론

풀이 : 도덕적 상대주의적 사고 유형
1) 급진적 상대론 2) 개인적 상대론 3) 이기주의적 상대론 4) 정치적 상대론
5) 결정주의적 상대론

문제 26 난이도 : 중급
다음에서 설명하는 사고 유형은?

"내가 하인쯔 입장에 선다면 그보다 더 낫게 행동할 자신이 없는데 무어라 말할 수 있는가?"

① 개인적 상대론
② 급진적 상대론
③ 결정주의적 상대론
④ 정치적 상대론

풀이 : 결정주의적 상대론 – 스스로 절대적인 선과 보편적 도덕률을 수행할 자신이 있는가에 대한 불확실성 때문에 타인의 도덕적 행위의 당위성에 대해 판단하기를 주저한다.

정답 23. ④ 24. ④ 25. ② 26. ③

문제 27 난이도 : 고급

Gilligan의 청년기 도덕발달이론에 대한 설명으로 적절하지 않은 것은?

① Kohlberg이론의 한계를 보완하고 있다.
② 인간관계의 보살핌·책임·애착·희생을 강조하는 대인 지향적 도덕이론을 제시했다.
③ 종단적 연구결과 90%가 두 가지 지향의 도덕적 추론을 모두 갖고 있으며 의존적이라고 보았다.
④ 남성이 여성보다 도덕적 지향과 선호성 높다.

풀이 : 대인간 배려와 책임을 중시하는 Gilligan의 도덕성발달이론은 도덕발달의 성차 문제를 넘어서 인지적인 측면에서만 도덕성을 지나치게 고려한 Kohlberg이론의 한계를 보완하고 있다. Gilligan(1977, 1982)은 인간관계의 보살핌·책임·애착·희생을 강조하는 대인지향적 도덕이론을 제시하였다. Gilligan(1984)은 종단적 연구결과 90%가 두 가지 지향의 도덕적 추론을 모두 갖고 있으며 의존적이라고 보았다.
Gilligan은 폭력·낙태 등 여러 도덕적 사태에서 청소년들이 보여주는 여성 특유의 도덕추론 발달과정을 단계화하였다.
여성은 92%가 대인지향적 도덕성을 보이며, 그 중 62%가 명백히 선호하였다.
남성은 62%가 대인지향적 도덕성을 보이며, 그 중 7%가 명백히 선호하였다. 이러한 자료는 남성과 여성의 도덕적 지향과 선호성이 다르다는 사실을 보여 준다.

문제 28 난이도 : 기본

다음 중 맥락 중심적 접근 모형이 아닌 것은?

① Kandel의 부모-교우관계 모형
② Bronfenbrenner의 생태학적 모형
③ Lerner의 맥락주의 모형
④ Erikson의 정체성 위기 모형

풀이 : 맥락 중심적 접근 모형의 네가지 유형
1) Mead의 문화인류학적 모형   2) Bronfenbrenner의 생태학적 모형
3) Kandel의 부모-교우관계 모형 4) Lerner의 맥락주의 모형

문제 29 난이도 : 기본

Kandel의 부모-교우관계 모형에서 청년기 부모와 교우 집단의 상대적 영향을 통합적으로 고려하기 위해 필요한 것이 아닌 것은?

① 교우 집단의 본질
② 부모-청년관계의 특성
③ 부모-교우 관계에 영향 미치는 환경적 요인
④ 부모-교우 관계에 영향 미치는 상황적 요인

정답 27. ④ 28. ④ 29. ③

풀이 : Kandel의 부모 – 교우관계 모형
1) 청년기의 부모관계와 교우관계 간의 갈등은 많은 발달심리학자들의 관심사였다.
2) Kandel(1986) – 청년기 교우 집단형성 원리와 부모와 교우가 미치는 상대적 영향을 생태학적 모형의 틀 위에서 설명 → 전통적 청년기 발달문제를 새롭게 이해하려 하였다.
3) Kandel(1978ab, 1986)은 청년기 교우 집단을 형성, 지속 및 해체를 선택과정과 사회화 과정에 의해 설명하였다.

문제 30 난이도 : 기본

Lerner의 맥락주의 모형 중 개인이 지닌 기질적 특성이 그가 몸담고 있는 환경적 맥락의 성격에 영향을 미치고, 이는 다시 개인의 경험을 형성함으로써 발달에 영향을 미치는 과정을 의미하는 용어는?

① 순환적 기능   ② 확률적 생성
③ 생산적 기능   ④ 활성화 기능

풀이 : 순환적 기능 – 개인이 지닌 기질적 특성이 그가 몸담고 있는 환경적 맥락의 성격에 영향을 미치고, 이는 다시 개인의 경험을 형성함으로써 발달에 영향을 미치는 과정을 의미한다.
1) 거래적 상호작용 – 특정 환경의 경우도 환경적 요구에 청년의 기질적 특성이 조화롭게 반응한다면 환경과의 긍정적인 순환적 기능이 이루어지며, 이는 청소년의 건전한 발달을 가져온다.
2) 개인의 고유한 내적 특성과 환경적 맥락간의 순환적 기능을 거래적 상호작용이라 한다.

문제 31 난이도 : 중급

청소년기 발달 이론의 맥락적 접근의 내용과 다른 것은?

① Mead의 문화인류학적 모형과 Bronfenbrenner의 생태학적 모형으로 나누어 살펴 볼 수 있다.
② Mead의 청년심리의 문화인류학적 접근은 도덕성 발달 이론에 근거하고 있다.
③ Bronfenbrenner의 생태학적 모형은 청년기 발달에 영향 미치는 맥락적 요인들을 거시적, 종합적으로 이해할 수 있는 틀을 제공하였다.
④ Bronfenbrenner가 제시한 네 개의 사회문화적 주도체계와 이들 체계 내에서의 상호작용을 이해하는 것은 청년기 발달을 연구하는 중요한 배경이 되고 있다.

풀이 : Mead의 문화인류학적 접근은 Boas(1950)의 문화적 상대론(cultural relativism)에 근거하였다.
1) Boas는 인간의 발달적 특성을 형성하는 것은 생물학적 기제가 아니라 사회적 요인이라는 문화적 결정론을 주장하였다. 질풍노도와 같은 청년기의 혼돈과 위기는 고도로 경쟁적인 서구사회가 만들어낸 문화적 부산물로 보았다.
2) Boas의 제자인 Mead(1901~1978)는 청년기가 긴장과 갈등과 성적 혼돈의 시기가 될지 또는 조화롭고 행복한 시기가 될지의 여부는 전적으로 문화적 맥락에 의존한다고 보았다.

정답 30. ① 31. ②

문제 32 난이도 : 중급
다음 피아제의 인지발달단계 중 형식적 조작기의 특성에 해당하는 것은?

① 가역적 사고가 가능하고 보존개념을 획득한다.
② 구체적 사물에 대한 논리적 조작이 가능하다.
③ 가설-명제적 사고가 가능하다.
④ 상징놀이를 한다.

풀이 : 형식적 조작기의 특성
- 어떤 종류의 추상적 추리가 가능하다.
- 아동은 가상성에 기초하여 사고한다.
- 아동의 사고는 가설적이고 연역적이다.
- 아동은 명제 간의 사고도 할 수 있다.
- 조합적인 사고가 가능하다.
- 체계적인 사고능력, 논리적 조작에 필요한 문제해결능력이 발달한다.

문제 33 난이도 : 중급
다음 중 청소년기의 인지발달상 특징에 해당되는 것은?

① 경험하지 않은 일에 대한 인과관계의 추론
② 전 개념적 사고의 시작
③ 대상영속성의 발달
④ 비가역적 사고

풀이 : 청소년기는 피아제의 형식적 조작기에 해당한다. 형식적 조작기는 연역적 사고와 과학적 추리를 실행할 수 있는 단계이다.

문제 34 난이도 : 고급
다음 중 콜버그의 도덕성 발달이론에서 후인습적 수준의 내용에 해당되지 않는 것은?

① 원만한 대인관계의 유지   ② 생명존중
③ 인간의 존엄성   ④ 절대적 자유

풀이 : 콜버그의 도덕성 발달단계 (후인습적 수준: 13세 이상)
5단계: 사회계약으로서의 도덕성 기준(다수)
6단계: 보편적 도덕원리 기준(생명존중, 인간존엄성, 절대적 자유, 절대적 평등)

정답 32. ③ 33. ① 34. ①

문제 35 다음 중 청소년기의 원만한 발달결과로 나타나는 사회심리적 특성으로 가장 적절한 것은?

난이도 : 기본

① 신뢰감　　　　　　　　　② 친밀감
③ 자아정체감　　　　　　　④ 근면성

풀이 : 청소년기에는 자아의 발달과 함께 자아에 대한 정체감도 발달한다.

문제 36 다음 중 에릭슨의 심리사회이론에서 청소년기에 해당하는 것은?

난이도 : 기본

① 신뢰감 대 불신감　　　　② 자율성 대 수치심
③ 자아정체감 대 정체감 혼란　④ 자아통합 대 절망

풀이 : 에릭슨에 의하면 청소년기(12~20세)는 자아정체감 대 정체감 혼란으로 보았다.

문제 37 다음 중 에릭슨의 심리사회적 발달단계에서 청소년기에 대한 설명으로 가장 거리가 먼 것은?

난이도 : 중급

① 위기를 잘 극복하지 못하면 불확실감 때문에 역할에 혼란을 경험한다.
② 갈등을 성공적으로 해결하면 다른 사람을 사랑하는 능력을 갖게 된다.
③ 이 기간 동안 청소년은 사회적·직업적 역할을 탐색하는 심리사회적 유예기간을 갖는다.
④ 이 기간에는 급격한 신체적 성장과 거대한 사회질서가 요구하는 스트레스로 인해 정 체감 혼란을 일으키기 쉽다.

풀이 : 사랑하는 능력을 획득하는 시기는 성인 초기이다.

문제 38 다음 중 청소년기에 주로 나타나는 방어기제로서 보기의 내용에 해당하는 것은?

난이도 : 중급

불편한 감정을 조절하거나 최소화하기 위해 과도하게 추상적으로 사고하거나 일반화함으로써 감정적 갈등이나 내·외적인 스트레스를 처리한다.

① 합리화　　　　　　　　　② 금욕주의
③ 주지화　　　　　　　　　④ 반동형성

풀이 : ① 합리화는 정당하지 못한 자기 행동에 그럴듯한 이유를 붙여 그 행동을 정당화하는 것이다.
② 금욕주의는 일종의 자기 부정으로 본능적 충동의 노예가 될지도 모른다는 공포 때문에 성적 욕구나 무의식적으로 연합된 행동들을 거부하는 것이다.
④ 반동형성은 용납할 수 없는 생각이나 감정 등과는 정반대의 행동이나 생각, 감정들로 대치함으로써 감정적 갈등이나 내·외적인 스트레스를 처리한다.

정답 35. ③ 36. ③ 37. ② 38. ③

문제 39 난이도 : 기본
사춘기 청소년기의 특징에 해당되지 않는 것은?
① 성인과의 개방적 대화가 증가한다.
② 하루에도 여러 번 심리적 변화를 겪는다.
③ 자신의 신체나 외모에 많은 관심이 있다.
④ 또래문화에서 유행하는 옷, 물건 등 외적인 것에 집착한다.

풀이 : 사춘기에는 '나 홀로 시간'이 증가하고, 성인과의 개방적 대화가 감소한다.

문제 40 난이도 : 중급
청소년의 사고특징에 대한 설명 중 옳지 않는 것은?
① Erikson은 청소년의 사고특징을 '청소년기 자아 중심성'으로 정의하였다.
② 자아 중심성은 '상상적 청중'과 '개인적 우화'의 두 가지 문제로 나타난다고 정의했다.
③ 상상적 청중이란 '자신의 행동이 모든 사람의 관심 대상이라고 생각하는 것'이다.
④ 개인적 우화란 '자신의 경험은 다른 사람과 달리 독특하다고 믿는 것'이다.

풀이 : David Elkind는 청소년의 사고특징을 '청소년기 자아 중심성'으로 정의하였다.

문제 41 난이도 : 고급
Marcia의 자아정체감의 네 가지 범주에 대한 설명 중 옳지 않는 것은?
① 정체감 성취 : 삶의 목표 및 가치, 직업, 인간관계 등에서 위기를 경험하고 대안을 탐색하며 자아정체감을 확립한 상태이다.
② 정체감 유예 : 현재 정체감 위기나 변화를 경험하고 있는 상태로 정체감 성취를 위한 과도기적 단계이다.
③ 정체감 유실 : 스스로 심각하게 생각하거나 의문을 갖지 않고 타인의 가치를 받아들이는 상태이다.
④ 정체감 혼미 : 현재는 위기를 경험하지 않았으나, 곧 정체감 성취를 하게 되는 단계이다.

풀이 : '정체감 혼미'란 위기를 경험하지 않았고, 직업이나 이념선택에 대한 의사결정을 하지 않았을 뿐만 아니라 이러한 문제에 관심도 없는 상태이다.

정답 39. ① 40. ① 41. ④

Ⅳ 중년기 발달심리

1 성인기 발달

(1) 성인기 발달이 갖는 특징

1) 발달적 변화의 원인으로서 연령이 이전 시기보다 큰 영향력을 갖지 못한다. 성인기 발달을 이해하기 위해서는 개인의 생활습관에서 풍토에 이르기까지 보다 다양한 사회문화적 요인의 영향을 고려해야 한다.
2) 성인후기부터 나타나는 노쇠(decline)의 해석관점에 따라 특정 지어진다. 청년기까지의 발달은 전반적인 양적 증가를 보이고, 기능이 유능화되는 긍정적인 변화를 뜻한다.

(2) 성인기 발달을 설명하는 몇 가지 관점들의 정리

1) **획득과 상실**
   성인기는 획득된 특성이 단순히 유지, 쇠퇴하는 것이 아니라 획득과 상실을 동시에 내포하는 과정이다. 노년기 신체적 노쇠는 지혜의 심화라는 인지적 기능의 획득을 의미한다.

2) **다차원성과 다방향성**
   발달의 다차원성과 다방향성이란 여러 특성의 발달은 각기 상이한 과정과 방향을 갖는다는 뜻이다.

3) **개인내적 변화**
   성인기 발달은 어떤 특성이 연령에 따라 변화되는 양상 또는 과정을 밝히는 개인내적 변화에 관심을 갖는다.

2. 성인기 발달모형

(1) 전통적 모형 : 성인기 발달적 변화를 설명하는 전통적 모형

1) 정성 모형(stability model)
   성인기 발달은 성숙이 끝나는 청년기나 성인초기에 발달이 완성되며 그 이후의 성인기 발달은 같은 상태를 유지하는 것으로 설명하는 모형이다.

2) 감소 모형(decrement model)
   성인기는 연령증가로 인해 필연적으로 기능 쇠퇴가 나타난다고 보았다. 따라서 성인기 연구의 주목적은 쇠퇴의 정도, 시기, 원인 규명에 있다.

(2) 생애발달적 모형(models of life-span development)
전 생애발달에 영향을 미치는 세 가지 요인(Baltes, 1968, 1987).
1) 연령구분적 영향(age-graded influence)
2) 역사구분적 영향(history influence)
3) 비규범적 영향(nonnormative influence)

3. 성인기 발달이론

(1) 성인기 인지발달이론

1) 성인전기 - 성취단계(achieving stage)
   ① 지적 기능 : 주로 직업선택, 가정의 설계 등 전 생애에 중요한 의미를 갖는 실제적 문제들을 해결하는 데 사용된다.
   ② 사고 : 사고와 관련되는 맥락을 고려할 수 있어야 하며, 의사결정에 결과를 예상할 수 있어야 한다. 아울러 독자적으로 의사결정을 할 지적 기능의 사용능력을 개발해야 한다.

2) 중년기 - 책임단계(responsibility stage)
   중년기의 지적 기능은 배우자, 자녀, 동료, 지역사회에 대해 자신의 사고, 판단, 의사결정을 책임질 수 있어야 한다.

3) 노년기 - 재통합단계(reintegrative stage)

노인들은 일상과 관련하여 장기적 목표를 설정할 필요가 없으며, 사회적 책임도 급격히 감소된다. 따라서 노년기에는 개인적인 흥미, 가치, 태도를 바탕으로 자신의 지적 기능을 선택적으로 사용할 필요가 있다. 노년기 인지발달의 특징은 자신의 필요에 의해 지적 기능을 선택하는 재통합능력을 획득하는 데 있다.

(2) 성인기 성격발달이론

1) Erikson의 심리사회적 발달이론
① 친밀성 대 고립감 : 친밀성은 타인의 한계와 단점을 인정하고, 수용하며, 인간 상호간의 차이와 갈등을 극복하는 과정을 통해 획득된다.
② 생산성 대 침체감 : 중년기의 생산성은 다음 세대를 돌보고 길러감으로써 자신의 존재가치를 확장하는 성격발달 특성이다. 생산성의 확립에 실패하면 침체감에 빠져든다.
③ 통합성 대 절망감 : 노년기는 쇠퇴를 경험하며 죽음을 준비하는 시기이다. 삶의 과정들이 전체적으로 가치 있었다고 긍정적으로 수용하고 만족할 때 통합성이 획득되며 이전 단계까지 긍정적인 발달의 연속선상에서 이해해야 한다. 과거생의 의미와 가치의 내재적 갈등을 극복할 때 통합성이라는 노년기 지혜가 획득된다.

2) Vaillant의 Grant 연구
① 성인전기 : 20대는 부모로부터 독립하여 자율성을 획득하며 가정을 이룬다. 30세 전의 안정된 결혼생활 시작여부는 40대와 50대 삶의 행복을 결정하는 중요한 기준이다. 성인전기는 직업에 몰두하는 단계이다.
② 성인중기 : 중년을 위기라 부르는 사회적 통념과 달리 Grant 연구는 35세~49세의 중년기가 인생의 가장 평온하고 행복한 시기라고 하였다. 잘 적응하며 살아가는 사람들은 책임감을 가지고 직업에 종사하며, 자녀양육의 기쁨을 누리며, 이웃을 돕는 것으로 밝혀졌다. 45~55세 사이의 중년기에는 오랫동안 억압된 감정을 처리할 만큼 성숙하므로, 과거를 재평가하고 관계를 재정립하는 전환기가 된다.

3) Levinson의 인생주기모형
① Levinson은 인생의 주기를 크게 네 시기(era)로 나누고, 각 시기 사이에 세 번의 시기 간 전환기(cross-era transition)를 설정하였다.
성인이전시기(0~22세), 성인초기 전환기(5년간), 성인초기(17~45세), 성인중기 전환기(5년간), 성인중기(40~65세), 성인후기 전환기(5년간), 성인후기(60

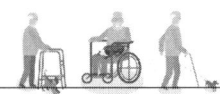

세 이후)로 나눈다. 각 5년간에 걸친 이 전환기 동안에 이전 시기의 삶을 평가하고 통합하며 다음 시기를 설계하게 된다.
② 각 시기에 한 개인의 삶의 기본양식을 뜻하는 인생구조(life structure)를 가정하고 있다. 인생구조는 '지금 내 삶은 어떠한 모습인가?' 라는 의문에 대해 스스로 제시하는 대답을 의미한다.
③ 각 시기의 인생구조 형성과정은 연령증가에 따라 세 단계유형으로 일정계열을 형성한다.
- 각 시기 인생구조는 구조 설정이 시작되는 초보인생구조(entry life strucuture)
- 각 시기 내에 구조가 변화하는 전환기(transition)
- 특정시기 인생구조가 완성되는 절정인생구조(culminating life strucutre)
④ Levinson이 인생주기 중 25년이라는 긴 기간을 5번에 걸친 전환기로 설정한 것은 생의 과정에서 경험하는 동요와 위기의 중요성을 보여주는 것이다.

4) 생활사태 접근
① 생활사태 접근(life-events approach)은 일상의 여러 가지 사태들(결혼, 이혼, 배우자 사망, 은퇴 등)이 성격형성에 미치는 영향에 의해 성인기 성격발달 특성을 설명한다.
② 개인의 직접적인 사태 자체 뿐 아니라 개인의 건강, 가족구조 등 매개적 요인과 생활 사태에 대한 개인의 적응과정, 개인이 속한 발달 단계적 맥락과 사회, 역사, 문화적 맥락 등의 요인들을 통합한다(Brim & Ryff, 1980; Hansell, 1991; Lieberman 1994).
③ 동일 생활 사태라도 여러 요인에 따라 스트레스가 야기되는 정도가 다르며, 따라서 개인발달에 미치는 영향도 달라진다.

4 성인기 발달의 특징

(1) 성인전기 발달

1) 신체발달

성인전기는 청년기가 끝나는 20~22・3세경부터 35~40세경까지 신체발달이 완성되는 시기이다. 성인전기는 신체적으로 가장 건강한 시기로서, 아동기나 성인 후기에 비해 만성적 질병이 가장 적다(Turk et al., 1984). 성인으로서 직업을 선택하고 사회적 역할을 하는 시기로서 이성과의 성관계가 확립되며, 성행동 양상으

로 동성애(homosexuality)가 나타나기도 한다.

2) 인지발달

Keating(1980, 1990)은 청년기와 성인기 사고는 본질적으로 같다고 보는 Piaget의 인지발달이론을 바탕으로, 성인전기 인지 발달적 특징을 형식적 조작사고가 강화되고 공고화되는 과정으로 설명한다. 성인전기에 형식적 조작사고가 심화되는 양상을 비판적 사고(critical thinking)의 발달로 설명한다.

Labouvie-Vief(1982, 1986)는 성인기는 자신의 직장이나 사회, 크게는 생태적 맥락 내에서 발생하는 여러 복잡한 문제들을 해결하고 적응해야 하는 시기로 본다. 성인전기의 인지발달은 청년기의 논리적이며 가설중심적인 사고로부터 현실에 대한 실용적인 적응방법을 탐색하는 실제적인 문제해결사고의 변화과정을 의미한다. 성인전기 인지발달의 특징은 형식적 조작사고의 심화에 의한 비판적 사고의 확장과 실용적인 적응과 현실적인 과업성취를 위한 실제적 문제해결능력의 발달, 문제발견능력의 획득, 다면적 사고와 상대적 사고의 발달은 성인전기 인지발달이다.

3) 성격 및 사회성 발달

① 친근성의 발달

Erikson(1968)은 성인초기 성격특성을 친근성 대 고립감(intimacy vs isolation)의 위기로 표현하고 있다. 성인초기의 친근성이란 결혼대상으로서 애정을 나누거나 사회생활에서 우정을 나눌 사람들과의 친근한 관계를 포함한다. 이 시기에 친근성을 획득하지 못한 사람들은 원만한 사회적 상호작용을 이루지 못해 고립감에 빠지게 된다.

Sternberg(1988d)는 친근성의 중심문제인 애정(affectionate love)의 구성요소를 열정(passion), 친근성(intimacy) 및 관여(commitment)의 세 요소로 보았다. 열정은 애정의 신체적이며 성적인 측면을, 친근성은 따뜻하고 가까이에서 애정을 나누는 사랑의 표현을, 관여는 애정을 객관적으로 평가하고 문제 발생에도 같은 관계를 유지할 인지적 측면을 뜻한다.

② Levinson의 성인전기 인생구조에 따른 성인 전기 성격발달 특성
- 성인전기 전환기(early adulthood transition) : 약 17~22세 사이로 부모로부터 경제적으로나 정서적으로 독립하여 성인의 삶을 준비하는 과도기이다.
- 성인전기 초보인생구조(entry life structure) : 약 22~28세 사이로 성인전기의 초보인생구조가 형성되는 단계이다. 이성을 만나 가정을 만들고 직업을 선택하는 것은 대표적 요인이다.

- 30세 전환기(age 30 transition) : 약 28~33세 사이로 지난 10여년의 삶을 되돌아보며 적합했는가에 의문을 제기함으로써 가벼운 위기를 경험한다. 이 위기를 잘 극복하면 보다 안정된 성인전기 인생구조의 토대를 쌓게 된다.
- 절정인생구조(culminating life structure): 30세 전환기를 통해 성인전기의 안정된 구조가 확립되면 33~40세 사이에 열성적으로 일하며 삶의 양식을 확립하여 인생의 뿌리를 내린다.

③ 생애과업 : 전 생애 동안 지속할 직업을 선택하고 주어진 과업에 충실히 종사하는 일은 성인전기의 성공적인 발달여부를 결정하는 주요 요인이다.
- Ginzberg의 과업선택 발달이론 : 생애과업의 선택이 환상적 단계(fantasy stage), 시험적 단계(tentative stage), 현실적 단계(realistic stage)를 거쳐 발달한다는 과업선택의 발달이론을 제시하고 있다.
- Super의 과업자아 개념이론 : Super(1967, 1976)의 과업자아개념이론(career self-concept theory)에서는 개인의 자아개념이 생애과업 선택에 중추적인 역할을 한다.
- Holland의 과업성격유형이론 : Holland(1973, 1987)는 개인의 성격유형과 특정 생애과업 간의 일치성을 강조하는 과업성격유형이론(personality type theory of career)을 제시하였다. 실적, 탐구적, 예술적, 사회적, 기업가적, 관습적 유형으로 6개의 기본적 성격유형을 제시했다.

④ 생애과업의 탐색과 결정
성인기의 과업발달은 대체로 선택, 적응, 유지, 은퇴의 네 과정을 거친다. 성인 초기에 과업이 선택되면 대부분의 사람들은 자신의 과업에 적응하고자 노력한다. 과업이 요구하는 새로운 역할에 자신을 맞추어가는 적응과정은 성인전기 발달의 핵심적 과제이다. 때로 직장을 그만두거나 직업을 바꾸는 일은 과업적응에 실패하거나 재조정이 필요할 때 나타나는 현상이다.

(2) 성인중기 발달

1) 신체적 변화
① 감각기능의 쇠퇴 : 성인중기에 가장 뚜렷한 감퇴는 시각과 청각기능이다.
② 건강 상태 : 성인중기 동안 신체구조 및 기능의 변화로 건강이 약화될 수 있다.
③ 성적 변화 : 성인중기에 나타나는 성적 변화 중 여성의 폐경(menopause)이 있으며, 남성도 남성호르몬 분비 감소로 인해 성욕감퇴와 더불어 심리적인 의욕감퇴·불안·초조 등의 갱년기 장애를 경험한다.

2) 성인중기 인지발달

① 지능의 변화 : 근래의 지능 연구에 의하면 성인중기 지적능력의 감퇴는 필연적이거나 보편적이지는 않다.

② 기억의 변화 : 성인중기에 들어서면 많은 사람들이 기억 감퇴를 호소하는데, 이것은 정보 처리 속도에 비추어볼 때 성인중기에 기억의 감퇴가 일어나고 있음을 보여주는 것이다.

③ 전문성의 획득 : 성인중기는 자신이 종사하고 있는 분야의 지식과 기술에 있어서 보다 큰 전문성을 길러가는 시기이다. 이러한 전문성의 증가는 성인중기 인지발달을 특징짓는 중요한 준거 중의 하나가 될 것이다.

④ 지혜의 발달 : 지혜(wisdom)란 인생의 중요하면서도 불확실한 사태에 대해 좋은 판단을 내릴 수 있는 능력을 뜻한다. 지혜를 인생의 복잡하고 불확실한 사태에 있어서 뛰어난 통찰력과 판단력을 가능하게 하는 전문적 지식으로 규정한다.

3) 성인중기 성격발달

① 성인중기 성격발달 요인
- 과잉습관화 : 성인중기 습관화 경향이 과도하게 나타날 때 '과잉습관화(hyperhabituation)'에 빠진다. 과잉습관화는 변화를 두려워하고, 미래 직면을 피하며, 동일한 방식으로 생활하려는 극단적인 연속성에 집착하는 것을 의미한다(Datan et al., 1987).
- 중년기 위기 : 중년기 위기(mid-life crisis)란 Jacques(1965)가 예술가 310명의 성인중기와 노년기 삶의 변화과정을 분석 연구를 통해 최초로 사용한 용어이다(Irwin & Simons, 1994). Jacques는 중년기 위기는 죽음을 의식, 심리적으로 죽음을 준비하는 시기에 시작된다고 본다.
- 빈 둥지 현상 : 성인중기에 자녀가 독립해서 떠남으로서 부부만 남게 되는 현상을 뜻한다.

4) 성인중기 성격발달 연구

① 단계론적 관점
- Erikson(1968a)은 성인중기를 자녀를 낳아 기르는 부모역할 생산성과 다음 세대에게 자신의 전문적 기술과 능력을 전수함으로써 느끼는 과업생산성이 획득되는 시기로 보고 있다. 특히 자신의 부모역할에 대해 느끼는 만족도는 성인중기 성격발달에 중요한 역할을 한다.
- Peck(1968)은 Erikson의 생산성 대 침체감의 위기를 보다 세분화하여 지혜 가치 대 신체적 힘의 가치(wisdom vs physical power)간의 갈등, 보편적인

사회적 인간관계 대 성적관계(socializing vs sexuality)간의 갈등, 정서적 유연성 대 정서적 삭막함(emotioal flexibility vs impoverishment)간의 갈등이 가져오는 위기의 극복양상을 성인중기 성격발달의 주요과정으로 설명하고 있다.

② Levinson(1986)의 성인기 발달단계이론에서 성인중기 발달
- 인생중기 전환기(mid-life transition) : 대체로 40~45세 사이에 해당하고 자신의 삶의 가치에 대한 재평가를 시도한다. 인생중기의 전환기 위기는 개인적인 영역을 넘어서서 타인과의 관계 속에 자신을 확장할 때 극복된다.
- 인생중기 초보인생구조(entry life structure) : 대체로 45~50세 사이에 해당하고 대부분의 사람들은 전 생애동안 지속될 자신의 삶의 새로운 구조를 형성한다.
- 50세 전환기(age of transition) : 대체로 50~55세 사이로 중년기 내에서 또 한 번의 위기를 경험하는 시기이다.
- 절정인생구조(culminating life structure) : 대체로 55~60세 사이의 시기로 중년기 마무리 단계이다. 정상적인 삶의 과정에서 이 단계는 한 개인의 삶의 위대한 완성기이다.

단원정리문제

문제 01 난이도 : 기본

다음 중 중년기에 대한 학자들의 입장을 올바르게 연결한 것은?
① 피아제 – 형식적 조작기
② 플라톤 – 가변성과 열정
③ 에릭슨 – 생산성 대 침체
④ 홀 – 제 2의 탄생기

풀이 : 에릭슨은 중·장년기의 심리사회적 위기를 생산성 대 침체라고 하였다. 생산성이란 자녀를 양육하고 능동적으로 직업에 몰두할 수 있으며 사회의 발전에 관심을 갖는 것, 즉 자신보다는 타인, 현재보다는 미래를 위한 일을 하는 것을 의미한다.
이것을 잘 하지 못할 때 침체된다고 하였다.

문제 02 난이도 : 기본

다음 중 중년기의 인지적 변화에 대한 설명으로 옳지 않은 것은?
① 통합적 사고능력이 향상되어 문제해결능력이 정점에 이른다.
② 장기기억력이 단기기억력에 비해 떨어진다.
③ 인지기능은 성인기 후반까지 향상되지만 잠재능력에 비해 수행능력은 떨어진다.
④ 개성화를 통해 자아의 에너지를 내적·정신적인 차원으로 끌어드린다.

풀이 : 단기 기억력이 장기 기억력에 비해 떨어진다.

문제 03 난이도 : 기본

성인기 발달을 설명하는 관점에 관한 설명으로 옳은 것은?
① 성인기는 획득된 특성이 단순히 유지, 쇠퇴하는 과정이다.
② 성인기는 발달의 다차원성과 다방향성을 고려해야 한다.
③ 성인기 발달은 어떤 특성이 연령에 따라 변화되는 양상 또는 과정을 밝히는 집단 간의 변화에 관심을 갖는다.
④ 성인기 발달은 주로 어떤 특성이 획득되는 시기나 정도의 집단 간 차이를 밝히는 규준적 접근을 취한다.

풀이 : 성인기는 발달의 차원성과 다방향성을 고려해야 한다. 발달의 다차원성과 다방향성이란 여러 특성의 발달은 각기 상이한 과정과 방향을 갖는다는 뜻이다.

정답 1. ③ 2. ② 3. ②

문제 04 난이도 : 기본
성인기 발달 모형 중 전통적 모형에 대한 설명으로 적절하지 않는 것은?

① 성인기 발달은 성숙이 끝나는 청년기나 성인초기에 발달이 완성된다.
② Freud나 Piaget이론이 대표적이다.
③ 일부 학자들은 이러한 성인기 쇠퇴는 회복 가능하다고 생각하였다.
④ 성인기는 연령증가로 인해 필연적으로 기능 쇠퇴가 나타난다고 보았다.

풀이 : 감소모형의 관점에서 일부 학자들은 이러한 성인기 쇠퇴는 회복 불가능으로 생각하였다. 따라서 성인기 연구의 주목적은 쇠퇴의 정도, 시기, 원인 규명에 있다.

문제 05 난이도 : 기본
다음 중 생애발달적 모형의 세 가지 요인이 아닌 것은?

① 연령구분적 영향　　　　　　② 역사구분적 영향
③ 비규범적 영향　　　　　　　④ 규범적 영향

풀이 : 전 생애발달에 영향을 미치는 세 가지 요인(Baltes, 1968, 1987)
1) 연령구분적 영향(age-graded influence) - 같은 사회나 문화권의 모든 사람들이 비슷한 연령에서 경험하는 사태를 뜻한다. 결혼, 은퇴 등과 같은 성인기 경험은 연령구분의 영향이 가장 크다. 영향은 아동기 발달에 가장 크게 작용한다. 아동의 성장에 따라 생물학적 성숙과 부모의 사회화 영향이 줄어듦은 곧 연령구분적 영향이 감소함 뜻함. 그러나 노년기의 쇠퇴와 더불어 연령구분적 영향은 다시 작용하게 된다.
2) 역사구분적 영향(history influence) - 개인이 몸담고 있는 시대, 사회적 배경에 의한 특수한 경험이나 사태를 뜻함. 우리나라 50대와 60대가 겪었던 전쟁, 경제적 어려움, 쿠데타 등 역사적 사건은 이 세대에 속한 사람들의 발달에 유사한 영향을 미친다. 흔히 말하는 동시대 집단효과(cohort effect)는 바로 역사구분적 영향을 뜻한다. 역사구분적 영향은 청년기와 성인초기 발달에 가장 강력하게 작용하며 직장 중심의 사회 활동이 생활중심이므로 역사구분적 영향을 크게 받는다.
3) 비규범적 영향(nonnormative influence) - 개인이나 가족 내에서 발생, 개인의 성장과 발달에 영향을 미치는 사태를 의미한다. 형제의 죽음, 사고, 질병, 이혼, 실직 등은 성인기에 경험할 수 있는 비규범적 영향의 예이다. 이런 비규범적 영향이 언제 어떻게 일어나서 얼마나 오래 지속되느냐에 따라 성인기 발달에 심각한 영향을 미칠 수 있다(Baltes & Reese, 1984). 성인중기 이후부터 비규범적 영향이 크게 작용함. 동시대를 사는 사람들 간의 개인차는 주로 비규범적 영향에 의해서 이다.

정답 4. ③ 5. ④

문제 06 난이도: 기본
생애발달적 모형에서 전 생애발달에 영향을 미치는 세 가지 요인에 대한 설명으로 적절하지 않은 것은?
① 결혼, 은퇴 등과 같은 성인기 경험은 연령구분의 영향이 가장 크다.
② 우리나라 50대와 60대가 겪었던 전쟁, 경제적 어려움, 쿠데타 등 역사적 사건은 이 세대에 속한 사람들의 발달에 유사한 영향을 미친다.
③ 동시대 집단효과는 바로 비규범적 영향을 뜻한다.
④ 형제의 죽음, 사고, 질병, 이혼, 실직 등은 성인기에 경험할 수 있는 비규범적 영향의 예이다.

풀이 : 동시대 집단효과(cohort effect)는 바로 역사구분적 영향을 뜻한다. 역사구분적 영향은 청년기와 성인초기 발달에 가장 강력하게 작용하며 직장 중심의 사회 활동이 생활중심이므로 역사구분적 영향을 크게 받는다.

문제 07 난이도: 기본
생애발달적 모형의 요인 중 역사구분적 영향에 대한 설명으로 적절하지 못한 것은?
① 동시대 집단효과
② 우리나라 50대와 60대가 겪었던 전쟁
③ 결혼, 은퇴 등과 같은 경험
④ 역사적 사건

풀이 : 연령구분적 영향 – 같은 사회나 문화권의 모든 사람들이 비슷한 연령에서 경험하는 사태를 뜻한다. 결혼, 은퇴 등과 같은 성인기 경험은 연령구분의 영향이 가장 크다.

문제 08 난이도: 기본
심리사회적 발달 이론을 친밀성 대 고립감-생산성 대 침체감-통합성 대 절망감으로 분류한 학자는?
① Piaget
② White
③ Erikson
④ Sternberg

풀이 : Erikson은 성인기 발달을 세 단계 1) 친밀성 대 고립감 2) 생산성 대 침체감 3) 통합성 대 절망감)로 나누어 설명하였다.

정답 6. ③ 7. ③ 8. ③

문제 09 난이도 : 중급
Erikson의 성인기 발달 단계에 대한 설명으로 부적절한 것은?

① 통합성은 타인의 한계와 단점을 인정, 수용하며, 인간 상호간의 차이와 갈등을 극복하는 과정을 통해 획득된다.
② 자아정체성 확립에 실패, 부정적 정체성을 지닌 사람은 관계 속에서 친밀감 형성이 어렵다.
③ 자신의 외모, 능력, 가치 등에 일관성 있는 정체성 확립 못해 자의식에서 벗어나지 못한 사람은 타인에게 자연스러운 관심, 배려를 보일 수 없다.
④ 침체감에 빠진 성인들은 부모역할을 잘하지 못하며, 집단의 지도자나 지역사회에서의 어른 역할 수행이 원만하지 못하다.

풀이 : 친밀성은 타인의 한계와 단점을 인정, 수용하며, 인간 상호간의 차이와 갈등을 극복하는 과정을 통해 획득된다. 청년기 자아정체성 확립은 친밀성 형성의 기초가 된다.

문제 10 난이도 : 중급
Levinson의 인생주기모형에 대한 설명으로 적절하지 않은 것은?

① Levinson은 인생의 주기를 크게 세 시기로 나누고, 각 시기 사이에 시기 간 전환기(cross-era transition)를 설정하였다.
② 각 시기에 한 개인의 삶의 기본 양식을 뜻하는 인생구조(life structure)를 가정하고 있다.
③ 각 시기의 인생구조 형성과정은 연령증가에 따라 세 단계 유형으로 일정 계열을 형성한다.
④ Levinson이 인생주기 중 25년이라는 긴 기간을 5번에 걸친 전환기로 설정한 것은 생의 과정에서 경험하는 동요와 위기의 중요성을 보여주는 것이다.

풀이 : Levinson은 인생의 주기를 크게 네 시기(era)로 나누고, 각 시기 사이에 세 번의 시기 간 전환기(cross-era transition)를 설정하였다.
　1) 성인이전 시기(0~22세), 〈성인초기 전환기(5년간)〉,
　2) 성인초기(17~45세), 〈성인중기 전환기(5년간)〉,
　3) 성인중기(40~65세), 〈성인후기 전환기(5년간)〉,
　4) 성인후기(60세 이후)로 나눈다.
　각 5년간에 걸친 이 전환기 동안에 이전 시기의 삶을 평가하고 통합하며 다음 시기를 설계하게 된다.

문제 11 난이도 : 기본
다음 중 성인기 신체발달의 특징으로 적절하지 않는 것은?

① 청년기가 끝나는 20~22 · 3세경부터 35~40세경까지로 신체발달이 완성되는 시기이다.
② 아동기나 성인후기에 비해 만성적 질병이 가장 적다.
③ 청년후기부터 성인초기인 20대 중반까지 흡연, 음주, 약물흡입 경향은 급격히 증가한다.
④ 학자들은 청년기의 운동, 흡연, 음식습관 등이 자신의 건강에 밀접한 영향이 있다고 믿는다.

풀이 : 청년후기부터 성인초기인 20대 중반까지 흡연, 음주, 약물흡입 경향은 급격히 증가한다. 학자들은 청년기 자아중심적 사고가 성인전기 건강지각에 그대로 적용되기 때문에 운동, 흡연, 음식습관 등이 자신의 건강과는 무관하다고 믿는다(Weinstein, 1984).

문제 12 난이도 : 중급
다음 중 Holland의 과업성격유형이론이 아닌 것은?

① 실적 유형　　　　　　　　　② 관행적 유형
③ 예술적 유형　　　　　　　　④ 기업가적 유형

풀이 : Holland(1973, 1987)는 개인의 성격유형과 특정 생애과업 간의 일치성을 강조하는 과업성격유형 이론(personality type theory of career)을 제시하였다.
생애과업과 관련된 6개의 기본적 성격유형은 1) 실적 유형 2) 탐구적 유형 3) 예술적 유형 4) 사회적 유형 5) 기업가적 유형 6) 관습적 유형

문제 13 난이도 : 기본
과학과 관련되는 직종이나 고도로 전문화된 직종은 이 유형에 속하며, 사회적 관계에 무심하고 정서적 상황 대처능력이 낮은 성격을 보이는 유형은?

① 사회적 유형　　　　　　　　② 기업가적 유형.
③ 실적 유형　　　　　　　　　④ 탐구적 유형

풀이 : 탐구적 유형(investigative type)은 사람보다 관념이나 생각에 관심이 많으며, 사회적 관계에 무심하고 정서적 상황 대처능력이 낮다. 흔히 소외되어 있는 것으로 지각되지만 대단히 지적이다. 교육수준과 사회적 지위는 여섯 유형 중 가장 높다. 과학과 관련되는 직종이나 고도로 전문화된 직종은 이 유형에 속한다.

정답　11. ④　12. ②　13. ④

문제 14
난이도 : 기본

성인기의 과업발달은 대체로 선택, 적응, □, □의 네 과정을 거친다. □에 들어갈 알맞은 말은?

① 유지, 은퇴
② 역할, 은퇴.
③ 유지, 퇴행
④ 역할, 퇴행

풀이 : 인기의 과업발달은 대체로 선택, 적응, 유지, 은퇴의 네 과정을 거친다. 성인초기에 과업이 선택되면 대부분의 사람들은 자신의 과업에 적응하고자 노력한다. 과업이 요구하는 새로운 역할에 자신을 맞추어가는 적응과정은 성인전기 발달의 핵심적 과제이다. 때로 직장을 그만두거나 직업을 바꾸는 일은 과업적응에 실패하거나 재조정이 필요할 때 나타나는 현상이다.

문제 15
난이도 : 기본

이중과업결혼의 장단점에 대한 설명으로 적절하지 않은 것은?

① 이중과업결혼의 성공여부는 남편의 아내 과업성취 격려정도, 여부에 따라 크게 다르다.
② 경제적 이득, 부부 간의 동등한 관계 유지의 장점을 가진다.
③ 과중한 시간 및 체력 부족, 일과 가족 역할간의 갈등, 부부간의 경쟁적 적개심 유발 등의 단점을 보인다.
④ 최근 자신의 과업을 갖는 여성의 수가 감소하는 추세이다.

풀이 : 근래에 자신의 과업을 갖는 여성의 수가 증가하는 것은 동서양을 막론하고 공통된 현상이다. 오늘날의 여성도 결혼하여 가정을 이루고 자녀를 낳아 기르는 것은 중요한 생애과업의 하나이다. 따라서 결혼과 일을 병행하려는 여성들은 이중과업결혼(dual-carrier marriage)의 부담을 갖게 된다.

문제 16
난이도 : 기본

성인 중기의 신체적 변화에 대한 설명으로 적절하지 않은 것은?

① 피부 탄력이 줄고 주름과 흰머리, 체중이 늘고 배가 나오는 것은 보편적인 성인중기 신체적 변화이다.
② 성인중기에 가장 뚜렷한 감퇴는 시각과 청각기능이다.
③ 청각은 빠른 감퇴를 나타나는 감각기능으로 50세경에 시작된다.
④ 여성의 폐경(menopause)이 있으며, 남성도 남성호르몬 분비 감소로 인해 성욕감퇴와 더불어 심리적인 의욕감퇴·불안·초조 등의 갱년기 장애를 경험한다.

풀이 : 성인중기에 가장 뚜렷한 감퇴는 시각과 청각기능이다. 시각의 감퇴인 노안현상은 대체로 40~49세 사이에 나타나며, 청각은 빠른 감퇴를 나타나는 감각기능으로 40세경에 시작된다. 고음에 대한 민감성의 감퇴가 먼저 나타나며, 50대에는 저음 감퇴가 시작된다. 직업적 소음으로 남성의 고음 민감성 감퇴가 여성에 비해 빨리 나타난다.

정답 14. ① 15. ④ 16. ③

chapter 03 발달심리 **207**

문제 17 난이도 : 기본
성인 중기 성격 발달요인에 대한 설명으로 옳지 않은 것은?
① 성인중기 습관화 경향이 과도하게 나타날 때 '과잉습관화'에 빠진다.
② Vaillant(1979)는 대부분의 사람에게 있어서 성인중기는 평온하고 행복한 시기로 본다.
③ 빈 둥지 현상이란 성인중기에 자녀가 독립해서 떠남으로서 부부만 남게 되는 현상을 뜻한다.
④ 여성들은 50대 초반부터 자신의 삶을 매우 부정적으로 생각하고 있다는 사실을 발견하 였다.

풀이 : 26~80세 사이 여성 700명을 대상으로 한 연구에서 여성들은 50대 초반부터 자신의 삶을 매우 긍정적으로 생각하고 있다는 사실을 발견하였다. 여성들은 자녀가 떠난 후 보다 건강하고 경제적으로 여유가 있으며, 자신의 부모나 친구들과 가까운 접촉을 가질 수 있다. 50대 초반의 여성들은 자신감이 있으며, 여러 활동에 관여하며, 안정감이 있고, 성격의 융통성이 높았다.

문제 18 난이도 : 고급
Levinson(1986)의 성인기 발달단계이론에 대한 설명으로 옳지 않은 것은?
① 인생중기 전환기-인생중기 초보인생구조-50세 전환기-절정인생구조의 단계로 분류 한다.
② 인생중기 초보인생구조-인생중기 전환기-50세 전환기-절정인생구조의 단계로 분류 한다.
③ 인생중기 초보인생구조는 대체로 40~45세 사이에 해당하며 자신의 삶의 가치에 대한 재평가를 시도한다.
④ 인생중기 전환기가 무난히 지날수록 50세 전환기는 힘들어 진다.

풀이 : Levinson(1986)의 성인중기 발달
  1) 인생중기 전환기(mid-life transition): 대체로 40~45세 사이에 해당, 자신의 삶의 가치에 대한 재평가를 시도한다. 인생중기 전환기 위기는 개인적인 영역을 넘어서서 타인과의 관계 속에 자신을 확장할 때 극복된다.
  2) 인생중기 초보인생구조(entry life structure): 약 45~50세 사이에 해당, 대부분의 사람들은 전 생애동안 지속될 자신의 삶의 새로운 구조를 형성한다. 성인중기 초보인생구조가 성공적으로 확립되면 많은 결실을 거둘 수 있는 충만한 황금기로서의 중년기를 보내게 된다(ex. 가정에서 아내와 자녀와의 관계 재정립, 직장에서 과업수행방식의 재조정).
  3) 50세 전환기(age of transition) : 약 50~55세 사이, 중년기 내에서 또 한 번의 위기를 경험하는 시기. 인생중기 전환기에서 충분한 갈등을 경험, 극복함으로써 성인중기 초보인생구조단계에서 비교적 확고한 인생구조를 확립한 경우에 50세 전환기는 가볍게 이행된다. 반면 인생중기 전환기가 무난히 지날수록 50세 전환기는 힘들어 진다.
  4) 절정인생구조(culminating life structure) : 대체로 55~60세 사이의 시기로 중년기 마무리 단계이다. 정상적인 삶의 과정에서 이 단계는 한 개인의 삶의 위대한 완성기이다.

정답 17. ④ 18. ②

문제 19 난이도 : 기본

인생의 중요하면서도 불확실한 사태에 대해 좋은 판단을 내릴 수 있는 능력을 뜻하는 말은?

① 성 품 ② 지 혜
③ 판단력 ④ 결단력

풀이 : 지혜는 지능의 본질과 중요성에 대한 인식이, 추상적 사고와 교과학습 중심의 지적 능력으로부터 실제 삶의 맥락에서 활용 가능한 실용적 능력으로 옮겨감에 따라, 성인기 지적 능력의 중요한 측면으로 간주된다.

문제 20 난이도 : 중급

중년기 위기에 대한 설명으로 적절하지 않은 것은?

① Jung은 40세를 전후하여 이전에 가치를 두었던 삶의 목표와 과정의 의미에 의문을 제기하면서 중년기 위기가 시작된다고 주장한다.
② Jung은 자아탐색을 통한 내적 성장과정을 개체화(individuation)라 부른다.
③ Vaillant(1979)는 대부분의 사람에게 있어서 성인중기는 고통스러운 위기의 시기로 본다.
④ Costa와 McCrae(1978)의 중년기 위기척도(Mid-life Crisis Scale)에 따르면 중년기 위기는 정서적 차원, 인지적 차원 및 이 두 차원의 위기에 영향을 주고받는 생활 장면들로 구성된다.

풀이 : 중년기 위기가 소수의 사람들에게는 나타날지 모르나 성인중기의 보편적인 발달과정은 아니라는 입장도 있다. Vaillant(1979)는 대부분의 사람에게 있어서 성인중기는 평온하고 행복한 시기로 보며, 성인중기에는 성인전기에 비해 자신을 보다 통합된 존재로 느낀다는 보고 있다.

문제 21 난이도 : 기본

빈 둥지 현상에 대한 설명으로 옳지 않은 것은?

① 성인후기에 자녀가 결혼해서 떠남으로서 부부만 남게 되는 현상을 뜻한다.
② 여성들은 50대 초반부터 자신의 삶을 매우 긍정적으로 생각하고 있다.
③ 50대 초반의 여성들은 자신감이 있으며, 안정감이 있고, 성격의 융통성이 높다.
④ 중년들은 독립된 자녀를 보내며 안도와 행복감을 맛보며, 부부관계의 만족도 또한 높아진다.

풀이 : 빈 둥지 현상(empty nest phenomenon)이란 성인중기에 자녀가 독립해서 떠남으로서 부부만 남게 되는 현상을 뜻한다. 종래에 빈 둥지 현상은 자식이 떠나버린 공허감으로 정서적 빈곤과 우울증으로 연결되는 성인중기 문제현상으로 생각되었으나 근래의 연구들은 대부분의 중년들은 독립된 자녀를 보내며 안도와 행복감을 맛보며, 부부관계의 만족 또한 높아지는 것으로 보고한다(Irwin & Simons, 1994:; Santrock, 1995). 이처럼 부부만족도가 높아지는 이유는 개인의 시간적 여유로 인해 더 많은 경험을 함께 공유하고, 상대방에 대해 더 많은 배려가 가능하며, 의사소통이 많아지고, 경제적 부담의 감소로 인해 더 많은 여가를 즐길 수 있기 때문이다(Gilford, 1984).

정답 19. ③ 20. ③ 21. ①

문제 22 난이도: 고급

Levinson(1986)의 성인기 발달단계이론에서 성인중기 발달의 단계들에 대한 설명으로 부적절한 것은?

① 인생중기 전환기(mid-life transition): 대체로 40~45세 사이에 해당한다.
② 성인중기 초보인생구조가 성공적으로 확립되면 많은 결실을 거둘 수 있는 충만한 황금 기로서의 중년기를 보내게 된다.
③ 성인중기 발달의 단계는 인생중기 전환기-인생중기 초보인생구조-절정인생구조이다.
④ 절정인생구조(culminating life structure): 대체로 55~60세 사이의 시기로 중년기 마무리 단계이다.

풀이 : 성인중기 단계론적 관점

1) 인생중기 전환기(mid-life transition) – 대체로 40~45세 사이에 해당, 자신의 삶의 가치에 대한 재평가를 시도한다. 인생중기 전환기 위기는 개인적인 영역을 넘어서서 타인과의 관계 속에 자신을 확장할 때 극복된다.
2) 인생중기 초보인생구조(entry life structure) – 약45~50세 사이에 해당, 대부분의 사람들은 전 생애동안 지속될 자신의 삶의 새로운 구조를 형성한다. 성인중기 초보인생구조가 성공적으로 확립되면 많은 결실을 거둘 수 있는 충만한 황금기로서의 중년기를 보내게 된다(ex. 가정에서 아내와 자녀와의 관계 재정립, 직장에서 과업수행방식의 재조정).
3) 50세 전환기(age of transition) – 약 50~55세 사이, 중년기 내에서 또 한 번의 위기를 경험하는 시기. 인생중기 전환기에서 충분한 갈등을 경험, 극복함으로써 성인중기 초보인생구조단계에서 비교적 확고한 인생구조를 확립한 경우에 50세 전환기는 가볍게 이행된다. 반면 인생중기 전환기가 무난히 지날수록 50세 전환기는 힘들어 진다.
4) 절정인생구조(culminating life structure) – 대체로 55~60세 사이의 시기로 중년기 마무리 단계이다. 정상적인 삶의 과정에서 이 단계는 한 개인의 삶의 위대한 완성기이다.

문제 23 난이도: 기본

성인 중기 발달의 종단적 연구에 대한 설명으로 적절하지 않은 것은?

① 여성들은 20대에는 의존성, 충동표출, 남성성이 증가하였다.
② 삶의 대처양식・생활 만족도・목표 지향적 행동 강도 등은 가장 안정성이 높았다.
③ Costa와 McCrae(1980)는 2,000명의 남자를 20대에서 70대까지 종단적으로 추적하여 성격 발달을 연구하였다.
④ 청년기에서 성인중기까지의 성격발달과정을 연구(Haan, 1981)한 결과를 보면 여자가 남자보다 성격의 안정성이 높다.

풀이 : 27~43세까지의 여성을 대상으로 한 종단적 연구(Helson & Moane, 1987)도 높은 성격 안정성을 보이고 있다. 여성들은 20대에는 자기 통제력과 인내심이 증가하는 반면에 의존성, 충동표출, 남성성은 감소한다. 40대에는 지배성, 독립성, 집중성은 증가하는 반면에 책임감, 유연성, 여성성은 감소한다.

정답 22. ③ 23. ①

문제 24
난이도 : 중급

다음 중 청년기에 대한 설명으로 가장 옳은 것은?

① 사회적 역할의 변화와 함께 2차 성징을 포함한 신체변화를 경험한다.
② 기성세대에 대해 반항하기도 하고 스스로 심한 좌절감을 맛보기도 한다.
③ 급격한 신체발달이 이루어지며 인격의 기본적인 토대가 형성된다.
④ 결혼을 통해 새로운 가족을 형성하며 활발한 사회활동을 경험한다.

풀이 : 청년기에는 결혼을 통한 새로운 가족형성, 사랑의 실현, 정서적 안정, 성적 만족, 자녀 출산을 경험한다.

문제 25
난이도 : 기본

다음 중 중년기에 대한 학자들의 입장을 올바르게 연결한 것은?

① 피아제 - 형식적 조작기
② 플라톤 - 가변성과 열정
③ 에릭슨 - 생산성 대 침체
④ 홀 - 제 2의 탄생기

풀이 : 에릭슨은 중·장년기의 심리사회적 위기를 생산성 대 침체라고 하였다. 생산성이란 자녀를 양육하고 능동적으로 직업에 몰두할 수 있으며 사회의 발전에 관심을 갖는 것, 즉 자신보다는 타인, 현재보다는 미래를 위한 일을 하는 것을 의미한다. 이것을 잘 하지 못할 때 침체된다고 하였다.

정답 24. ④ 25. ③

Ⅴ 노년기 발달심리

1 노년기의 신체적 발달

(1) 노년기 신체적 변화
노년기에는 여러가지 신체적 노화현상들이 나타난다. 노년기는 뇌의 무게가 약 10%가 감소한다. 노년기에는 수면에도 변화가 온다. 감각기능의 손상 또한 현저하다.

(2) 노화의 원인
1) 일차적 노화(primary aging) : 인체의 내재적인 생물발생학적 과정으로 인해 일어나는 노화이다.
2) 이차적 노화(secondary aging) : 신체의 사용 정도, 질병, 장애와 같은 통제 가능한 외적 요인으로 나타나는 노화이다(Cohen, 1988).
3) 이차적 노화요인을 이해하고 통제하면 예상수명을 크게 증가시킬 수 있다. 운동·영양섭취·사고 등 이차적 노화가 나타나는 원인과 예방은 비교적 명백하지만 일차적 노화가 일어나는 원인은 명백하게 알기 어렵다.
4) 일차적 노화가 나타나는 원인에 대한 이론(Cohen, 1988; Irwin & Simons, 1994).
   ① 사용으로 인한 마모이론(wear-and-tear theory)
   ② 유전적 계획이론(genetic programming theory)
   ③ 면역이론(immunological theory)
   ④ 노화시계이론(clocks of aging theory)
   ⑤ 유전적 변이이론(genetic mutation theory)

2 노년기의 인지발달

(1) 노년기 인지발달 양상

1) 지능발달

노년기 언어능력은 대체로 70세까지 지속되거나 증가한다. 독해능력은 큰 개인차가 있으나 대체로 50~60세경부터 감퇴하기 시작하며, 수리능력은 50세경까지 유지되다가 이후부터 감소한다.

공간능력은 가장 빨리 감퇴되는 영역으로 성인전기부터 감퇴가 시작된다. 노년기에도 마찬가지로 남성의 공간능력이 높다. 유동성 지능의 감퇴는 노년기에 현저하다. 노년기 인지적 변화에서 주의해야 할 현상은 최종 급강하(terminal drop)현상이다.

노년기 지적 능력의 변화 양상이 큰 폭의 개인차를 보이는 것은 건강, 성격, 교육수준, 문화적 환경, 검사에 임하는 태도 등 여러 가지 개인적 특성에 의해 결정된다.

2) 기억력의 변화

생물학적 가설에서 생물학적 요인으로 기억능력의 쇠퇴가 일어난다고 믿는다. 정보처리가설에서 주의능력의 결함과 정보 처리 역량감소를 기억력의 감퇴로 본다. 맥락적 가설에서 경험·동기·성격·문화적 요인이 미치는 영향으로 본다.

3) 단기기억

노년기는 분명히 단기기억(short-term memory : STM) 감퇴가 일어난다. 노년기 단기기억력 감퇴는 정보처리역량(information processing capacity) 감퇴 때문으로 추정된다. 이는 주의역량(attentional capacity)감소나 작업기억역량(working memory capacity)감소 때문이다.

4) 장기기억

노년기 장기기억(long-term memory : LTM)은 단기기억보다 감퇴 정도가 적다. 예를 들어, 30대 성인과 70대 노인의 장기기억 과제에서의 수행을 비교해보면 70대 노인이 사물의 이름을 기억하는 장기기억능력의 감소비율은 10% 이내에 불과하다(Albert et al., 1988).

5) 상위기억

노년기 상위기억(metamemory)능력은 성인전기에 비해 큰 변화가 없다(Salthouse, 1982). 노인들은 망각을 크게 의식하므로 기억방략을 보다 자주 사용하는 경향이 있다. 노년기 기억방략 사용 증가가 반드시 효율적인 방략사용의 증가를 뜻하지는 않는다. 정교화, 조직화, 군집화 등의 체계적인 방략사용능력은 오히려 감소한다. 노년기 기억현상은 최근 기억보다 오래전 일을 회상하는 먼 기억(remote memory)을 잘한다.

(2) 신경인지장애(Neurocognitive Disorders : NCD)

1) **알츠하이머병으로 인한 주요 또는 경도 신경인지장애**

    알츠하이머병은 치매의 원인으로 가장 빈번한 질환으로 이상 단백질들(아밀로이드 베타 단백질, 타우 단백질)이 뇌 속에 쌓이면서 서서히 뇌 신경세포가 죽어나가는 퇴행성 신경질환이다.

    알츠하이머병으로 인한 주요 또는 경도 NCD의 진단적 특징은 NCD 증후군 이외에 인지 및 행동 증상들이 서서히 시작하고 점진적으로 진행하는 것을 포함한다. 기억상실(예 : 기억과 학습에서의 손상)은 이 장애의 전형적인 증상이다.

    알츠하이머병으로 인한 주요 NCD가 있는 사람은 전문성이 있는 임상현장에서 약 80%가 행동 및 정신 증상을 보이고 있다. 이런 특징은 경도 NCD 단계의 손상에서도 빈번하게 나타난다. 경도 NCD 또는 주요 NCD 단계의 가장 경한 단계에서는 우울증과 무감동이 자주 관찰되고, 중등도의 고도 주요 NCD에서는 정신병적 양상 등이 흔하고, 질병의 말기에는 보행 장애, 연하곤란, 발작, 실금, 간대성 근경련 등이 관찰된다.

2) **파킨슨병으로 인한 주요 또는 경도 신경인지장애**

    파킨슨병은 마비증상보다는 행동이 느려지는 운동 완서(육체적, 정신적으로 반응이 둔한 것)의 특징적 증상을 보인다.

    파킨슨병으로 인한 주요 또는 경도 NCD의 진단적 특징은 파킨슨병 발병 이후의 인지 저하다. 장애는 파킨슨병이 확증된 상태에서 발생해야 하고, 손상이 서서히 시작하고 점진적으로 진행되어야 한다.

    임상적 특징은 무감동, 성격 변화, 우울 기분, 불안 기분, 환각, 망상, REM 수면 행동장애, 과도한 주간 졸림 등이 흔히 나타나는 특징이다.

3 노년기 성격발달

(1) 노년기 성격발달 특징

1) **Peck(1968)의 이론** : Erikson의 이론을 세분화, 성인중기 성격발달을 설명하였다.
    ① 자아분화 대 과업역할몰입(ego differentiation vs. work-role preoccupation)의 위기는 이전의 주도적이고 적극적인 활동으로부터 자신을 직장이나 가정에서 분리시켜 자신의 내적인 통합성의 탐색에 더 많은 힘을 기울일 때 극복된다.

② 신체초월 대 신체몰입(body transcendence vs. body preoccupation)의 위기는 노쇠·질병 등에 신체적 한계를 극복해야 할 필요성을 지적한다.
③ 자아초월 대 자아몰입(ego transcendence vs. ego preoccupation)은 다음 세대로의 연결과 역사적 각성을 통해 죽음의 공포를 극복할 때 해결될 수 있는 위기이다.

2) **노년기의 긍정적인 적응** : 자녀와의 친밀도와 결속도가 높을수록 긍정적이다.

(2) 노년기 성격유형

1) 통합된 성격(integrated personality)은 성숙하고 유연성이 있으며 새로운 자극에 개방적이며 자신의 삶에 만족하고 활발한 지적 기능을 유지하고 있는 유형이다.
2) 재구성형(reorganizers)은 젊은 시절의 활동을 버리고 노년기에 맞는 새로운 활동을 선택하여 높은 수준의 활동을 유지하는 유형이다.
3) 집중형(focused persons)은 만족할 만한 소수의 역할만 선택하며, 선택된 영역에서는 적절한 활동을 유지하는 유형이다.
4) 단절형(disengaged persons)은 젊은 시절에 비해 활동수준을 낮추고 고립적이지만, 자신의 삶에 만족하는 유형이다.
5) 무장-방어적 성격(armored-defended personality)은 야심적이며 성취지향적인 성격유형을 뜻한다.
6) 지속형(holding-on persons)은 가능한 하던 일을 계속하고 성인중기 삶의 양식을 지속시키려는 유형이다.
7) 억제형(constricted persons)은 노화의 속도를 늦추기 위해 에너지 소모나 사회적 상호작용을 가능한 제한하려는 유형이다.
8) 수동-의존적 성격(passive-dependent personality)은 자신의 욕구를 충족시키기 위해 타인에게 의존하는 유형이다.
9) 원조추구형(succorance-seeking persons)은 자신을 의지하고 기댈 사람이 있어야 삶의 만족을 갖는 유형이다.
10) 냉담형(apathetic persons)은 수동적이며 성취 지향성이 낮은 유형이다.
11) 통합되지 못한 성격(unintegrated personality)은 노화에 잘 적응하지 못하여, 지혜와 같은 노년기 특유의 정신적 기능을 제대로 발휘하지 못한다. 사고의 고착성과 퇴보가 있고, 정서적 유연성도 부족하다.

4 노년기 활동

(1) 활동 적응유형

1) 유리이론
노년기 사회적 역할로부터 유리되는 것은 단절과 고립 또는 수동적이며 비활동적인 삶을 의미할 수 있지만, 다른 면에서는 일로부터 오는 과도한 스트레스를 줄여주며 신체 및 인지적 쇠퇴에 잘 적응할 수 있게 해줌으로써 내적 평온을 가져다주는 적응적 가치를 갖는다.

2) 활동이론
성공적인 노화를 위해서는 기존의 역할과 과업으로부터 벗어날 것이 아니라 지속하고 유지해야 한다는 활동이론에서 성공적인 노화를 위해 활동의 내용을 대치시켜 안정된 활동수준을 유지해야 한다고 주장한다.

(2) 은퇴

은퇴(retirement)는 노년기에 적응해야 할 중요한 발달과업이다. 자신이 해오던 일에 만족하지 못했으면서 은퇴 후의 수입이 보장되는 경우에 은퇴에 대해 긍정적인 태도가 높다(Belbin, 1983).

(3) 조부모 역할

조부모의 역할은 노년기 삶에 중요한 의미를 갖는다. 대부분의 조부모들은 일종의 '비개입 원칙'을 지킨다. 손자녀가 원하지 않을 때는 단순히 감시자의 역할에 충실하며 적극적인 개입을 하지 않지만, 질병·경제적 곤란 등 문제가 발생하면 보다 깊이 관여한다.

5 노년기와 죽음

(1) 죽음의 정의

전통적으로 죽음은 심장의 박동이 끝나고, 호흡이 멎으며, 동공이 고정되고, 건반응(tendon reflex)이 없어지는 상태로 규정된다. 근래 죽음 개념은 뇌사(brain death)를 기준으로 판단된다(Kamerman, 1988). 뇌사는 완벽하게 반응이 없어지며, 1시간 동안 움직임이 없고 3분 동안 호흡이 정지되며, 반사기능과 뇌간의 활동이 없고, EEG의 오르내림이 없는 상태를 의미한다.

(2) 죽음의 과정

Kűbler-Ross(1969)의 죽음의 단계는 다음과 같다.
- 1단계 : 부정(denial)
- 2단계 : 분노(anger)
- 3단계 : 타협(bargaining)
- 4단계 : 우울(depression)
- 5단계 : 수용(acceptance)

단원정리문제

문제 01 난이도 : 기본

다음 중 노년기의 인지적 변화에 대한 설명으로 옳지 않은 것은?

① 지능지수는 다소 감소한다.
② 문제해결능력이나 지혜 등은 발달한다.
③ 단기기억보다 장기기억이 더욱 빨리 쇠퇴한다.
④ 인지적인 반응이 둔화되어 새로운 환경변화에 대처하기 어렵다.

풀이 : 노인의 지적능력의 감퇴는 다양한 측면에서 일어나며, 특히 단기기억이 장기기억보다 더욱 빨리 쇠퇴한다.

문제 02 난이도 : 기본

다음 보기의 빈칸에 들어갈 내용으로 옳은 것은?

> ( )의 신체적 징후들은 이미 중년기에 시작되는데 피부의 건조화, 탄력의 감소, 주름살 등이 더욱 심해지고 노인성 반점도 생기게 되며, 근육이 위축되어 근육의 강도와 운동력이 감소된다. 또한 평형감각, 동작조정의 능력이 감소하여 신체의 균형을 잃고 넘어지기를 잘하며 민첩성도 상실된다.

① 노화
② 치매
③ 만성피로
④ 뇌졸증

풀이 : 노년기에는 여러 가지 신체적 노화현상들이 나타난다.

문제 03 난이도 : 중급

다음 중 보기의 내용과 연관된 이론은?

> 성공적인 노화를 위해서는 기존의 역할과 과업으로부터 벗어날 것이 아니라 지속하고 유지해야 하며 활동의 내용을 대치시켜 안정된 활동수준을 유지해야 한다.

① 활동이론
② 교환이론
③ 현대화이론
④ 유리이론

풀이 : ② 교환이론 : 노인이 상대적으로 젊은이들에 비해 훨씬 적은 권한을 가짐으로 인해 사회에서 노인의 대인관계나 보상에서의 불균형이 나타난다는 것이다.
③ 현대화이론 : 생산기술의 발달, 도시화 및 교육의 대중화 등 현대화의 제 양상으로 인해 노인들의 지위는 낮아지고 역할은 상실된다는 것이다.
④ 유리이론 : 노년기 사회적 역할로부터 유리되는 것은 단절과 고립 또는 수동적이며 비활동적인 삶을 의미할 수 있지만, 다른 면에서는 일로부터 오는 과도한 스트레스를 줄여주며 신체 및 인지적 쇠퇴에 잘 적응할 수 있게 해줌으로써 내적 평온을 가져다주는 적응적 가치를 갖는다.

정답 1. ③ 2. ① 3. ①

문제 04 난이도 : 기본 **노년기 신체적 변화를 설명한 것 중 거리가 먼 것은?**

① 노년기는 뇌의 무게가 약 10%가 감소한다.
② 팔·다리·얼굴상부의 지방은 감소하고, 턱과 몸통의 살은 늘어나 체형이 바뀐다.
③ 전체 수면시간은 늘어나며 자주 잠에서 깨어난다.
④ 50대부터 색깔 변별 능력이 낮아진다.

🔎풀이 : 노년기에는 수면에도 변화가 온다. 전체 수면시간은 줄어들며 자주 잠에서 깨어난다. 노인의 약 1/3이 불면증을 호소하고, 잠자는 동안 일시적으로 호흡이 중단되는 현상(apnea)도 한 특징이다.

문제 05 난이도 : 기본 **다음은 노년기에 대한 설명으로 적절하지 않은 것은?**

① 일반적으로 70~75세 사이를 노년기(old age)라 칭한다.
② 근래에 60~85세까지의 많은 노인들은 여전히 건강하고, 활기가 있으며, 활동적이다.
③ 노년기 후반에 들어서면 신체 및 정신적 기능의 감퇴를 필연적으로 경험한다.
④ 노화(aging)는 노년기의 특징이다.

🔎풀이 : 일반적으로 60~65세 사이에 성인후기(late adulthood) 또는 노년기(old age)로 접어든다. 노년기에는 감각기능의 손상 또한 현저하다. 노안이 오며, 하나 이상의 초점이 형성되어 시야가 흐려진다. 홍채의 유연성이 떨어져서 약한 불빛에서 동공의 크기가 확장되지 못하므로 밤눈이 어두워진다. 50대부터 색깔 변별 능력이 낮아지는데, 초록과 파랑색 계통의 변별력 손상이 먼저 오며 빨강색도 현저하게 저하한다.

문제 06 난이도 : 기본 **노화의 두 가지 요인에 대한 설명으로 적절하지 않는 것은?**

① 일차적 노화와 이차적 노화로 분류할 수 있다
② 일차적 노화가 일어나는 원인은 명백하게 알기 어렵다.
③ 이차적 노화는 인체의 내재적인 생물발생학적 과정으로 인해 일어나는 노화이다.
④ 이차적 노화요인을 이해하고 통제하면 예상수명을 크게 증가시킬 수 있다.

🔎풀이 : 일차적 노화(primary aging)는 인체의 내재적인 생물발생학적 과정으로 인해 일어나는 노화이다.

정답 4. ③ 5. ③ 6. ③

문제 07 난이도 : 기본
일차적 노화가 나타나는 원인 이론에 대한 설명으로 옳은 것은?
① 마모이론(wear-and-tear theory)은 호르몬이 노화에 미치는 영향을 강조한다.
② 면역이론(immunological theory)은 면역체계 변화에 의한 T세포의 손상은 암의 발생을 설명해줄 수 있다.
③ 노화시계이론(clocks lf aging theory)은 노화를 DNA의 손상수선 체계(damage repair system)의 쇠퇴에 기인한다고 생각한다.
④ 유전적 변이이론(genetic mutation theory)은 인체의 호르몬 분비체계 중 죽음호르몬이 있다고 가정한다.

풀이 : 면역이론(immunological theory)이란 노년기에는 면역체계에 변화로 외부의 부정적인 요인들에 의해 인체가 손상당하기 쉬우므로 노화가 일어난다고 설명한다. 면역체계 변화에 의한 T세포의 손상은 암의 발생을 설명해줄 수 있다.

문제 08 난이도 : 기본
노년기 지능 발달에 대한 설명 중 옳은 것은?
① 언어능력은 대체로 60세까지 지속되거나 증가한다.
② 수리능력은 60세경까지 유지되다가 이후부터 감소한다.
③ 공간능력은 가장 빨리 감퇴되는 영역으로 성인전기부터 감퇴가 시작된다.
④ 독해능력은 큰 개인차가 있으나 대체로 60~70세경부터 감퇴하기 시작한다.

풀이 : 공간능력은 가장 빨리 감퇴되는 영역으로 성인전기부터 감퇴가 시작된다. 노년기에도 마찬가지로 남성의 공간능력이 높다.

문제 09 난이도 : 중급
다음 중 노년기 기억 감퇴의 원인이 아닌 것은?
① 생물학적 가설에서 생물학적 요인으로 기억능력의 쇠퇴가 일어난다고 믿는다.
② 정보처리 가설에서 주의능력의 결함과 정보 처리 역량감소를 기억력의 감퇴로 본다.
③ 맥락적 가설에서 경험·동기·성격·문화적 요인이 미치는 영향으로 본다.
④ 맥락적 가설에서 기후·온도·환경적 요인이 미치는 영향으로 본다.

풀이 : 일상적인 기억들을 잊거나 혼동하는 것은 노년기에 흔히 있는 기억장애이다. 재인능력이나 회상능력도 20대에 비해 수행력이 60% 이상 감소(Guttentag, 1985)하여 노년기 기억감퇴는 명백해 보인다. 노년기에 기억감퇴의 원인은 세 가지로 설명된다(Poon, 1985).

정답 7. ② 8. ③ 9. ④

문제 10 난이도 : 중급
노년기 인지발달 양상 중 다음과 관련된 기억은?

> • 성인전기에 비해 큰 변화가 없다(Salthouse, 1982).
> • 노인들은 망각을 크게 의식하므로 기억방략을 보다 자주 사용하는 경향이 있다.
> • 정교화, 조직화, 군집화 등의 체계적인 방략사용능력은 오히려 감소한다.

① 단기기억 ② 장기기억
③ 상위기억 ④ 먼 기억

풀이 : Zelinskei 등(1980)은 노년기에는 성인전기에 비해 기억과정에 보다 민감하기 때문에 상위기억능력은 높아진다고도 하고 감퇴한다는 주장도 있다. 노년기 기억방략 사용 증가가 반드시 효율적인 방략사용의 증가를 뜻하지는 않는다.

문제 11 난이도 : 기본
노년기 먼 기억에 대한 설명으로 옳은 것은?

① 머리 속에 저장된 정보는 획득된 순서와 반대로 망각된다는 법칙(Ribot's law)이 제시되기도 하였다.
② 단기기억보다 감퇴 정도가 적다.
③ 정보처리역량(information processing capacity) 감퇴때문으로 추정된다.
④ 정교화, 조직화, 군집화 등의 체계적인 방략사용능력은 오히려 감소한다.

풀이 : 노년기 기억현상은 최근 기억보다 오래전 일을 회상하는 먼 기억(remote memory)을 잘한다. 이처럼 먼 기억의 회상율이 높은 현상을 설명하기 위해 머리속에 저장된 정보는 획득된 순서와 반대로 망각된다는 법칙(Ribot's law)이 제시되기도 하였다.

문제 12 난이도 : 중급
다음 중 치매의 진행 단계로 옳은 것은?

① 가벼운 망각-기억력 파괴-일반적 혼돈
② 가벼운 망각-일반적 혼돈-기억력 파괴
③ 일반적 혼돈-가벼운 망각-기억력 파괴
④ 일반적 혼돈-기억력 파괴-일반적 혼돈

풀이 : 모든 치매 진행 단계는, 1)사람 이름이나 장소를 잊거나 혼동하는 가벼운 망각증세(benign forgetfulness) 단계이다. 2)일반적 혼돈(general confusion)으로 뚜렷한 단기기억 결함, 집중력 결여, 같은 말을 반복, 서성이고 다니는 등의 징후들이다. 우울증과 사람과의 접촉을 피하려는 경향이 함께 보이게 된다. 3)기억력 파괴(memory destruction)로 인해 생명을 위협하는 사태가 초래된다. 분노와 편집증세, 의사소통 불가능, 친척 얼굴을 못 알아본다.

정답 10. ③ 11. ① 12. ②

문제 13 난이도: 기본

전체 치매의 2/3를 차지하는 대표적인 치매증후로, 노년기에 처음 발병하면 10년 이상 걸려 서서히 진행되지만, 성인중기에 시작되면 3~5년 사이에 급격히 진행되는 노인성 치매를 일컫는 말은?

① 다경색 치매 ② 파킨스 병
③ 혈관성 치매 ④ 알츠하이머

풀이: 알츠하이머(Alzheimer's disease)는 전체 치매의 2/3를 차지하는 대표적인 치매증후로, 뇌의 피질부 특정 부위의 신경원(neurons)에 퇴화가 일어나 수상돌기가 얽히거나 경색되는 뇌의 장애로 인해 나타나는 증상이다. 알츠하이머 증후는 서서히, 꾸준히 퇴화가 일어나는 질병이다. 노년기에 처음 발병하면 10년 이상 걸려 서서히 진행되지만, 성인중기에 시작되면 3~5년 사이에 급격히 진행된다. 이 증후는 단순한 기억손상뿐 아니라 정상적인 인지능력 손상이 오는데 많은 알츠하이머 환자들은 우울증을 보이고, 우울증이 수반되면 더 심한 인지적 손상이 초래된다(Rovner et al., 1989).

문제 14 난이도: 중급

다음은 파킨스 병에 대한 설명으로 옳지 않은 것은?

① 치매는 파킨스 병의 초기에 나타난다.
② 파킨스 병은 완치는 불가능 하다.
③ 치매와 근육 손상이 함께 나타나는 노년기 질병이다.
④ 파킨스 병의 신경원 상실은 도파민(dopamine)이라는 신경원 전달물질을 생성하는 뇌의 영역에서 주로 일어난다.

풀이: 치매는 파킨스 병의 초기에 나타나는 것은 아니며 뇌의 신경원의 손상을 더 이상 보상할 수 없을 때 나타난다.

문제 15 난이도: 고급

Peck(1968)의 이론에서 나타나는 노년기 성격발달의 특징으로 옳지 않은 것은?

① 자아분화 대 과업역할몰입 ② 신체초월 대 신체몰입
③ 인격초월 대 인격몰입   ④ 자아초월 대 자아몰입

풀이: Peck(1968)의 이론은 Erikson의 이론을 세분화, 성인중기 성격발달을 설명하였다.
1) 자아분화 대 과업역할몰입(ego differentiation vs. work-role preoccupation)의 위기는 이전의 주도적이고 적극적인 활동으로부터 자신을 직장이나 가정에서 분리시켜 자신의 내적인 통합성의 탐색에 더 많은 힘을 기울일 때 극복된다.
2) 신체초월 대 신체몰입(body transcendence vs. body preoccupation)의 위기는 노쇠·질병 등에 신체적 한계를 극복해야 할 필요성을 지적한다.
3) 자아초월 대 자아몰입(ego transcendence vs. ego preoccupation)은 다음 세대로의 연결과 역사적 각성을 통해 죽음의 공포를 극복할 때 해결될 수 있는 위기이다.

정답 13. ④ 14. ① 15. ③

문제 16
난이도 : 중급

노년기 성격 발달에 대한 설명으로 □에 들어갈 적절한 말은?

> 노년기의 긍정적 적응은 자녀와의 □와 □가 높을수록 긍정적이다.

① 성숙도, 결속도 ② 친밀도, 애정도
③ 성숙도, 애정도 ④ 친밀도, 결속도

풀이 : 우리나라 노부모가 지각하는 성인 자녀와의 결속도는 중간 수준이며, 자녀와의 애정 결속은 노년기 자아존중감에 결정적으로 중요하다. 노년에 가까울수록 돈 보다는 내재적인 가치에 더 많은 관심을 둔다. 성인전기의 교육, 도덕 및 종교적 삶의 양상도 노년기 적응에 큰 영향을 미친다(Long et al., 1990).

문제 17
난이도 : 고급

다음 중 Neugarten의 노년기 성격유형이 아닌 것은?

① 재구성형 ② 단절형
③ 분리형   ④ 수동-의존적 성격

풀이 : Neugarten의 노년기 성격유형(11가지)
1) 통합된 성격(integrated personality)
2) 재구성형(reorganizers)
3) 집중형(focused persons)
4) 단절형(disengaged persons)
5) 무장-방어적 성격(armored=defended personality)
6) 지속형(holding-on persons)
7) 억제형(constricted persons)
8) 수동-의존적 성격(passive-dependent personality)
9) 원조추구형(succorance-seeking persons)
10) 냉담형(apathetic persons)
11) 통합되지 못한 성격(unintegrated personality)

문제 18
난이도 : 고급

Neugarten의 노년기 성격유형의 구분으로 적절하지 않은 것은?

① 지속형은 가능한 하던 일을 계속하고 성인중기 삶의 양식을 지속시키려는 유형이다.
② 집중형은 만족할만한 다수의 역할만 선택하는 유형이다.
③ 억제형은 노화의 속도를 늦추기 위해 에너지 소모나 사회적 상호작용을 가능한 제한하려는 유형이다.
④ 냉담형은 수동적이며 성취지향성이 낮은 유형이다.

풀이 : 집중형(focused persons)은 만족할 만한 소수의 역할만 선택하며, 선택된 영역에서는 적절한 활동을 유지하는 유형이다. 자원봉사・정원관리 등 자신이 보람과 흥미를 갖는 한두 가지 역할을 통해 노년기 삶의 보람을 추구한다.

정답 16. ④ 17. ③ 18. ②

문제 19 난이도: 고급
Neugarten의 노년기 성격유형에 대한 설명으로 옳지 않은 것은?

① Neugarten의 이론이다.
② 50~80세 사이 성인 수백 명을 6년간 종단적으로 추적 연구하여 노년기 성격유형을 구분했다.
③ 노쇠를 인정하지 않고 노년기 불안에 대한 강한 방어를 보이는 약 25%의 노인이 무장-방어적 성격에 해당한다.
④ 자신의 욕구를 충족시키기 위해 타인에게 의존하는 유형의 약 20%의 노인이 이 억제형 유형에 속한다.

풀이: 억제형(constricted persons)은 노화의 속도를 늦추기 위해 에너지 소모나 사회적 상호작용을 가능한 제한하려는 유형이다. 사람에 대한 관심도 점차 줄여감으로써 자신을 철저히 방어하려 한다. 방어적인 만큼 자아통합수준이 낮다.

문제 20 난이도: 기본
노년기 활동 적응유형 중 유리이론(disengagement theory)에 대한 설명으로 적절하지 않은 것은?

① 성공적인 노화를 위해서 활동의 내용을 대치시켜 안정된 활동수준을 유지해야 한다.
② 내적 평온을 가져다주는 적응적 가치를 갖는다.
③ 성공적인 노화는 일과 사회적 역할로부터 점차 벗어나 자유로워지는 과정이다.
④ Cumming와 Herry(1961)가 제시하였다.

풀이: Havighurst(1961; Havighurst et al., 1968)는 성공적인 노화를 위해서는 기존의 역할과 과업으로부터 벗어날 것이 아니라 지속하고 유지해야 한다는 활동이론(activity theory)를 제시하였다. 활동이론에서는 성공적인 노화를 위해서 활동의 내용을 대치시켜 안정된 활동수준을 유지해야 한다고 주장한다.

문제 21 난이도: 기본
상반되는 노년기 활동 적응유형에 대한 설명으로 적절하지 못한 것은?

① 활동 적응유형과 은퇴의 두 유형으로 나뉜다.
② 건강·감원 등으로 인한 강제은퇴는 성공적인 노화 준비를 위해서 필요한 요소이다.
③ 활동이론에서는 성공적인 노화를 위해서 활동의 내용을 대치시켜 안정된 활동수준을 유지해야 한다고 주장한다.
④ 은퇴의 부정적인 영향은 생활수준이 낮고, 건강상태가 나쁘며, 노후설계가 약할수록 높다.

풀이: 건강·감원 등으로 인한 강제은퇴는 은퇴적응을 해치는 가장 큰 부정적 요인이다. 재정, 건강 및 여가 활동계획은 가장 중요한 은퇴 준비사항들이다.

정답 19. ④ 20. ① 21. ②

문제 22 은퇴에 대한 성공적인 적응여부를 결정하는 중요한 요인이 아닌 것은?

① 직업에 대한 이전의 태도
② 은퇴 기대
③ 은퇴 준비도
④ 생활만족도

풀이 : 직업에 대한 이전의 태도, 은퇴 기대, 은퇴 준비도, 은퇴 방식은 은퇴에 대한 성공적인 적응여부를 결정하는 중요한 요인이다(Horn & Meer, 1987). 우리나라 남자 노인들은 은퇴에 대해서 부정적인 태도를 갖고 있으며, 은퇴로부터 스트레스를 크게 받으며, 생활만족도에 부정적인 영향을 받는 것으로 나타나고 있다. 이러한 은퇴의 부정적인 영향은 생활수준이 낮고, 건강상태가 나쁘며, 노후설계가 약할수록 높다

문제 23 노년기 조부모의 역할로 적절하지 못한 것은?

① 우리나라 아동은 조모에 대해 높은 친밀감을 보인다.
② 훈계자 역할, 지지자 역할, 대리모 역할 등 중요한 심리적 역할을 부여하고 있다.
③ 대부분의 조부모들은 일종의 '비개입 원칙'을 지킨다.
④ 질병·경제적 곤란 등 문제가 발생하여도 손자녀가 원하지 않을 때는 단순히 감시자의 역할에 충실한다.

풀이 : 손자녀가 원하지 않을 때는 단순히 감시자의 역할에 충실하며 적극적인 개입을 하지 않지만, 질병·경제적 곤란 등 문제가 발생하면 보다 깊이 관여한다.

문제 24 다음은 죽음에 대한 설명으로 옳지 않은 것은?

① 죽음은 인간이 적응해야 할 발달상의 마지막 과업이다.
② 전통적으로 죽음은 심장의 박동이 끝나고, 호흡이 멎으며, 동공이 고정되고, 건반응(tendon reflex)이 없어지는 상태로 규정된다.
③ 근래 죽음의 개념은 뇌사를 기준으로 판단된다.
④ 뇌사는 완벽하게 반응이 없어지며, 1시간 동안 움직임이 없고 5분 동안 호흡이 정지되며, 반사기능과 뇌간의 활동이 없는 상태를 의미한다.

풀이 : 뇌사는 완벽하게 반응이 없어지며, 1시간 동안 움직임이 없고 3분 동안 호흡이 정지되며, 반사기능과 뇌간의 활동이 없고, EEG의 오르내림이 없는 상태를 의미한다.

정답 22. ④ 23. ④ 24. ④

문제 25 난이도 : 중급
Kubler-Ross(1969)의 죽음의 단계에 대한 설명으로 옳지 않은 것은?

① 1단계-부정-몇 초에서 몇 개월까지 지속된다.
② 2단계-분노-불평, 요구가 많고, 까다로우며, 모든 것에 비판적이다.
③ 3단계-우울-슬픔과 애통함 표현이 필요하다.
④ 5단계-수용-생명 체념한 것은 아니지만 평화롭게 죽음을 맞을 준비는 되어있다.

풀이 : 3단계 : 타협(bargaining)-생명연장이나 고통감소를 위해 여러 가지 약속을 한다. '딸이 결혼할 때까지', '손주를 볼 때까지' 생명을 연장할 수 있다면 무슨 일이든 하겠다고 절대자나 의사에게 간청한다.
4단계 : 우울(depression)-우울증은 다가오는 생명상실과 사랑하는 사람들과의 이별극복을 위한 필수적 과정. 이 단계는 슬픔과 애통함 표현이 필요하다.

문제 26 난이도 : 기본
Kubler-Ross(1969)의 죽음의 5단계에 대한 설명으로 옳지 않은 것은?

① 수용(acceptance)단계이다.
② 작별을 위해 친척과 친구를 만나기를 원한다.
③ 위안을 주는 한 사람과 있기를 원한다.
④ 나이가 많은 여자 노인일수록 죽음 불안이나 공포는 낮은 것으로 나타났다.

풀이 : 우리나라 노인의 죽음에 대한 태도는 죽음을 거부하기보다 받아들이는 성향이 강한 것으로 밝혀졌다. 특히 나이가 많은 남자 노인일수록 죽음 불안이나 공포는 낮은 것으로 나타났다.

문제 27 난이도 : 기본
다음 중 노년기의 인지적 변화에 대한 설명으로 옳지 않은 것은?

① 지능지수는 다소 감소한다.
② 문제해결능력이나 지혜 등은 발달한다.
③ 단기기억보다 장기기억이 더욱 빨리 쇠퇴한다.
④ 인지적인 반응이 둔화되어 새로운 환경변화에 대처하기 어렵다.

풀이 : 노인의 지적능력의 감퇴는 다양한 측면에서 일어나며, 특히 단기기억이 장기기억보다 더욱 빨리 쇠퇴한다.

정답 25. ③ 26. ④ 27. ③

문제 28 난이도: 중급

다음 중 Kubler-Ross가 제시한 임종의 5단계를 순서대로 올바르게 나열한 것은?

① 분노 – 부정 – 타협 – 우울 – 수용
② 분노 – 부정 – 우울 – 타협 – 수용
③ 부정 – 우울 – 타협 – 분노 – 수용
④ 부정 – 분노 – 타협 – 우울 – 수용

풀이 : Kubler-Ross가 제시한 임종의 5단계
　　　부정단계 : 자신이 곧 죽는다는 사실을 부인한다.
　　　분노단계 : 자신의 죽음의 이유를 알지 못하여 주위 사람들에게 질투, 분노를 표출한다.
　　　타협단계 : 죽음을 받아들이기 시작하며 인생과업을 마칠 때까지 생이 지속되기를 희망한다.
　　　우울단계 : 이미 죽음을 실감하기 시작하며 극심한 우울상태에 빠진다.
　　　수용단계 : 절망적인 단계로 거의 감정이 없는 상태이다.

문제 29 난이도: 기본

다음 보기의 빈칸에 들어갈 내용으로 옳은 것은?

> ( )의 신체적 징후들은 이미 중년기에 시작되는데 피부의 건조화, 탄력의 감소, 주름살 등이 더욱 심해지고 노인성 반점도 생기게 되며, 근육이 위축되어 근육의 강도와 운동력이 감소된다. 또한 평형감각, 동작조정의 능력이 감소하여 신체의 균형을 잃고 넘어지기를 잘하며 민첩성도 상실된다.

① 노화　　　　　　　　　　② 치매
③ 만성피로　　　　　　　　④ 뇌졸증

풀이 : 노년기에는 여러 가지 신체적 노화현상들이 나타난다.

문제 30 난이도: 중급

다음 중 보기의 내용과 연관된 이론은?

> 성공적인 노화를 위해서는 기존의 역할과 과업으로부터 벗어날 것이 아니라 지속하고 유지해야 하며 활동의 내용을 대치시켜 안정된 활동수준을 유지해야 한다.

① 활동이론　　　　　　　　② 교환이론
③ 현대화이론　　　　　　　④ 유리이론

풀이 : ② 교환이론 : 노인이 상대적으로 젊은이들에 비해 훨씬 적은 권한을 가짐으로 인해 사회에서 노인의 대인관계나 보상에서의 불균형이 나타난다는 것이다.
　　　③ 현대화이론 : 생산기술의 발달, 도시화 및 교육의 대중화 등 현대화의 제 양상으로 인해 노인들의 지위는 낮아지고 역할은 상실된다는 것이다.
　　　④ 유리이론 : 노년기 사회적 역할로부터 유리되는 것은 단절과 고립 또는 수동적이며 비활

정답 28. ④ 29. ① 30. ①

동적인 삶을 의미할 수 있지만, 다른 면에서는 일로부터 오는 과도한 스트레스를 줄여주며 신체 및 인지적 쇠퇴에 잘 적응할 수 있게 해 줌으로써 내적 평온을 가져다주는 적응적 가치를 갖는다.

문제 31 [난이도 : 기본] 노년기의 신체발달에 대한 설명으로 옳지 않은 것은?

① 뇌의 무게는 지속적으로 계속 늘어난다.
② 60세 이후 체지방 손실로 체중이 감소된다.
③ 80세 정도가 되면 맛 구별이 어렵다.
④ 촉각둔화로 화상이나 상처를 입을 수 있다.

풀이 : 노년기 뇌의 무게는 뉴런의 손실로 인해 성인기 동안 지속적으로 줄어든다.

문제 32 [난이도 : 중급] 노년기의 신경인지장애(치매)에 대한 설명 중 옳지 않는 것은?

① 치매란 일상생활을 정상적으로 유지하던 사람이 뇌기능 장애로 인해 후천적으로 지적 능력이 상실되어 이전 수준의 일상생활을 유지하는 데 어려움이 있는 경우이다.
② 치매의 50~60%는 알츠하이머병이다.
③ 치매는 다른 말로 건망증이라고도 불린다.
④ 치매의 20~30%는 혈관성 치매이다

풀이 : 치매와 건망증은 구분된다.

문제 33 [난이도 : 고급] 다음 중 신경인지장애(치매)에 대한 설명 중 옳은 것은?

① 알츠하이머병은 뇌혈관 질환에 의해 뇌 조직이 손상을 입어 치매가 발생한 경우이다.
② 혈관성 치매는 서서히 뇌 신경세포가 죽어가는 퇴행성 신경질환이다.
③ 파킨슨병은 가장 빈번한 질환으로 기억과 학습에 손상을 준다.
④ 파킨슨병은 마비증상보다는 행동이 느려지는 운동 완서(緩徐)이다.

풀이 : ① 알츠하이머병은 가장 빈번한 질환으로 서서히 뇌 신경세포가 죽어가는 퇴행성 신경질환이다. 또한 기억과 학습에 손상을 준다.
② 혈관성 치매는 뇌혈관 질환에 의해 뇌 조직이 손상을 입어 치매가 발생한 경우이다.
③ 가장 빈번한 질환으로 기억과 학습에 손상을 주는 것은 알츠하이머병이다.
④ 파킨슨병은 마비증상보다는 행동이 느려지는 운동 완서(緩徐)이다.

정답 31. ① 32. ③ 33. ④

문제 34 난이도 : 고급
다음 중 노년기의 단기기억 감퇴 예방에 대한 설명으로 옳지 않은 것은?
① 기억하려고 하는 것에 의미를 부여하면 도움이 된다.
② 반복적으로 암송한다.
③ 새로운 정보를 받아들일 때 정교화와 같은 의도적인 전략이 필요하다.
④ 노년기의 단기기억에는 아무것도 도움이 되지 않는다.

풀이 : 의미부여, 반복적인 암송, 정교화와 같은 의도적인 전략은 노년기의 단기기억 감퇴 예방에 도움이 된다.

문제 35 난이도 : 중급
다음 중 성공적인 노화와 관련이 없는 것은?
① 은퇴 이후의 삶을 잘 준비한다.
② 질병과 장애가 없어야 한다.
③ 신체적·인지적 기능을 유지해야 한다.
④ 사회적·생산적 활동에 적극 참여해야 한다.

풀이 : 성공적 노화요인은 질병과 장애가 없고, 신체적·인지적 기능을 유지하고, 사회적·생산적 활동에 적극 참여해야 한다.

정답 34. ④ 35. ①

Chapter 04
이상심리의 이해와 접근방법

I. 이상심리의 정의 ······ 230
II. 이상행동의 기준 ······ 232
III. 이상행동에 대한 이론적 접근 ······ 238
IV. 이상행동의 진단분류와 평가 ······ 243

I 이상심리의 정의

1 이상과 건강

　이상심리학은 이상행동과 정신장애(심리장애)를 연구대상으로 삼아 과학적으로 연구하는 심리학의 한 분야이다.
　건강한 상태는 두 가지로 나누어 생각할 수 있다. 첫째, 적합한 상태로 병적인 상태가 두드러지게 나타나지 않고 적절한 기능을 유지하는 상태이다. 둘째, 이상적인 상태로 자아실현, 성숙한 인격, 충분한 기능을 발휘하는 것을 목표로 한다. 즉 신체적, 심리적 및 사회적으로 별다른 어려움 없이 효율적인 기능을 할 수 있는 자아를 가진 사람들로 몸과 마음의 건강을 함께 고려해야 한다.

2 정상적인 사람들의 특징

(1) 현실적인 지각능력
　정상인들은 자신의 반응이나 능력, 자신의 주변 세계에서 일어나고 진행되고 있는 일들에 대한 해석과 평가가 현실적이다.

(2) 자기인식능력
　적응에 어려움이 없는 정상적인 사람들은 자신의 동기나 감정에 대해 어느 정도 인식하고 있다. 이상 또는 정신장애를 가진 사람들에 비해서 자기인식을 잘 하며 자신의 감정 표현과 동기를 이야기하는데 어려움이 없다.

(3) 행동통제능력
　정상인들은 자신의 행동을 통제할 수 있는 능력을 가지고 있다.

(4) 자신의 가치인식과 자기수용
　건강한 정상적인 사람들은 타인과의 사회적 상호작용 속에서 불편감없이 자발적인 행동

을 하며, 이러한 행동이 타인에게 수용 받는다고 느낀다.

(5) 친밀한 관계를 형성하는 능력

건강한 사람들은 타인과의 상호작용 속에서 안정감을 느끼고 서로의 감정을 공감하고 배려하며 지속적인 관계를 형성하고 유지할 수 있다.

(6) 생산적인 활동

건강한 사람들은 때로는 피로와 스트레스를 경험하지만 이를 극복하면서 적응적으로 생산 활동을 지속할 수 있다.

II 이상행동의 기준

(1) 통계적 기준

통계적 기준은 인간의 심리적 특성이 측정 가능하고 인간의 특성이 정상분포 한다는 전제를 가지고 있다. 이에 통계적 기준으로 이상행동을 규정하는 방법은 통계적으로 정규분포의 평균에서 점점 멀어질수록 '이상'으로 결정하는 기준으로 삼는다.

(2) 문화적(사회적) 규범의 기준

모든 사회에는 각 사회에 따라 사람들이 적응하고 지키고 있는 규범들이 있다. 이상행동으로서의 사회문화적인 규범은 각 사회문화적 환경 내에서의 통계적인 일탈 정도를 전제로 삼고 있다.

(3) 주관적 불편감

개인이 경험하고 있는 고통과 불편감을 정상과 이상을 구분하는 기준으로 삼는 것으로 이 기준은 각 개인에 따라 정상과 이상의 기준이 달라진다.

(4) 부적응의 기준

한 개인이 일상생활을 하면서 인지적, 정서적, 행동적 및 생물학적인 기능저하로 인해 사회적, 직업적인 부적응을 경험할 때 이상으로 규정한다.

(5) 절대적(이상적) 기준

이상과 정상을 절대적으로 정의하는 것으로 실제 존재하지는 않으며, 학자들에 따라 다양한 절대적 기준을 제시하고 있다.

이러한 이상행동의 5가지 기준의 문제점으로 거론되었듯이 신체적 질병과는 달리 정신건강의 경우 건강한 상태와 장애를 구분하는 것이 명확하지 않다. 이에 이상행동과 정신장애를 증상의 정도에 따라 연속선상에서 평가하여 정상과 이상의 기준을 결정해야 한다.

단원정리문제

문제 01 난이도 : 기본
다음 중 이상심리학을 설명 한 것으로 올바르지 않은 것은?
① 현대 사회에 이르러 이상행동을 자주 접하고 보게 되었다.
② 과학적이고 체계적인 연구 방법으로 심리학과는 차이가 있다.
③ 최근 일반인들도 정신장애라는 용어를 자주 사용하게 되었다.
④ 이상행동과 정신장애를 연구 대상으로 삼는다.

풀이 : 이상심리학은 과학적이고 체계적인 연구방법으로 심리학의 한 분야이다.

문제 02 난이도 : 기본
다음 중 정신건강을 정의하는 말로 올바르지 않은 것은?
① 정신적 질병에 걸려 있지 않은 상태이다.
② 만족스러운 인간관계를 형성하고 유지해 나갈 수 있는 능력이다.
③ 신체적·심리적·사회적으로 효율적인 기능을 하는 것이다.
④ 몸에 병이 없고 신체적·심리적으로 건전한 상태를 말한다.

풀이 : 몸에 병이 없고 신체적·심리적으로 건전한 상태라는 것은 정신건강의 정의가 아니라 국제 보건기구에서 말하는 건강의 정의이다.

문제 03 난이도 : 기본
다음 중 정신건강을 설명하는 말로 올바르지 않은 것은?
① 정상과 이상은 연속선상에 있다.
② 정신적인 건강과 이상하고 병적인 상태로 나눈다.
③ 이상상태의 사람들보다 건강상태의 사람들에게서 건강의 특징이 더 많이 나타난다.
④ 정상적인 사람들은 언제 어디서나 원만한 관계와 사회에 적응하고 행동한다.

풀이 : 정상과 이상은 연속선상에 있기 때문에 절대적인 건강으로 나눌 수 없다.

문제 04 난이도 : 고급
다음 내용 중 건강한 상태에 대한 여러 가지 설명 가운데 학자와 견해가 올바르게 나타난 것은?
① Johada : 사회구성원들이 환경을 적극적으로 극복하고 사회구조와의 관련을 강조한다.
② Brower : 물리적·사회적·심리적 환경을 처리하는 개인의 성격적 탄력성이다.
③ Fromm : 타인에게 과중한 요구를 하지 않고 효율적인 기능을 한다.
④ Caroll : 자기통제, 한계에 대한 도전과 극복이 이루어진다.

정답 1. ② 2. ④ 3. ② 4. ②

> **풀이** : Johada는 개인이 자신의 환경을 적극적으로 극복하고 성격의 통일성과 일관성을 나타내며 환경을 현실적으로 지각할 수 있는 상태로 정신이 건강한 사람은 타인에게 과중한 요구를 하지 않고 효율적으로 기능할 수 있다고 하였다. Brower은 물리적, 사회적 및 심리적 환경을 처리하는 개인의 성격적 탄력성과 원상회복능력을 가지고 있을 때 건강하다고 할 수 있다고 하였다. Fromm은 사회가 인간의 요구에 적응하는 시각에서 이해되어야 하며, 소속된 사회 구조와의 관련을 강조하였다. Caroll은 자신과 타인에 대한 존중 능력, 한계에 대한 이해와 수용, 행동의 원인 이해, 자아실현에 대한 동기의 이해 등을 통해 공존성이 확립되는 상태를 건강한 정신 상태라고 하였다.

문제 05 [난이도 : 기본]
프로이트가 말하는 건강한 상태에 대한 견해로 올바른 것은?

① 성격의 통일성과 일관성을 나타낸다.
② 현실을 지각하고 타인에게 피해를 주지 않는다.
③ 무의식을 자각하고 통찰하며 본능에 대한 자아의 중요성을 강조하였다.
④ 자아실현에 대한 동기의 이해 등을 통해 공존성이 확립된다.

> **풀이** : Freud는 무의식을 자각하고 통찰하는 자기통제가 중요한 요소이며, 본능(id)에 대한 자아(ego)의 중요성을 강조하였다.

문제 06 [난이도 : 중급]
다음 중 정상을 설명하는 것으로 올바르지 않은 것은?

① 정상인들은 자신의 반응이나 능력, 자신의 주변 세계에서 일어나고 진행되고 있는 일들에 대한 해석과 평가가 현실적이다.
② 적응에 어려움이 없는 정상적인 사람들은 자신의 동기나 감정에 대해 어느 정도 인식하고 있다.
③ 정상인들은 생활 중에 성급한 모습이 없고 자신의 모든 행동을 통제할 수 있는 능력을 가지고 있다.
④ 건강한 정상적인 사람들은 타인과의 사회적 상호작용 속에서 불편감 없이 자발적인 행동을 한다.

> **풀이** : 생활 중 성급한 모습을 보일 수도 있으나, 일반적으로 이상행동으로 말하는 범죄행동이나 사회적으로 수용 받을 수 없는 부적응적 행동을 통제할 수 있다.

정답 5. ③ 6. ③

문제 07 난이도 : 기본

다음 중 정상의 정의에 해당하지 않는 것은?

① 현실적인 지각능력
② 행동통제능력
③ 친밀한 관계를 형성하는 능력
④ 문제에 대한 해결능력

풀이 : 첫째, 자신의 반응이나 능력, 자신의 주변 세계에서 일어나고 진행되고 있는 일들에 대한 해석과 평가를 현실적으로 지각하는 능력을 가진다.
둘째, 적응에 어려움이 없는 정상적인 사람들은 자신의 동기나 감정에 대해 어느 정도 인식할 수 있는 자기 인식 능력을 가진다.
셋째, 생활 중 성급한 모습을 보일 수도 있으나, 일반적으로 이상행동으로 말하는 범죄행동이나 사회적으로 수용 받을 수 없는 부적응적 행동을 통제할 수 있는 행동 통제 능력을 가진다.
넷째, 타인과의 사회적 상호작용 속에서 불편감 없이 자발적인 행동을 하며, 이러한 행동이 타인에게 수용 받는다고 느끼는 자신에 대한 가치 인식과 자기수용 능력을 가진다.
다섯째, 타인과의 상호작용 속에서 안정감을 느끼고 서로의 감정을 공감하고 배려하며 지속적인 관계를 형성하고 유지할 수 있는 친밀한 관계형성 능력을 가진다.
여섯째, 때로는 피로와 스트레스를 경험하지만 이를 극복하면서 적응적으로 생산 활동을 지속할 수 있는 생산적인 활동능력을 가진다.

문제 08 난이도 : 기본

이상행동의 기준을 설명한 것으로 올바르지 않은 것은?

① 이상과 정상은 연속성을 가지고 있다.
② 신체적 병과는 달리 어떠한 기준에 근거하여 이상행동 판단이 불가능하다.
③ 객관적인 관찰과 측정이 가능한 개인의 부적응적 심리특성을 의미한다.
④ 정신장애는 특정한 이상행동의 집합체를 의미한다.

풀이 : 이상행동은 어떤 기준에 근거하여 이상행동을 판단해야만 그에 대한 연구뿐만 아니라 치료적 접근을 할 수 있다.

문제 09 난이도 : 기본

이상행동을 정의하는 기준이 아닌 것은?

① 부적응의 기준
② 상대적 기준
③ 주관적 불편감
④ 사회규범의 기준

풀이 : 5가지의 이상행동의 기준
첫째, 통계적 기준.
둘째, 통계적인 일탈정도
셋째, 주관적 불편
넷째, 적응과 부적응
다섯째, 절대적 기준

정답 7. ④ 8. ② 9. ②

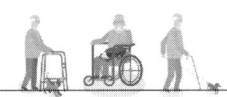

문제 10 난이도 : 기본
다음 중 이상행동을 정의하는 기준에 속하는 것은?
① 사회규범
② 지능, 감성, 사회지수
③ 전문가소견
④ 평균의 일탈

풀이 : 이상행동을 정의하는 기준은 통계적 기준, 사회규범의 기준, 주관적 불편감, 부적응의 기준, 절대적(이상적) 기준이다.

문제 11 난이도 : 고급
이상행동을 정의하는 기준 가운데 통계적 기준의 문제점이 아닌 것은?
① 2표준편차의 타당성
② 경계성에 있는 사례의 판단기준
③ 방향성
④ 일탈행동의 정의

풀이 : 통계적 기준의 문제점 – 2표준편차의 타당성 문제, 경계성에 있는 사례의 판단기준, 인간의 모든 특성이 정상 분포하는지의 여부, 방향성의 문제로 나타난다.

문제 12 난이도 : 기본
다음은 이상행동을 정의하는 기준이다. 알맞은 내용으로 이루어진 것은?
① 통계적 기준, 적합함
② 주관적 불편감, 인지적 기능
③ 절대적(이상적) 기준, 사회규범의 기준
④ 정서적 균형, 평균의 일탈

풀이 : 이상행동 정의 기준은 통계적 기준, 사회규범의 기준, 주관적 불편감, 부적응의 기준, 절대적(이상적) 기준이다.

문제 13 난이도 : 기본
이상행동의 주관적 불편감 기준에 의한 문제점이 아닌 것은?
① 심리적 고통이 모두 이상은 아니다.
② 주관적 불편감의 기준이 불분명하다.
③ 부적응 행동에 대한 주관적 불편감이 없다.
④ 주관적 불편감이 생기는 유발의 원인이 다르다.

풀이 : 심리적 고통이 모두 이상은 아니며 같은 심리적 고통을 경험하지만 사람마다 주관적 불편감을 호소하는 정도가 다르기 때문에 주관적 불편감의 기준이 불분명하다. 또한 정신병 환자나 인격 장애자들의 경우 자신의 망상, 환청 또는 부적응적인 행동에 대한 주관적 불편감을 호소하지 않는 경우가 많다.

정답 10. ① 11. ④ 12. ③ 13. ④

문제 **14** 난이도 : 기본
다음 중 정상적인 사람들의 '정상'을 정의하는 기준이 아닌 것은?
① 현실적인 지각능력   ② 자기인식능력
③ 행동통제능력   ④ 문제 해결능력

풀이 : 현실적인 지각능력, 자기인식능력, 행동통제능력, 자신의 가치인식과 자기수용, 친밀한 관계를 형성하는 능력, 생산적인 활동

문제 **15** 난이도 : 기본
인간의 이상행동을 기준 하는 기준 가운데 실제는 존재하지 않으며 학자들에 따라 다양한 절대적 기준을 제시하고 있는 것은?
① 이상적 기준   ② 주관적 불편감의 기준
③ 문화적 규범의 기준   ④ 통계적 기준

풀이 : 이상과 정상을 절대적으로 정의하는 것으로 이상적 기준 혹은 절대적 기준이라고 한다.

문제 **16** 난이도 : 기본
통계적 기준을 이상행동의 기준으로 사용했을 때의 장점은?
① 근거에 따른 현실성을 높인다.
② 평가의 오류를 최소화 한다.
③ 객관적이고 명확하게 구분 한다.
④ 치료방법의 효율성을 최대화 한다.

풀이 : 통계적 기준을 이상행동의 기준으로 사용했을 때 객관적이고 명확하게 이상과 정상의 구분이 가능하다.

문제 **17** 난이도 : 기본
성인 여자가 알몸으로 돌아다니는 사람의 행동을 우리나라에서는 이상행동에 속하지만 일부 다른 나라에서는 이를 자연스럽게 여겨 정상행동으로 여기는 것은 이상행동 기준의 무엇이 다르기 때문인가?
① 이상적 기준   ② 주관적 불편감의 기준
③ 문화적 규범의 기준   ④ 통계적 기준

풀이 : 이상행동으로서의 사회문화적인 규범은 각 사회문화적 환경 내에서의 통계적인 일탈정도를 전제로 삼고 있다.

정답   14. ④ 15. ① 16. ③ 17. ③

III. 이상행동에 대한 이론적 접근

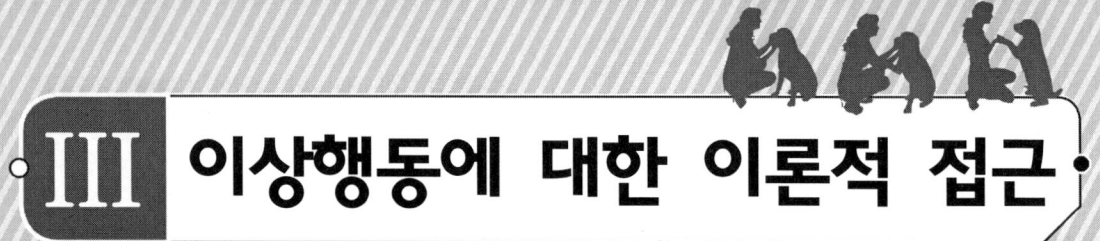

1. 신경생물학적 접근

(1) 기본 전제
① 뇌의 생물학적인 문제
② 뇌의 신경생화학적 문제
③ 유전적인 문제

(2) 신경생물학적 입장에서의 불안
불안은 자율신경계의 결함 또는 노르에피네피린(norepinephrine), GABA와 같은 신경전달물질의 이상에 의한 것이며, 유전적으로 더 불안에 민감한 특성을 가지는 경우도 있다.

2. 정신역동적 접근

(1) 프로이트의 정신역동이론

1) 기본원리
- 심리결정론(psychic determinism)
- 무의식(unconsciousness)의 원리
- 성적욕구(libido)

2) 성격구조
① 의식과정
- 의식 과정(conscious process)
- 전의식 과정(preconscious process)
- 무의식 과정(unconscious process)

② 성격구조
- 원초아(id)
- 자아(ego)
- 초자아(super ego)

3) **성격발달단계** : 주로 성적욕구와 관련된 정신적 에너지인 리비도(libido)가 머물러 있고 집중되는 신체 부위에 따라 성격의 발달단계가 구분된다.
- 구강기(oral stage, 0~1세)
- 항문기(anal stage, 1~3세)
- 남근기(phallic stage, 3~5세)
- 잠복기(latency stage, 6~12세)
- 성기기(genital stage, 12세 이후)

(2) 정신역동이론에서의 불안과 방어기제

1) **신경증적 불안(neurotic anxiety)에 대한 정신역동적 이해**
정신역동이론에서는 성격구조에서 살펴본 원초아(id)적인 충동과 욕망의 분출을 초자아(super ego)가 처벌하는 과정에서 자아(ego)가 위협을 느끼는 것을 신경증적 불안으로 설명하고 있다.

2) **정신역동에서의 방어기제**
원초아적 욕망이 표출되는 것에 대한 두려움을 통제하기 위해 자아는 방어기제를 사용하게 된다.

(3) 정신역동적 치료

정신역동에서는 이상행동을 치료하기 위해서 무의식적 갈등을 인식하게 하여 갈등을 해소하도록 한다. 특히 주로 어린 시절의 좌절경험과 관련된 무의식적 갈등을 이상행동의 주원인으로 보았다. 무의식을 의식화하는 정신역동적 치료방법에는 자유연상, 꿈의 분석, 전이분석, 저항분석이 대표적이다.

3 행동주의적 접근

(1) 이론적 배경
행동주의적 접근에서는 인간의 모든 행동은 학습된 것으로 전제하고 있다. 행동주의적 심리학자들은 이상행동도 주변 환경에서 잘못된 학습을 통해 형성된 것으로 생각하였다.
새로운 행동이 학습되는 원리는 고전적 조건형성, 조작적 조건형성, 모방학습 이론을 통해 설명하고 있다.

(2) 행동치료
행동치료는 행동수정(behavior modification)이라는 말로 대표될 수 있으며, 이는 잘못된 학습을 통해 습득된 이상행동을 제거하고 적응적인 행동을 재학습시키는 것을 목적으로 한다. 이 과정에서는 체계적 둔감법(systematic desensitization), 혐오치료(aversive therapy), 자기표현 훈련, 토큰 경제, 모방학습 및 참여관찰 방법과 함께 처벌을 함께 사용한다.

4 인지적 접근

인지적 접근은 개인의 사고방식, 신념, 인지구조와 내용을 강조하는 입장으로 최근 들어 가장 널리 적용되는 접근방식이다. 인지적 접근을 하는 임상가들은 정신장애를 가지고 있거나 이상행동을 하는 사람들은 여러 가지 인지적 왜곡을 가지고 있기 때문이라고 하였다.

(1) 기본 전제
- 인지(사고)가 정서 및 행동에 영향을 준다.
- 인지는 검색되고 변화될 수 있다.
- 인지변화는 행동변화를 가져온다.
- 정서장애와 행동장애는 비적응적 사고과정의 결과이다.
- 인지적 과정에서의 왜곡과 결손이 정신장애를 유발하는 주요 원인으로 보고 있다.

(2) 인지적 접근의 치료
① 엘리스(A. Ellis)의 합리적-정서행동치료(rational-emotive behavior therapy)
엘리스는 인본주의적, 철학적, 행동적 심리상담 및 치료를 결합하여 합리적 정서치

료를 만들어 냈다(REBT: Rational Emotive Behavior Therapy).
② 엘리스의 합리적 정서행동치료 : ABCDE모형
③ 이러한 치료적 과정에서 ABC를 먼저 학습 시킨 후 치료자가 내담자의 비합리적 신념에 대해 논박을 한다.
④ 비합리적인 신념들에 대한 치료자의 논박을 통해 내담자는 인지적 재구성(cognitive restructuring)을 하여 적응적인 정서적 및 행동적 반응을 하게 되는 것이 치료과정이다.
⑤ 벡(A. Beck)의 인지치료
인지치료는 인간은 자신의 문제를 이해하고 해결할 수 있는 지각능력과 의식기능을 가지고 있다고 전제하고 있다. 이상행동과 부적응 행동에 대해서는 아동기에 역기능적 가정에서 생활 사건을 통해 자동적 사고와 부정적 정서 및 행동을 습득하는 것으로 설명하고 있다. 이에 문제를 가진 사람들은 인지적 왜곡과 오류를 가지고 있으며, 이로 인해 부정적인 자동적 사고가 유발되는 것으로 본다.

5 인본주의적 접근

인본주의적 접근은 정신역동적 접근에서 인간을 성욕과 공격성에 의해 영향 받는 존재로 보고 행동주의적 접근에서는 인간의 정서와 동기를 중요시 하지 않는 분위기에서 인간을 자기실현을 추구하는 성장 지향적 존재로 주장하였다.

(1) 기본전제
① 인간은 믿을 수 있으며, 자기이해와 자아실현을 위한 잠재력과 이런 능력을 통해 점진적으로 발전해 가는 자기실현 경향성을 가진 존재로 보았다.
② 인간행동은 각 개인의 주관적인 경험 또는 내적 준거체계에 따라 달라진다.
③ 자아실현이 인간의 궁극적인 목표이다.
④ 관심과 수용, 이해를 통한 긍정적인 관계는 필수적인 조건으로 보고 있다.

(2) 인본주의적 접근의 치료
① 내담자 스스로 부적응을 극복하고 자기실현의 능력이 있는 존재로 보기 때문에 치료 진행의 책임을 내담자에게 일임한다.
② 특별한 치료기법보다는 치료사의 자세와 태도를 가장 중요시하고 내담자와 치료자의 관계의 질이 치료 결과의 중요한 결정 요인이라고 강조했다.

③ 치료자가 지녀야 할 3가지 자세는 '신뢰감'을 기반으로 한 상담자의 진실성(genuineness), 무조건적 긍정적 존중(unconditional positive regard), 공감적 이해(empathic understanding)를 말한다.
④ 인본주의적 치료에서는 불안을 유기체적 경험과 자기구조와의 불일치에서 경험하는 것으로 이야기하고 있다.

6 스트레스-취약성 모델(stress-vulnerability model)

(1) 기본 전제
① 개인은 유전적, 생물학적, 인지적, 정서적 및 행동적인 면에서의 취약성을 가지고 있다.
② 스트레스란 상황이 자기 자원의 한계를 넘어 위협적인 상황에서 경험하게 된다.
③ 개인적인 취약성과 생활상에서의 환경적인 스트레스가 상호작용하여 이상행동과 정신장애가 유발되는 것으로 본다.
④ 환경으로부터 주어지는 심리사회적 스트레스와 함께 개인의 특성을 고려해야 한다.

(2) 스트레스
취약성 모델은 통합적 접근으로 다음과 같은 접근들에서의 내용을 모두 포함하고 있다.
① 신경생물학적 접근 : 유전적 요인, 뇌의 구조적 결손, 신경전달물질의 이상 문제
② 정신역동적 접근 : 부모양육경험과 관련된 성격적 문제
③ 행동주의적 접근 : 학습경험 및 행동적 반응양식
④ 인지적 접근 : 인지적 특성과 사고내용

IV 이상행동의 진단분류와 평가

1 이상행동의 분류

(1) 진단분류의 목적

전문가들 간의 효율적인 의사소통을 위한 언어를 제공하고 정신장애의 특징을 정의하여 유사한 장애와의 차이를 이해하도록 하며 정신장애의 원인과 효과적인 치료법을 개발한다.

(2) 분류의 장점과 단점

1) 분류의 장점

해당 분야의 연구자나 종사자들이 약속된 용어를 사용하여 효과적인 의사소통이 가능하여 불필요한 혼란과 모호한 의사소통을 줄일 수 있다. 분류된 장애에 따라 체계적으로 연구결과를 수집하고 활용할 수 있다. 정신장애의 과학적 연구를 통해 특정증상과 발병 원인과 같은 객관적인 연구결과를 얻을 수 있다. 치료효과를 예상하고 장애의 진행과정을 예측할 수 있다.

2) 분류의 단점

환자의 개인적인 특수성에 대한 이해가 제한되어 환자에 대한 고정관념이 생길 수 있다. 환자가 정신분열증과 같은 진단을 받는 경우 주변 사람들이 환자에 대한 편견을 가지게 되고, 환자 스스로도 자신에 대한 태도가 달라진다. 환자의 개인적인 증상보다는 진단명에 의한 치료적 접근을 하게 될 수 있다. 현재의 분류체계는 의학적 모델로서 환경적 영향을 무시, 창조적 사고를 억제한다.

2 범주적 분류와 차원적 분류

(1) 범주적 분류

이상행동이 정상행동과는 질적으로 구분되며 흔히 독특한 원인에 의한 것이기 때문에 정상행동과는 명료한 차이점을 지니고 있다는 가정에 근거(흑백 논리적)한다.

(2) 차원적 분류

정상행동과 이상행동의 구분이 부적응성의 정도 문제일 뿐 질적인 차이는 없다는 가정에 근거(양적인 차이, 차원)한다. 이상행동을 차원적 또는 범주적 방식으로 분류하느냐의 문제는 간단하지 않다. 장애의 실제적인 특성은 현실적 실용성의 측면에서 범주적 차원이 유용한 경우가 많기 때문에, 현재 널리 사용되고 있는 정신장애의 분류체계는 주로 범주적 분류방식을 따르고 있는 실정이다.

3 정신장애의 분류체계

(1) 신뢰도와 타당도

정신장애를 분류하는데 앞서 분류체계는 과학적인 신뢰도와 타당도를 가지고 있어야 한다.

(2) 이상행동과 정신장애의 분류체계

1) 정신질환의 진단 및 통계 편람 제5판(DIAGNOSTIC AND STATISTICAL MANUAL OF MENTAL DISORDERS FIFTH EDITION)

미국 정신의학회(American Psychiatric Association, 이하 APA)에서 공식적으로 사용하는 정신 장애 진단 분류 체계로, 국제 보건 기구(World Health Organization, 이하 WHO)에서 공인한 국제 질병 분류(International Classification Disease, 이하 ICD)와 함께 전 세계적으로 가장 널리 사용되고 있는 정신 장애 진단 분류 체계 중 하나이다. 2013년에는 다섯 번째로 개정된 DSM-5가 출간되었다.

단원정리문제

문제 01 난이도 : 중급
이상행동을 비롯한 심리적 장애를 설명하는 신경생물학적 이론의 기본전제에 해당되지 않는 것은?

① 뇌의 생물학적인 문제
② 뇌의 신경생화학적 문제
③ 신경생물학적 입장에서의 불안
④ 유전적인 문제

풀이 : 뇌구조, 뇌기능, 유전적인 특징, 기타 생화학적 이상과 정신병리는 관련성을 가지는 전제를 크게 뇌의 생물학적인 문제, 뇌의 신경생화학적 문제, 유전적인 문제로 구분한다.

문제 02 난이도 : 중급
신경생물학적 입장에서의 불안을 이상행동의 특징이라고 설명할 때의 내용으로 올바르지 않은 것은?

① 불안은 자율신경계의 결함이다.
② 유전적으로 더 불안에 민감한 특성을 가진다.
③ 뇌의 조직이 손상되면서 정신장애가 유발된다.
④ 노르에피네피린, GABA와 같은 신경전달물질의 이상에 의한 것이다.

풀이 : 뇌의 조직이 손상되면서 정신장애가 유발되는 것은 뇌의 물리적 손상에서 나타나는 문제이며 뇌의 생물학적인 문제에 속한다.

문제 03 난이도 : 기본
프로이트의 정신역동이론의 기본원리에 해당하지 않는 것은?

① 성격구조
② 무의식
③ 심리결정론
④ 성적 욕구

풀이 : 프로이트의 정신역동이론의 기본원리는 무의식, 심리결정론, 성적 욕구의 3가지이다.

문제 04 난이도 : 기본
프로이트의 성격구조에 따른 의식과정이 아닌 것은?

① 의식
② 전의식
③ 무의식
④ 자유연상

풀이 : 자유연상은 무의식 과정에서 자각할 수 없는 것을 접근할 수 있게 하는 방법이다.

정답 1. ③ 2. ③ 3. ① 4. ④

문제 05 난이도 : 기본
프로이트의 성격구조가 아닌 것은?

① 원초아(id)
② 자아(ego)
③ 초자아(super ego)
④ 리비도(libido)

풀이 : 프로이트는 성격구조는 원초아(id), 자아(ego), 초자아(super ego)로 이루어진다고 하였다. 원초아(id)는 본능적 에너지의 저장소이며, 쾌락원리에 의해 기능한다. 일반적으로 타고나는 것으로 생물학적인 욕구수준으로 볼 수 있다. 자아(ego)는 생후 6개월 무렵부터 3세까지 유아가 욕구좌절과 욕구지연을 경험하면서 형성하게 된다. 성격의 집행자이며 현실원리에 따라 원초아의 욕망을 충족시킨다. 초자아(super ego)는 내면화된 도덕 및 양심과 관련된 것으로 주로 부모의 양육태도와 사회적 도덕적 가치 및 윤리적인 것들에 의해 형성된다. 리비도(libido)는 성적욕구를 뜻하는 것으로 정신역동이론의 기본원리에 해당한다.

문제 06 난이도 : 기본
초자아(super ego)의 설명으로 올바르지 않은 것은?

① 12세 무렵에 형성되기 시작한다.
② 사회적·도덕적 가치 및 윤리적인 것에 의해 형성된다.
③ 내면화된 도덕 및 양심과 관련된다.
④ 부모의 양육태도에 의해 형성된다.

풀이 : 초자아(super ego)는 5세 무렵에 형성되어 12세가량 되어야 적절하게 기능한다.

문제 07 난이도 : 기본
정신역동이론에서의 아동들이 자신의 성 역할 연습을 학습하게 되고 초자아가 발달되는 시기는?

① 잠복기
② 성기기
③ 남근기
④ 항문기

풀이 : 남근기(phallic stage)는 3~5세에 해당하며 성욕이 성기에 머물게 되는 시기로 남아의 경우 남근에 여아의 경우 음핵을 통해 쾌감을 경험한다. 또한, 이성 부모에게 애정을 받으려 하고 이로 인해 부모와의 삼각관계를 경험하게 되는 과정으로 남자 아동은 오이디푸스 콤플렉스(oedipus complex), 여자 아동은 엘렉트라 콤플렉스(electra complex)를 경험한다. 이 시기에는 부모 세대와의 구분이 없이 애착관계를 형성하고 사랑과 성을 적절히 구분하지 못하는 성 개념을 가지고 있다. 이러한 갈등상황에서 불안감을 경험하게 되나, 동일시를 통해 자신이 경쟁해서 이길 수 없는 동성부모의 행동이나 습관 등을 모방하며 극복한다. 이 과정에서 아동들은 자신의 성역할을 학습하게 되며 초자아가 발달된다.

정답 5. ④ 6. ① 7. ③

문제 08 난이도 : 중급
정신역동이론에서의 성격발달이론 중 잠복기의 설명으로 올바른 것은?
① 10~15세에 나타난다.
② 신체적인 성숙, 심리적인 독립이 나타난다.
③ 오이디푸스 콤플렉스, 엘렉트라 콤플렉스를 경험한다.
④ 좌절감이후 가지는 열등감과 회피적 성격특성을 가지게 된다.

풀이 : 잠복기(latency stage)는 6~12세에 해당하는 시기로 성적욕구가 뚜렷이 드러나지 않고 학업과 친구들에 대한 관심이 증가하는 시기이다. 이 과정에서의 좌절감은 이후 열등감과 회피적인 성격특성을 가지게 만드는 것으로 알려져 있다.

문제 09 난이도 : 중급
정신역동에서의 방어기제의 하나로 어떤 싫은 대상이 있는 경우 그 사람을 싫어하는 이유는 그 사람이 자신을 싫어하기 때문이라고 생각하는 것은?
① 투 사   ② 동일시
③ 부 인   ④ 합리화

풀이 : 투사는 자신이 의식 상태에서 받아들일 수 없을 정도로 위협적인 감정을 다른 사람에게 투영시킨다.

문제 10 난이도 : 중급
예를 들어 부모가 교통사고로 인해 돌아가셨을 때 모든 상황을 보았음에도 기억하지 못하는 경우는 어떤 방어기재에 속하는가?
① 부 인   ② 억 압
③ 대 치   ④ 반동형성

풀이 : 억압은 원초아(id)와 초자아(super ego) 간의 갈등을 무의식의 수준으로 억누르는 것으로 신경증의 원인이 된다고 본다.

문제 11 난이도 : 고급
정신역동적 치료과정에서 치료자에게 보이는 내담자의 투사된 것을 의미 있게 보고 분석하는 방법을 무엇이라고 하는가?
① 꿈의 분석   ② 전이 분석
③ 자유연상   ④ 저항 분석

풀이 : 전이분석은 무의식을 의식화 하는 정신역동적인 치료방법의 하나이다. 이 밖에도 정신역동적인 치료방법에는 의식에 의한 억압을 약화시키는 방법으로 상담자는 내담자가 카우치에 누운 편안한 상태에서 아무런 제약 없이 자유롭게 떠오르는 것을 이야기하도록 하는 자유연상, 의식에 의한 억압이 감소된 수면상태에서 떠오른 무의식적 내용을 꿈으로 보고 꿈속에서 나

정답 8. ④ 9. ① 10. ② 11. ②

타난 이야기나 등장인물과 같은 것들을 통해 무의식적인 측면을 탐색하는 꿈의 분석, 치료과정에서 내담자가 치료자에 대한 저항적 태도와 비협조적인 태도를 통해 내담자의 무의식적인 측면을 살펴볼 수 있는 저항분석이 있다.

문제 12
난이도 : 고급
정신역동이론의 한계점이 아닌 것은?

① 오이디푸스 콤플렉스 이전의 아동기 발달에 대한 관심이 적다.
② 대상자의 내면에만 관심을 갖고 있어 상호작용의 영향력이 다루어지지 않았다.
③ 16세기 유럽의 남성 환자를 대상으로 한 경험에 기초함으로 일반화의 어려움이 있다.
④ 프로이트를 비롯한 연구자의 주관적 경험에 의해 근거하여 객관적인 어려움이 있다.

풀이 : 19세기 유럽의 젊은 여성 환자를 대상으로 한 임상적 경험에 기초하여 일반화의 어려움이 있다.

문제 13
난이도 : 중급
프로이트 이후의 정신역동이론에서 연구자와 내용이 알맞게 연결되지 않은 것은?

① 아들러(Adler) : 인본주의, 실존주의
② 융(Jung) : 분석심리학
③ 코헛(Kohut) : 자기심리학
④ 벡(Beck) : 대상관계이론

풀이 : 벡(Beck)은 인지치료에 지대한 영향을 주었으며 대상관계이론을 중시한 사람은 클레인(Melanie Klein)이다.

문제 14
난이도 : 기본
고전적 조건형성의 설명으로 올바르지 않은 것은?

① 조건자극 : 무조건 자극과 연합됨으로써 조건반응을 일으키게 된 이전의 중립적 자극이다.
② 조건반응 : 자극에 대해 학습된 또는 획득된 반응이 반복적으로 나타나는 현상이다.
③ 자극일반화 : 조건자극과 유사한 자극에 대해서도 조건반응이 나타나는 현상이다.
④ 자극변별 : 조건자극과 현저하게 다른 자극에는 조건반응을 나타내지 않는 현상이다.

풀이 : 조건반응(conditioned response: CR)이란 원래는 반응을 일으키지 않았던 자극에 대해 학습된 또는 획득된 반응을 말한다.

정답 12. ③ 13. ④ 14. ②

문제 15 난이도 : 기본
행동에 따른 결과로 인해 행동이 학습되는 것을 말하는 행동주의적 이론은?
① 정적강화 ② 조작적 조건형성
③ 모방학습 ④ 행동치료

풀이 : 스키너(skinner)의 조작적 조건형성 : 실험 상자에 쥐를 넣은 후 쥐가 우연히 지렛대를 눌러 먹이를 먹게 되고 점차 지렛대를 눌러 먹이를 먹는 행동을 학습하게 된 것을 발견하였다.

문제 16 난이도 : 기본
사회적 학습방법을 모방학습, 대리학습, 관찰학습으로 나눈 사람은?
① 파블로프(Pavlov) ② 반두라(Bandura)
③ 스키너(skinner) ④ 호나이(Horney)

풀이 : 모방학습(modeling)이란 다른 사람의 행동을 따라하여 학습하는 것을 말한다.
대리학습(vicarious learning)이란 다른 사람이 새로운 행동을 시도하는 것을 통해 결과를 관찰하여 학습하는 것을 말한다. 관찰학습(observational learning)이란 사회적 상황에서 다른 사람의 행동을 관찰해 두었다가 유사한 행동을 나타내는 것을 말한다.

문제 17 난이도 : 기본
신체적 이완을 통해 공포나 불안과 같은 부적응적인 반응을 감소시키는 행동치료법은?
① 체계적 둔감법 ② 자기표현훈련
③ 토큰경제 ④ 모방학습 및 참여관찰

풀이 : 체계적 둔감법은 내담자가 견딜 수 있는 낮은 단계에서부터 점차 견디기 힘든 어려운 단계로 체계적인 단계를 걸쳐 치료한다.

문제 18 난이도 : 기본
행동주의적 접근에 대한 비판의 내용이 아닌 것은?
① 치료적 효과에 대해서도 객관적인 검증이 되었으나, 정신역동적 치료에 비해 장기간에 치료효과를 보인다.
② 복잡한 인간의 행동을 너무 단순하게 설명하려는 시도로 인해 다양하게 행동을 이해하는데 제약이 있다.
③ 인간이 자신의 행동을 스스로 통제하여 상황에 따라 선택한 행동을 할 수 있다는 점을 무시하고 수동적인 인간으로 보았다.
④ 행동주의적 접근은 주로 동물실험을 통한 것으로 동물에 대한 실험결과를 인간에게 적용하는데 따른 한계점이 있다.

풀이 : 행동주의적 접근은 정신분석에 비하여 단기간에 효과를 보인다.

정답 15. ② 16. ② 17. ① 18. ①

문제 19 난이도: 기본

인지적 접근이론의 기본전제의 내용이 아닌 것은?

① 인지(사고)가 정서 및 행동에 영향을 준다.
② 인지된 검색내용이 변화될 수는 없다.
③ 인지변화는 행동변화를 가져온다.
④ 정서장애와 행동장애는 비적응적 사고과정의 결과이다.

풀이 : 인지는 검색되고 변화될 수 있다.

문제 20 난이도: 기본

엘리스가 인본주의적·철학적·행동적 심리상담 및 치료를 결합하여 만든 합리적 정서치료 방법은?

① 인지치료
② 정서행동치료
③ 인지적 정서행동치료
④ 합리적 정서행동치료

풀이 : 엘리스는 인본주의적, 철학적, 행동적 심리상담 및 치료를 결합하여 합리적 정서치료를 만들어 냈다(REBT: Rational Emotive Behavior Therapy). 정서장애는 왜곡된 지각과 비합리적이고 자기패배적인 신념에 의해 발생한다. 비합리적이고 자기패배적인 신념은 사람들이 스트레스에 대처하기 위해 스스로 다짐하는 자신의 말(self-talk)에서 시작된다고 하였다. 비합리적인 신념은 평소 반복되고 과도하게 학습된 것이기에 자동적으로 일어난다.

문제 21 난이도: 중급

엘리스의 ABCDE모형을 잘 설명한 것은?

① A : 신념 또는 믿음
② B : 선행사건
③ C : 결과
④ E : 논박

풀이 : A(Antecedents Event) : 선행사건
B(Beliefs) : 신념 또는 믿음
C(Consequence) : 결과
D(Debate or Dispute) : 논박
E(Effect) : 효과

정답 19. ② 20. ④ 21. ③

문제 22 벡(A. Beck)의 인지치료에 대한 설명으로 올바르지 않은 것은?

① 인간은 자신의 문제를 이해하고 해결할 수 있는 지각능력과 의식기능을 가지고 있다.
② 아동기에 역기능적 가정에서 생활사건을 통해 자동적 사고와 부정적 정서 및 행동을 습득하는 것으로 설명한다.
③ 문제를 가진 사람들은 인지적 왜곡과 오류를 가지고 있으나, 이로 인해 부정적인 생각이 아니면 문제되지 않는다.
④ 스스로 자신의 왜곡된 인지와 오류를 깨닫도록 질문을 하며, 이러한 질문법을 소크라테스식 방법(socratic method)이라 부른다.

풀이 : 문제를 가진 사람들은 인지적 왜곡과 오류를 가지고 있으며, 이로 인해 부정적 자동적 사고가 유발되는 것으로 본다.

문제 23 객관적인 증거에 반하더라도 지속되고 중단하기가 쉽지 않은 인지적 접근은?

① 인지왜곡　　② 자동적 사고
③ 과잉일반화　④ 긍정격하

풀이 : 자동적 사고란 의식적인 노력이나 선택 없이도 반사적으로 일어나며, 과거의 경험으로부터 생성된 신념이나 가정들(assumptions)을 반영한 것이다.

문제 24 모든 상황에서 부정적인 것들만을 골라서 생각하고, 결국 세상이 부정적이라고 인식하는 것을 말한다. 의미하는 인지왜곡의 유형은?

① 이분법적 사고　　② 과잉 일반화
③ 선택적 추상　　　④ 흑백논리

풀이 : 선택적 추상이란 긍정적인 것들은 인식하지 않고 의식하는 모든 것이 부정적인 것들이다.

문제 25 예를 들어 일상생활에서 누군가가 우리의 옷차림새나 우리가 한 일에 대해 칭찬을 할 경우, "저 사람들은 착해서 나한테 저런 이야기를 한 거야."라고 스스로에게 말하는 사람은 어떤 인지왜곡을 하고 있는 것인가?

① 정서적 추론　　② 긍정격하
③ 섣부른 결론도달　④ 극대화

풀이 : 긍정격하는 긍정적인 경험들을 단순히 무시하는데 그치는 것이 아니라 교묘하게 부정적인 것으로 바꾸어 버린다.

정답　22. ③　23. ②　24. ③　25. ②

문제 26 난이도 : 기본
인지치료과정의 설명으로 올바르지 않은 것은?
① 문제 중심적 접근을 한다.
② 문제가 되는 정서적 및 행동적인 증상을 기록한다.
③ 사고와 현실을 구별한다.
④ 미래에 기반을 둔다.

풀이 : 내담자는 현실에 기반을 둔 보다 정확한 해석으로 왜곡된 생각들을 대체하는 법을 배우게 된다.

문제 27 난이도 : 고급
인지치료의 장·단점을 바르게 설명한 것은?
① 장점 : 과학적 접근을 한다.
   단점 : 동기를 등한시 한다.
② 장점 : 단기간에 치료효과가 나타난다.
   단점 : 주관적으로 검증한다.
③ 장점 : 근본적인 문제해결을 한다.
   단점 : 급성단계의 환자는 적용이 불가하다.
④ 장점 : 정서를 충분히 다룬다.
   단점 : 내담자 스스로 적용하여 오류가 발생 할 수 있다.

풀이 : 인지치료의 장점은 정신역동적 접근과 달리 과학적 검증을 할 수 있다는 것이다. 인지치료의 단점은 사람이 인지, 정서 및 동기적인 요인들을 상호작용하는 복잡한 존재임에도 정서나 동기와 관련된 부분을 다소 등한시 하는 면이 있다고 보는 것이다.

문제 28 난이도 : 중급
인본주의 접근의 치료법에 대한 잘못된 설명은?
① 치료진행의 책임을 내담자에게 일임한다.
② 치료기법보다는 치료적 조건, 분위기를 중시한다.
③ 불안을 유기체적 경험과 자기구조와의 일치에서 경험하는 것이다.
④ 내담자 스스로 부적응을 극복하고 자기실현의 능력이 존재한다.

풀이 : 인본주의적 치료에서는 불안을 유기체적 경험과 자기구조와의 불일치에서 경험하는 것으로 이야기하고 있다.

정답 26. ④ 27. ① 28. ③

문제 29 난이도 : 기본
인지치료에서 치료자가 지녀야 할 자세가 아닌 것은?
① 진실성   ② 신뢰감
③ 공감적 이해   ④ 무조건적 존중

풀이 : 인지치료에서 치료자가 지녀야할 3가지 자세는 신뢰감을 기반으로 한 상담자의 진실성(genuineness), 무조건적·긍정적 존중(unconditional positive regard), 공감적 이해(empathic understanding)를 말한다.

문제 30 난이도 : 기본
스트레스-취약성 모델(stress-vulnerability model)의 내용으로 올바르지 않은 것은?
① 개인은 유전적·생물학적·인지적·정서적 및 행동적인 면에서의 취약성을 가지고 있다.
② 스트레스란 상황이 자기자원의 한계를 넘어 위협적인 상황에서 경험하게 된다.
③ 개인적인 취약성과 생활상에서의 환경적인 스트레스로 구분되어진다.
④ 환경으로부터 주어지는 심리사회적 스트레스와 함께 개인의 특성을 고려해야 한다.

풀이 : 개인적인 취약성과 생활상에서의 환경적인 스트레스가 상호작용하여 이상행동과 정신장애가 유발되는 것으로 본다.

문제 31 난이도 : 중급
다음 중 이상행동을 진단 분류하는 목적이 아닌 것은?
① 정상행동과의 차이를 이해하기 위함이다.
② 정신장애의 원인과 효과적인 치료법을 개발한다.
③ 전문가들 간의 효율적인 의사소통을 위한 언어를 제공한다.
④ 정신장애의 특징을 정의하여 유사한 장애와의 차이를 이해하도록 하기 위해서이다.

풀이 : 이상행동을 진단 분류하는 목적은 정신장애의 정확한 분석과 효율성을 높이기 위함이다.

문제 32 난이도 : 중급
다음 중 이상행동을 분류하여 나타나는 장점이 아닌 것은?
① 치료효과를 예상하고 장애의 진행과정을 예측할 수 있다.
② 특정증상과 발병원인과 같은 객관적인 연구결과를 얻을 수 있다.
③ 분류된 장애에 따라 체계적으로 연구결과를 수집하고 활용할 수 있다.
④ 현재의 분류체계는 의학적 모델로써 환경적 영향을 충분히 고려하였다.

풀이 : 현재 분류체계는 의학적 모델로서 환경적 영향을 무시하고, 창조적 사고를 억제한다.

정답 29. ② 30. ③ 31. ① 32. ④

문제 33 난이도 : 중급
이상행동을 분류하여 나타나는 단점이 아닌 것은?
① 환자가 정신분열증과 같은 진단을 받는 경우 치료의 의지가 사라진다.
② 환자가 정신분열증과 같은 진단을 받는 경우 주변사람들이 환자에 대한 편견을 가진다.
③ 환자의 개인적인 증상보다는 진단명에 의한 치료적 접근을 하게 될 수 있다.
④ 환자의 개인적인 특수성에 대한 이해가 제한되어 환자에 대한 고정관념이 생길 수 있다.

풀이 : 환자가 정신분열증과 같은 진단을 받는 경우 주변사람들이 환자에 대한 편견을 가지게 되고, 환자 스스로도 자신에 대한 태도가 달라진다.

문제 34 난이도 : 중급
이상행동의 차원적 분류와 범주적 분류의 설명으로 올바른 것은?
① 차원적 분류란 정상행동과 이상행동의 구분에 질적인 차이는 없다는 가정에 근거한다.
② 이상행동을 명확하게 차원적 또는 범주적 방식으로 분류한다.
③ 장애의 실제적인 특성은 차원적 분류를 적용하는 것이 적절하므로 차원적 방식을 따른다.
④ 범주적 분류란 이상행동이 정상행동과는 질적으로 구분되나 흔한 원인에 의한 것이기 때문에 정상행동과는 명료한 차이점을 구분하기 어렵다.

풀이 : 차원적 분류는 정상행동과 이상행동의 구분이 부적응성의 정도 문제일 뿐 질적인 차이는 없다는 가정에 근거한다.

문제 35 난이도 : 고급
정신장애의 분류체계가 증상이나 원인 등에 있어서 정말 서로 다른 장애들을 제대로 분류하고 있는가에 대한 평가, 특정한 범주에 속하는 장애로 진단된 환자들이 동질적인 특성을 공유하는 정도를 무엇이라고 볼 수 있는가?
① 분리체계를 위한 타당도
② 분리체계를 위한 체계도
③ 분리체계를 위한 효율성
④ 분리체계를 위한 정확성

풀이 : 정신장애를 분류하는데 앞서 분류체계는 과학적인 신뢰도와 타당도를 가지고 있어야 한다.

정답 33. ① 34. ① 35. ①

chapter 04 이상심리의 이해와 접근방법

문제 36 난이도 : 중급
이상행동에 대한 분리체계의 발전과정에 대한 설명으로 올바른 것은?

① APA가 DSM-I을 출판했으며 WHO가 ICD-6에 최초로 정신장애를 포함하였다.
② DSM-Ⅱ에 처음으로 정신장애는 심리·사회·생물학적 요인에 대한 성격적 반응이 아님을 밝혀낸 Adolf Meyer의 견해를 반영했다.
③ DSM-Ⅲ까지는 큰 변화가 없었으며 이후에 ICD-8이 나왔다.
④ DSM-Ⅳ에 이르러 명확한 진단기준이 나타나기 시작 했으며 다축진단체계가 도입되었다.

풀이 : DSM-I에 이미 정신장애는 심리·사회·생물학적 요인에 대한 성격적 반응이 아님을 밝혀낸 Adolf Meyer의 견해를 반영해 반응(reaction)이라는 용어를 사용했다. DSM-Ⅲ에 명확한 진단기준이 나타났으며 다축 진단체계가 도입되었고 원인론에 대한 중립적인 입장을 취하는 등 혁신적인 방법론이 도입되었다. 1977년에 ICD-9이 나왔으며 1980에 DSM-Ⅲ가 출판되었다.

문제 37 난이도 : 중급
이상행동에 대한 분리체계의 최근 발전과정에 대한 설명으로 올바른 것은?

① 1992년에 ICD-10을 수용하여 DSM-Ⅲ으로 발표 되었다.
② 최신개정판 DSM-IV은 철저한 기술적 접근으로 원인에 대해 이론을 수록하였다.
③ 1994년 DSM-Ⅲ에 대한 전면개정판인 DSM-IV가 출간되었다.
④ 2000년에 DSM-IV에 없었던 유병률, 성차, 문화적 측면, 경과, 감별진단을 포함한 DSM-IV-TR(text revision)을 발표하였다.

풀이 : 1992년에 DSM-Ⅲ의 장점을 수용하여 ICD-10에 축Ⅰ 임상진단, 축Ⅱ 후유장애, 축Ⅲ 상황적 요인을 기술 하였다. 최신개정판DSM-IV은 철저한 기술적 접근 하였지만 원인에 대한 이론은 배제하였다. DSM-IV에 이미 유병률, 성차, 문화적 측면, 경과, 감별진단을 포함하였다. DSM-IV의 진단 기준을 그대로 유지한 채 최근의 연구 자료를 일부 추가하여 설명내용을 다소 바꾼 것이 DSM-IV-TR(text revision)이다.

문제 38 난이도 : 중급
다음은 지적장애에 대한 설명이다. 바르게 설명하지 않은 것을 고르시오.

① 지적장애란 지능이 비정상적으로 낮아서 학습 및 사회적 적응에 어려움을 나타내는 경우를 말한다.
② 지적장애를 그 심각도에 따라서 경도, 중증도, 고도, 최고도로 분류한다.
③ 경도의 정신치체는 지능지수 50~55에서 70미만으로 초등학교 2학년 수준과 직업훈련이 가능하다.
④ 지적장애와 정신질환이 동반될 경우 자살 위험성이 있다.

풀이 : 경도의 정신치체는 지능지수 50~55에서 70미만으로 초등학교 6학년 수준까지 교육이 가능하다.

정답 36. ① 37. ③ 38. ③

문제 39 난이도 : 고급
다음 중 강박장애의 특징에 대한 설명 중 바르지 않은 것을 고르시오.

① 강박장애란 불쾌한 생각이 자주 떠올라서 그것을 제거하기 위한 행동을 반복하는 것이다.
② 강박장애의 핵심증상은 강박사고와 강박행동이 존재한다.
③ 내현적 행동은 속으로 숫자세기, 속으로 단어 반복하기이고, 외현적 행동은 청소하기, 정돈하기, 씻기, 확인하기 등이다.
④ 행동치료적 기법 중 실제적 노출에서 공중화장실의 문손잡이를 실제로 만지게 하는 것은 내담자를 존중해야 하므로 절대 사용하면 안 된다.

풀이 : ④ 노출 및 반응방지법을 통해서 강박장애 환자의 60~80%가 유의미한 증상 개선이 이루어졌다고 보고되고 있다. 실제적 노출과 심상적 노출이 있으며 실제적 노출을 통해서 실제의 불안상황에 직접 맞닥뜨리게 할 수 있다(예 : 공중화장실의 문손잡이를 실제로 만지게 하는 것).

문제 40 난이도 : 중급
우울장애의 특징에 대한 설명 중 바르지 않은 것을 고르시오.

① 우울장애는 가장 많은 사람이 고통 받는 정신장애이다.
② 하루의 대부분, 거의 매일 지속되는 우울한 기분이 주관적 보고를 통해 나타낼 때는 객관적 근거가 없으므로 우울장애의 증상으로 볼 수 없다.
③ 주요 우울 장애는 높은 사망률과 관련되어 있다.
④ 죽음에 대한 반복적인 생각이나 특정한 계획 없이 반복적으로 자살에 대한 생각이나 자살시도를 하거나 자살하기 위한 구체적 계획을 세울 수 있다.

풀이 : ② 하루의 대부분, 거의 매일 지속되는 우울한 기분이 주관적 보고나 객관적 관찰을 통해 나타내므로 주관적 보고도 우울장애의 증상으로 볼 수 있다.

문제 41 난이도 : 기본
다음 중 DSM-IV의 문제점을 나타낸 것으로 바른 것은?

① 개인의 지능만을 고려하다보니 독특성이 무시된다.
② 진단기준이 너무 많고 복잡하다.
③ 진단기준이 한정적이므로 진단에 속하지 않는 내용이 많다.
④ 동일한 분류체계에 있는 환자들의 경우 세분화 할 수 없다.

풀이 : 진단기준이 너무 많고 복잡하다보니 진단기준이 광범위하여 진단에 어려움이 있다.

정답 39. ④ 40. ② 41. ②

문제 42 난이도 : 기본
다음 환자에게 가능한 진단명은?

> 세부적인 것을 못 보고 넘어가거나 놓친다. 순차적인 과제를 처리하는데 어려움이 있고 물건이나 소지품을 정리하는데 어렵다. 대화 또는 긴 길을 읽을 때 계속해서 집중하기 어렵다.

① 주의력결핍 과잉행동장애 ② 전반적 발달장애
③ 품행장애 ④ 적대적 반항장애

풀이 : 주의력결핍 과잉행동장애는 기능 또는 발달을 저해하는 지속적인 부주의 및 과잉행동-충동성이 1) 부주의의 특징 또는 2) 과잉행동-충동성의 특징을 갖는다.

문제 43 난이도 : 고급
다음 중 DSM-V의 분류가 나머지 셋과 다른 것은?
① 강박장애 ② 범불안장애
③ 분리불안장애 ④ 선택적 함구증

풀이 : ②, ③, ④는 불안장애의 범주에 속한다. ①은 강박 및 관련장애에 속한다.

문제 44 난이도 : 고급
다음 중 DSM-V의 기준에서 불안장애에 해당되는 것을 모두 짝 지은 것은?

> ㉮ 공황장애
> ㉯ 외상 및 스트레스 관련장애
> ㉰ 사회불안장애
> ㉱ 강박장애

① ㉮, ㉰ ② ㉮, ㉰, ㉱
③ ㉮, ㉯, ㉱ ④ ㉮, ㉯, ㉰, ㉱

풀이 : 불안장애의 하위유형(DSM-V기준)
  -분리불안장애   -선택적함구증
  -특정공포증   -사회불안장애
  -공황장애   -광장공포증
  -범불안장애

정답 42. ① 43. ① 44. ①

문제 45 난이도 : 기본
다음 중 공황장애를 가진 내담자를 심리치료 하는 데 가장 효과적인 방법은?

① 점진적 노출법　　② 행동조성
③ 자유연상법　　　④ 혐오치료

풀이 : 공황장애에는 약물치료 외에도 긴장이완훈련, 인지수정, 점진적 노출법 등의 인지 행동치료가 활용된다.

문제 46 난이도 : 기본
주의력 결핍-과잉행동장애(ADHD)의 특징적 증상과 거리가 먼 것은?

① 주의가 쉽게 산만해진다.
② 다른 사람의 활동을 방해하고, 간섭한다.
③ 남의 말을 경청하지 않는 것처럼 보인다.
④ 자극에 대한 흥미와 관심이 부족하다.

풀이 : 주의력 결핍-과잉행동장애는 외부 자극에 의해 쉽게 산만해 진다.

문제 47 난이도 : 기본
'인간을 자기실현의 경향성을 가진 존재'로 보고 자아실현이 인간의 궁극적인 목표라고 한 이론적 접근은?

① 정신역동적 접근　　② 행동주의적 접근
③ 인본주의적 접근　　④ 인지적 접근

풀이 : 인본주의적 접근(로저스)에서는 인간은 믿을 수 있으며, 자기 이해와 자아실현을 위한 잠재력과 이런 능력을 통해 점진적으로 발전해 가는 자기실현 경향성을 가진 존재로 보았다.

문제 48 난이도 : 중급
다음에 해당하는 인지왜곡의 유형은?

> All A를 받아온 학생이 한 시험에서 B를 받았을 때 '나는 인생의 실패자야'라고 한다.

① 이분법적 사고　　② 선택적 추상
③ 극대화　　　　　④ 섣부른 결론에 도달하기

풀이 : 이분법적 사고(흑백논리)는 어떠한 실수나 완벽하지 못한 모습을 발견하면 완전한 실패자라고 생각하고 자신이 부적절하고 가치가 없다고 느끼는 것이다.

정답　45. ①　46. ④　47. ③　48. ①

문제 49 난이도: 고급
다음 내용 중 (　　) 안에 들어가는 것은?

> Beck은 우울증 환자들이 보이는 (　　)에 관심을 가졌다. (　　)는 특정한 자극에 의해 촉발되는 개인화된 생각으로서 정서적 반응을 일으킨다. 즉, 의식적인 노력이나 선택 없이도 반사적으로 일어나며, 과거의 경험으로부터 생성된 신념이나 가정들을 반영한다.

① 선택적 추상 ② 자동적 사고
③ 이분법적 사고 ④ 정서적 추론

풀이 : ① 선택적 추상은 모든 상황에서 부정적인 것들만을 골라서 생각하고, 결국 세상이 부정적이라고 인식하는 것을 말한다.
③ 이분법적 사고는 개인의 특성들을 극단적이고 흑백논리에 의해 평가하는 경향성을 의미한다.
④ 정서적 추론은 자신이 느끼는 정서적인 반응을 사실(진실)의 증거로 삼는 것을 말한다.

문제 50 난이도: 중급
'한 번 일어난 일이 앞으로도 계속 모든 상황에서 일어날 것이라고 임의적으로 결론짓는 것'은 인지왜곡 중 어느 유형에 해당되는가?

① 긍정 격하 ② 극대화
③ 과잉일반화 ④ 당위론적 진술

풀이 : ① 긍정 격하는 중립적인 것들 심지어 긍정적인 경험들까지도 부정적인 것으로 변형시키는 것이다.
② 극대화는 자신의 실수, 두려움, 완전하지 못한 점들의 중요성을 과장할 때 나타나며, 일반적으로 일어나는 일상생활의 부정적인 일들을 마치 큰 재앙이 닥친 것처럼 과장해서 반응한다는 의미로 '파국화'라고 불리기도 한다.
④ 당위론적 진술은 "~해야만 해"라고 말하는 것은 보통 자신이나 타인을 동기화시켜서 어떤 일을 하도록 유도하기 위해 하는 말이다.

문제 51 난이도: 기본
'거절을 잘 하지 못하거나 자신의 의사표현을 분명히 밝히지 못하는 내담자에게도 자신의 의사표현을 하는 역할행동이나 상담자와의 연습을 통해 자기표현의 기술을 습득하는 것'을 무엇이라고 하는가?

① 자기주장훈련 ② 역할 훈련
③ 모방학습 및 참여관찰 ④ 자기표현훈련

풀이 : 자기표현훈련은 자신의 정서표현을 잘 하지 못하는 내담자의 경우 자신의 분노 같은 감정들을 표현하도록 하는 것이다.

정답 49. ② 50. ③ 51. ④

문제 52 난이도 : 기본

'동생이 사랑받고 자신은 그렇지 못하다고 생각하는 경우 어린아이 같은 말투와 행동을 하는 경우'는 다음의 방어기제 중 어디에 해당되는가?

① 퇴행
② 투사
③ 동일시
④ 부인

풀이 : 퇴행은 이전의 발달단계로 돌아가 유치한 방식으로 자신의 문제를 해결하며 불안과 갈등을 피하는 것이다.

문제 53 난이도 : 기본

다음 내용 중 프로이트의 정신 역동적 이론과 관련이 없는 것은?

① 의식
② 무의식
③ 집단 무의식
④ 전의식

풀이 : 프로이트는 정신의 구조를 의식, 전의식, 무의식으로 나누었고, 융은 무의식을 개인 무의식과 집단 무의식으로 나누었다.

문제 54 난이도 : 기본

성격의 구조 중 다음 내용과 관련이 있는 것은?

> 본능적 에너지의 저장소이며, 쾌락의 원리에 의해 기능한다. 예를 들면 쾌락원리에 따라 즉각적인 욕구충족을 위해 배가 고플 때 앞에 있는 다른 사람의 음식물을 사회규범적인 고려 없이 그냥 먹기도 한다.

① id(본능)
② ego(자아)
③ superego(초자아)
④ 무의식

풀이 : 원초아는 일반적으로 타고나는 것으로 생물학적인 욕구수준으로 볼 수 있다.

문제 55 난이도 : 중급

정서장애는 왜곡된 지각과 비합리적이고 자기패배적인 신념에 의해 발생한다고 하며 ABCDE 모형을 사용한 치료는?

① 프로이트의 정신역동이론
② 벡의 인지치료
③ 엘리스의 합리적-정서행동치료
④ 마이켄바움의 자기교습훈련

풀이 : 엘리스의 합리적-정서행동치료는 ABC를 먼저 학습시킨 후 치료자가 내담자의 비합리적 신념에 대해 논박을 하는 것이다.
A : 선행사건   B : 신념 또는 믿음
C : 결과   D : 논박
E : 효과

정답 52. ① 53. ③ 54. ① 55. ③

문제 56

난이도: 중급

다음 내용과 관련이 있는 것은?

- 적응적 사고방식의 개발 또는 교육을 목표로 한다.
- 우울증, 불안, 성격장애 등에 적용된다.
- 부정적인 자동적 사고, 인지적 오류, 역기능적인 도식
- 스스로 자신의 왜곡된 인지와 오류를 깨닫도록 소크라테스식 질문을 사용한다.

① 엘리스의 합리적 정서행동치료 ② 벡의 인지치료
③ 마이켄바움의 자기교습훈련 ④ 반두라의 관찰학습

풀이: 벡의 인지치료는 우울증, 불안장애를 치료하는데 효과가 있으며 소크라테스식 질문을 사용하여 인지치료과정에서 내담자 스스로 자신의 왜곡된 인지와 오류를 깨닫도록 한다.

정답 56. ②

MEMO

Chapter 05
상담의 기본이론과 접근방법

I. 상담의 기본 이론 ································· 264
II. 초기상담 ································· 298
III. 중기 단계 ································· 300
IV. 종결 단계 ································· 302
V. 상담 윤리 ································· 311
VI. 상담에 영향을 미치는 요인들 ································· 320
VII. 집단상담의 구조 ································· 328
VIII. 집단상담의 심화 ································· 346
IX. 집단상담의 실제 ································· 351

Ⅰ 상담의 기본 이론

1 상담이란?

상담(counseling)이란? '내담자로 하여금 어떤 문제를 해결하도록 돕거나 그의 능력을 보다 효과적으로 활용하는 방법을 발견하도록 돕거나, 중요한 생의 결정을 하도록 돕는 목적으로 이루어지는 상담전문가(counselor)와 내담자(client) 사이의 일대일의 상호작용'을 의미한다.

(1) 상담의 정의

상담은 '도움을 필요로 하는 사람(내담자)과 전문적 훈련을 받은 사람 사이의 대면관계에서 생활과제의 해결과 사고(행동 및 감정) 측면의 인간적 성장을 위해 노력하는 학습과정'이다(이장호, 1982).

(2) 상담의 기대효과

1) 여러 가지 상황에 적응하는 새로운 방식을 학습할 수 있는 기회를 제공한다.
2) 개인이나 집단이나 어떤 상황에 있어서 건전한 의사결정 과정을 발달시킨다.
3) 자신들이 가지고 있는 가능성을 활용하여 충분히 기능을 발휘할 수 있도록 한다.

(3) 일반관계와 상담관계의 차이

1) 일반적 대인관계
   ① 자기중심적 입장에서 관계를 맺는다.
   ② 주로 상하관계 또는 주종관계로 불리어지는 일방적인 지시-복종의 관계로 이루어 지는 것

2) 상담적 대인관계
   ① 내담자 입장에서 관계가 형성된다.
   ② 상호협력적인 상호작용 : 쌍방이 합의하에 세운 상담의 목표를 향하여 동등하게 책임을 지고 노력하는 것

2 상담의 이론

(1) 심리치료의 상담

1) 프로이트의 정신분석 이론
프로이트의 정신분석 이론에 있어서 중심개념은 의식과 무의식의 관계에서 무의식의 차원을 강조하고 있다. 이 무의식은 성적 본능의 지배하에 발현하는 것으로 보았으며, 이를 토대로 그는 단계적인 심리성적 성격이론을 발전시켰다.

2) 심리치료의 목적과 목표
상담을 통해 궁극적으로 내담자의 인격이 긍정적인 방향으로 발전하고 성장할 수 있도록 도와주며 주변 사람들이나 세상과 조화로운 삶을 살아갈 수 있도록 도와주는 것도 정신상담을 통해 얻을 수 있는 또 다른 중요한 효과라고 할 수 있다.

3) 심리치료의 과정과 기술
자유연상을 통해 내담자의 무의식에 있는 감정이나 생각을 끌어낸다. 이렇게 무의식을 끌어내는 데는 자유연상 이외에도 꿈이나 공상 같은 것을 이용하기도 한다. 상담이 진행되면서 내담자는 정신상담자에게 과거 어린 시절에 자신이 중요하게 생각했던 사람들에게 느꼈던 감정들을 다시 경험하는 독특한 과정을 겪게 되는데 이것을 전이(transference) 감정이라 한다.

(2) 아들러학파 상담

1) 아들러의 이론
아들러는 성격형성에 있어서 유전과 환경의 중요성을 인정하면서도, 개인은 분명히 이 두 요인 이상의 산물이라고 하였다. 그래서 사람들이란 창조적인 힘을 가지고 자기 인생을 좌우할 수 있는 존재로 묘사한다.
① 열등감과 보상 : 사람들은 신체적 열등성을 극복하려고 훈련과 연습을 통한 보상적 노력을 하게 된다.
② 우월성의 추구 : 아들러는 인간이 추구하는 궁극적인 목적을 바로 우월성의 추구로 보았다.
③ 생활양식 : 개인의 독특성, 즉, 삶의 목적, 자아개념, 가치, 태도 등을 포함하는 것이며, 삶의 목적을 달성하는 독특한 방법들이다.
④ 가족구도와 출생순위 : 가족구도란 가족집단의 사회심리적인 형태를 그리는데

사용되는 용어이다. 가족들의 성격유형, 정서적 거리, 나이 차이, 출생순위, 상호지배 및 복종관계, 가족의 크기 등은 가족구도를 결정해주는 요소가 되며 개인의 성격발달에 영향을 미친다. 출생순위는 중요한 의미를 가지며 각 출생순위에 수반되는 상황에 대한 지각이 중요하다.

2) 심리상담의 목적과 목표
상담의 기본목표는 내담자의 사회적 관심, 즉 잘못된 사회적 가치를 바꾸는 것이다. 동기수정에 관심을 가지며 기본적인 삶의 전제들, 즉 생의 목표나 기본개념에 도전하려 한다.

3) 심리상담의 과정과 기술
① 개인심리학의 심리상담 과정은 대개 관계형성, 개인역동성 탐색, 개인의 가족 내에서의 위치와 초기회상, 꿈, 우선권 등에 대한 자료들이 수집되면 각 영역을 분리해서 요약하는 해석, 해석을 통해 획득된 내담자의 통찰이 실제 행동으로 전환되게 하는 재교육(reorientation)의 4단계로 이루어진다.
② 개인심리학에서는 내담자에게 스스로 변화할 수 있는 능력이 있다고 믿기 때문에 그러한 믿음을 그에게 보여줄 수 있는 심리상담 기법을 사용한다.
③ 관심 기울이기, 경청하기, 공감, 구체성, 진실성, 자기 노출, 바꾸어 말하기 등의 일반적 심리상담 기술이나, 격려하기, 역할 연기(role playing), 빈 의자 기법, 시범 보이기, 가상행동, 상상하기 등의 기법을 사용한다.

(3) 실존치료

1) Frankl의 이론
① 인간에 있어서 의미에서의 의지(will to meaning)의 중요성을 강조하였다.
② 삶의 의미를 찾기 위한 독특한 상담기법인 의미상담(logotherapy)을 개발하여 근본적으로 의미가 없는 삶을 살아가는 사람들을 상담하였다.
③ 의미상담 : 삶에 의미를 가져다 줄 수 있는 세 가지 방법
   가. 어떤 창작품을 발표하는 것에 의미를 둔다.
   나. 경험으로 세상살이에서 얻은 것에 의미를 둔다.
   다. 고통을 대처하는 태도에 의미를 둔다.
④ Frankl의 관점에서 본 자아를 초월한 건강한 성격의 특성
   가. 자기 행동과정을 자유롭게 선택한다.
   나. 자기가 살아가며 행하는 행위와 운명을 보는 태도에 개인적 책임의식이 있다.
   다. 자기 외부의 힘에 의해 제한 받지 않고 자기에게 적합한 삶의 의미를 갖고

있으며 자기 생활에 의식적 통제력이 있다.
라. 창조적, 경험적, 태도적 가치를 표현할 수 있으며 자신으로 향하는 관심을 초월할 수 있다. 이외에도 건강한 성격의 사람은 미래의 목표와 과제에 관심을 돌리는 미래지향적인 사람이다.

2) 심리상담의 목적과 목표
① 실존주의적 심리상담의 목표는 내담자로 하여금 자기의 실존을 사실대로 경험하도록 하는 것이다.
② 상담자는 내담자가 말하고 있는 내용과 관련하여 자기의 개인적인 반응을 보인다.

3) 심리상담의 과정과 기술
① 실존주의 심리상담의 목표는 내담자로 하여금 자기의 인생에서의 의미를 발견하고 발전시키도록 돕는 것이라고 할 수 있는데, 이러한 목표는 일반적으로 두 가지 단계를 통하여 달성될 수 있다. 실존주의 심리상담은 심리상담 관계를 참만남의 관계로 파악한다. 특정 심리상담기법의 적용보다는 오히려 인간관계에 초점을 두고 있다
② 실존주의 심리상담에서는 형태주의(Gestalt)의 심리상담 방법과 의사 거래분석의 심리상담 방법이 많이 활용되고 있으며, 또 정신분석의 몇 가지 원리와 절차도 활용되고 있다.

(4) 인간중심치료

1) 매슬로우의 이론
① 로저스에 이어 매슬로우는 심리학에서 인간주의적인 경향을 발달시키는 데 기여하였다.
② 자기실현을 주제로 한 매슬로우(1968, 1970)의 연구 특성
  가. 참는 능력과 삶의 불확실성을 받아들이는 점이 있다.
  나. 자기와 다른 사람을 수용하는 점이 있다.
  다. 자발성과 창조성이 있다.
  라. 개인의 비밀을 지키고 싶은 욕구가 있다.
  마. 고독, 자율성, 깊고 밀착된 인간관계를 맺을 수 있는 능력이 있다.
  바. 다른 사람을 진실로 돌보는 점이 있다.
  사. 유머감각, 내부지향적 특성이 있다.
  아. 삶에 대해 개방적이고 참신한 태도 등이 있다.

③ 긍정적인 인간관은 상담의 실제에 중요한 의미를 갖는다. 인본주의적 접근법에서는 상담자를 상담에 대해 가장 잘 아는 권위자라고 생각하지 않는다. 내담자를 단지 상담자의 지시에 따르는 수동적인 존재로 생각하지 않는다. 상담은 자각과 결정을 할 수 있는 내담자의 능력에 근거한다.

2) 심리상담의 목적과 목표
① 상담은 증상의 진단과 처치의 과정 그 이상이다.
② 상담이란 '규정에 적응하게 하는 것' 이상으로 여기며 다음과 같은 사항을 중시해야 한다.
    가. 단지 문제해결을 하는 데서 멈추지 않는다.
    나. 인간주의적 태도를 지닌 임상가들은 내담자들로 하여금 이런 종류의 삶은 끊임없는 투쟁을 요구한다는 것을 인식시키면서 완전하고 자발적인 삶을 살도록 도전하게 한다.
    다. 인간은 결코 자기실현화된 최고 상태의 존재에 도달하지는 못한다. 단지 사람은 자기실현화 그 자체의 과정에 참여할 뿐이다.

3) 심리상담의 과정과 기술
로저스는 인본주의 이론을 치료를 위한 완전하고 고정된 이론으로 제시하지는 않았다. 인본주의 접근법은 현실과 좀 더 완전하게 만날 수 있는 내담자의 능력과 책임감을 강조한다. 상담자는 정확한 공감과 내담자의 내적 준거를 이해하려는 노력을 갖고 주로 내담자의 자아와 세계에 대한 인식에 관심을 갖는다.

(5) 게슈탈트 상담

1) 게슈탈트 이론의 기본 가정
게슈탈트 상담의 기본 가정은 개인은 책임을 질 수 있고 통합된 인간으로 생활할 수 있는 충분한 능력을 갖고 있다는 것이다. 자신과 주변에서 일어나는 것들을 충분히 자각하게 되면 통합된 인간으로 생활할 수 있다는 것이다. 필요한 중재(개입)와 도전으로써 개인이 통합과 자발성과 활기에 찬 실존으로 나아가는데 필요한 지식과 자각을 얻도록 도와준다. 내담자는 자신을 지지하고 치료를 이해하는 데 필요한 책임감을 수용할 능력이 있다고 가정된다.

2) 심리상담의 목적과 목표
게슈탈트 상담은 사람과 사람 간의 실존적 만남을 기본으로 하여 내담자로 하여금 인식력을 획득하게 하는 것이 그 주된 목표이다. 인식을 통하여 내담자는 단절된 자기 자신의 부분들을 인지하고 재통합하여 전체적으로 되는 것이다.

3) 심리상담의 과정과 기술

게슈탈트 상담은 내담자로 하여금 현재 순간에 경험하고 있는 것을 강렬하게 느끼도록 하기 위해 설계된 여러 가지 행동지향적인 기법을 채택하고 있다. 상담자는 내담자에게 자신의 행동, 태도, 사고 등을 검토하도록 강요하기보다는 권유해야 한다. 게슈탈트 상담의 여러 기법들은 도전과 긍정적인 직면이라는 특성을 가지고 있다. 상담자가 내담자에게 뭔가 새로운 것을 발견하도록 권유할 수는 있지만, 상담자의 그런 권유에 응하는 것은 내담자가 스스로 결정해야 한다.

(6) 현실상담

1) 현실상담의 기본가정

현실상담(또는 현실요법)는 윌리암 글래써(William Glasser)에 의해 발전된 심리상담 이론이다. 개인적 책임의 수용을 강조하면서 현재 행동에 초점을 맞추었는데 이 책임 수용능력을 정신건강으로 간주한다. 과거를 중시하는 전통적인 심리상담 방법과는 달리 내담자의 '행동'과 '지금', 그리고 '책임'을 강조하는 행동수정의 한 형태로서 내담자의 현재행동에 초점을 맞춘다. 내담자를 진단적인 정신질환으로 나누지 않으며 다만 내담자 자신의 행동선택에(마치 미친 행동이거나 범죄행동일지라도) 책임을 지도록 한다.

2) 인간관

현실상담에서 보는 인간은 자신과 주위 사람들이 자신을 사랑하고 가치 있게 여기면 성공적인 정체감이 발달한다고 본다. 하지만 그렇지 못할 경우에는 패배적인 정체감이 발달한다는 것이다. 내담자로 하여금 자기 통제력을 키워가도록 도와주는 것이 심리상담의 목표이다. 심리상담은 주로 적극적 지지, 자기 욕구와 바람탐색, 자기선택 행동점검, 자기행동 평가, 그리고 자기계획과 교육 등을 사용한다.

3) 심리상담의 목적과 목표(심리상담사의 역할)

① 현실상담의 기본적 목표는 내담자가 그들의 현재 행동에 대한 가치 있는 평가를 하도록 하는 것과 그들의 삶을 효율적으로 통제하도록 이끌 책임 있는 행동변화의 건설적인 계획을 결정하도록 돕는 것이다.
② 현실상담 심리상담자의 기본적인 과업은 내담자를 현실과 맞서도록 하는 것이다.
③ 심리상담사는 내담자가 자신의 실제적 행동을 공개함으로써 내담자 자신이 자신의 행동을 평가하도록 유도하는 것이다.
④ 현실상담의 심리상담사는 내담자가 책임성 있는 행동을 할 때는 칭찬하고 그렇지 않을 때는 수긍하지 않아야 하는데, 심리상담사는 내담자와의 관계에서 교사

로서의 기능을 기꺼이 담당해야 하며 내담자가 자신의 행복을 창조할 수 있으며 행복을 발견할 수 있는 열쇠는 책임성이라는 것을 받아들이도록 도와야 한다.

4) 심리상담의 과정과 기술

① 유대관계의 획득 : 상담자는 반드시 유대감을 가지고 관여함으로써 내담자가 현실을 직면하고 자기의 행동 중에서 비현실적인 면을 깨달을 수 있도록 하여야 한다.

② 현실의 직시 : 상담자는 내담자의 비현실적 행동은 용납하지 않고 거부하여야 하나 내담자를 인간으로서는 수용해야 한다. 즉, 상담자는 내담자가 스스로의 행동을 직시하도록 맞닥뜨려주고 그가 책임 있는 행동을 취할 것인가 아닌가를 결정하도록 한다.

③ 보다 나은 행동방법의 학습 : 상담자는 내담자에게 현실적인 한계 안에서 욕구 충족을 시킬 수 있는 효과적인 방법을 가르쳐 주어야 한다.

(7) 행동치료(상담)

1) 주요 개념들

① 반응적 행동과 조작적 행동
파블로프나 왓슨이 기술한 것처럼 다른 자극에 조건화될 수 있는 많은 반응이 있다고 주장한다. 이런 유형의 반응을 '반응적 행동'이라고 하는데, 그것이 어떤 자극에 따라 나타나는 반응이기 때문이다. 조작적 조건화는 분명한 자극을 포함하지 않기 때문에, 학습에 대한 쏜다이크의 생각과 그의 효과의 법칙과는 약간 다르다.

② 조작적 조건화
유기체의 어떤 행동은 자발적(의식적)으로 일어나는데, 이처럼 의식적으로 환경에 작용하여 어떤 결과를 일으키게 조작하는 행동을 작동적 행동이라고 한다. 어떤 행동의 강도가 강화에 의하여 증가됨으로써 학습이 이루어졌을 때, 그 과정을 작동적 조건형성 또는 도구적 조건형성이라고 한다.

2) 심리상담의 과정과 기술

① 상반행동의 강화
② 소멸의 원리
③ 심적 포화의 원리
④ 프리맥의 원리

⑤ 토큰 강화
⑥ 벌
⑦ 타임아웃(time-out)
⑧ 차별강화
⑨ 모방학습
⑩ 식별학습(↔ 자극 일반화)
⑪ 행동계약

(8) 인지행동상담

1) 합리적-정서적 상담의 기본가정
① 합리적-정서적 상담의 또 하나의 중요한 대안은 마이헨바움의 인지적 행동 수정이다. 합리적 정서상담은 원래 나이든 청소년과 성인에게 이용되었고 내담자에게는 추천되지 않았기 때문에 인지적 행동상담에서의 초점은 자기지시적 기법 훈련이 된다. 마이헨바움의 '기지시(교시)적 상담'(self-instructional therapy)은 근본적으로 인지적 재구성의 형태인데 내담자의 자기언어화(self-verbalizations)의 변화에 초점을 둔다.
② RET는 비합리적 사고를 노출시키고 공격하는 데 있어 직접적이고 직면적이지만, 자기지시적 상담은 내담자가 자기대화를 자각하도록 하는 데 초점을 둔다.

2) 심리상담의 목적과 목표 (심리상담사의 역할)
① 상담의 우선적 목표는 구체적 문제를 해결하는 것이다.
② 협력적이다.
③ 상담사는 적극적이며 직접적으로 개입한다.
④ 과제 중심적이다.
⑤ 현재에 초점을 맞춘다.

3) 심리상담의 과정과 기법
① 심상에 기초한 기법(상징적 탈감법) : 알코올 중독 그리고 노출증과 같은 성장애를 포함한 바람직하지 못한 문제의 상담에 상징적으로 생성된 혐오적 반응들이 사용된다.
② 인지적 재구성 : 기본적으로 이 범주에 속하는 상담 방법들은 부적응적인 사고 패턴 때문에 정서적인 장애가 야기된다고 보고 이러한 잘못된 인지를 변화를 시키는데 초점을 맞춘다.
③ 자기주장 훈련과 사회기술 훈련 : 일반적으로 타인에게 이용당하며, 사회적 상

황에서 불안을 느끼고, 낮은 자존감 때문에 고통 받는다.
④ 자기 통제 절차 : 행동 상담자들은 몇 가지 자기 통제 절차를 사용한다. 행동에 대한 성공적인 자기 조절의 근간이 되는 것은 자기 검색을 말한다.
⑤ 현실 생활의 수행에 기초한 기법 : 상담 회기들 사이에 실생활에서 특정 과제들을 수행하게 하는 것이다.

(9) 여성주의상담

1) 여성주의상담의 기본가정

여성주의 상담은 문화적 성과 권력을 상담의 중심에 둔다. 여성에 대한 심리적 억압과 여성을 무시하게 만드는 사회 정치적 상황 등의 전반적인 문화 사회현실 안에서 문제를 고려한다. 전 생애적인 관점에서 여성을 상담하는 이론들을 제시하고 있다.

2) 심리상담의 목적과 목표

여성주의상담의 목표는 개인 내담자와 사회 전체의 변화이다. 현재의 가부장적 체제를 여성주의 의식으로 대체해 성에 근거한 차별에 대처하며 내담자가 성 중심사회에 적응하도록 돕고 그 상태를 지속시키는 것이 목표이다. 내담자는 상담과정에 적극적으로 개입하며 상담자와의 관계도 평등주의를 바탕으로 한다.

3) 심리상담 과정과 기술

가장 중요한 기법으로는 여성이 사회적으로 인정되는 것을 위한 의식화 기법이 있다. 성역할 분석, 중재, 권력분석과 권력통합, 독서상담, 자기 드러내기, 표현훈련, 집단 심리상담, 사회 활동 등의 적극적인 참여를 통해 내담자 자신의 문제에 대한 이해를 도움으로써 올바른 역할을 이해하도록 돕는다.

(10) 가족상담

1) 가족상담의 발전

① 가족상담(가족상담)의 정의
가족이 함께 상담을 받는 것이다.

② 개인 상담에서 가족 상담으로 변화
개인의 문제를 개인을 중심으로 보기보다, 가족구성원간의 관계를 중심으로 보는 시각으로 변화되고 있다.

③ 인간은 사회적 존재
인간의 행동은 기본적으로 대인관계 안에서 조직된다. 한 명의 가족구성원의 문

제는 가족관계 안에서 형성된다. 따라서 그 개인의 문제를 해결하기 위해서는 가족 간의 관계 즉 상호작용 패턴 및 의사소통 문제 등을 변화시켜야 한다.

2) 가족상담사의 관점

가족상담의 초점은 문제의 원인이 아니라 문제의 발생에 기여하는 관계 패턴이다. 가족 전체를 관찰하면서 개인과 개인의 성격과 관계가 어떻게 문제의 발생이나 유지에 기여하고 있는지를 이해해야 한다.

3) 현대 가족구조의 특성

외형적으로 가정이 안식처의 역할을 하고 있는 것으로 보이나, 본질적으로는 대개 가족 내에서 불안정한 욕구를 충족하려고 한다.

4) 가족상담의 필요성

① 가족의 위기조건
  가. 가족구성원의 상실
  나. 예기치 않았던 가족의 증가
  다. 사기의 하락 또는 가정 내 평화가 깨진 경우

② 문제가족의 발생
  가. 심리적 문제가 있는 가족원
  나. 정신과적 문제가 있는 가족원
  다. 장애아동

③ 가족관계 및 의사소통의 문제
  다른 식구들은 문제로 삼지만 본인이 문제시하지 않는 사례보다는 다른 식구와 본인이 다 같이 문제시 할 때에 더욱 가족상담의 필요를 느끼게 된다. 가족 중 누가 어떤 상태에 있든지 가정적 균형이 불안정하고 식구들이 자주 당황하거나 긴장을 느낄 때에 가족 상담과 같은 전문적인 노력이 필요하다.

5) 가족상담의 접근방법

가족상담의 접근방법은 약 30년의 역사를 거치는 동안 여러 이론이 발달되어 왔다. 초기에는 개인 상담이나 개인 심리상담이 우선시되었지만, 최근에는 가족구성원을 함께 접근하는 가족 상담이 제안되고 있다.

① 구조적 가족상담
  가족을 하나의 사회적 단위로 본다. 상담목표는 문제 가족원에 대항하는 가족관계와 과정에 상담적 개입의 초점을 갖고 그 가족이 그들의 구조를 변화시키도록

돕는 것이다.

② 체계적 상담

가족 간의 집단적 의사소통양식의 변화에 초점을 둔 접근이다.

6) 가족상담의 원리

① 가족체계의 문제성

가족의 문제는 한 사람에 대한 정신병리학적 관점에서보다는 다른 가족들과의 관계에서 이해되고 다루어진다. 가족 중 한 사람의 문제는 가족 전체의 문제성을 반영하는 것으로 간주한다. 한 가족원을 이해하기 위해서는 가족체제 전체의 심리적 특성을 염두에 두어야 한다.

② 문제 원인으로서의 가족관계

가족원의 심리적 문제는 가족관계의 산물이다. 부부관계 또는 가족관계가 심리적인 학대 또는 공격, 수용 등의 행동을 계속하게끔 만들고 있다.

③ 자녀행동과 부모관계

자녀의 문제행동이 부모 간 갈등의 파생물이기보다는 부모의 비정상적 관계를 유지시키는데 기여하는 경우가 많다.

④ 현재 상황에 초점

상담자가 현재의 상황을 이해할 수 없을 경우, 가족들이 과거의 맥락에서 이야기해야 쉽게 진행될 수 있다고 생각할 경우에만 과거의 사건이나 경험을 묻고 듣는다. 현재 일어나고 있는 양상이 과거로부터 지금까지 오랫동안 반복되고 있다는 전제 하에 현재의 양상에 초점을 맞춘다.

⑤ 진단에 앞서 관심사의 처리

처음부터 가족문제에 대한 자세한 진단과 평가를 내리려고 하기보다, 가족 상담에 대한 구성원들의 기대를 알아보고 현재의 가장 큰 관심사를 이해하고 수용한다.

⑥ 감정노출보다 생산적 이해

가족관계에서의 부정적인 감정을 노출시키거나 내면적 욕구를 지적하기보다, 바람직하지 못한 행동 및 심리를 이해하는 방향으로 또는 긍정적인 표현으로 어떻게 그런 행동이 필요했던가를 해석한다.

⑦ 자율적 발언의 권장

모든 식구들이 아무 때고 서로 하고 싶은 말을 할 수 있도록 해야 한다.

⑧ 경험, 사건보다 목표행동

가족 내에서 무슨 일이 일어나고 있고 어느 식구들 간에 어떤 갈등이 일어나고

있는가에 초점을 두기보다, 구체적인 상담목표로 보아서 어떤 결과가 일어나고 있는가에 주목한다.

⑨ 가족생태 및 행동양식의 발달
가족구성원간의 감정 및 의사표현이 향상되고 전보다 자유스러워지는 것만을 상담의 목표로 하는 것만이 아니라, 가족생각(풍토)의 변화와 구체적인 행동변화에 초점을 두는 것이 바람직하다.

7) 가족심리상담사의 역할

가족 상담에 임하는 심리상담사는 먼저 참여하는 식구들이 심리상담사에 대한 신뢰를 갖도록 하여야 한다. 식구들로 하여금 다른 사람에게 가능한 한 자유롭게 말하고 질문하며 궁금한 것을 말할 수 있는 분위기를 조성하는 것이다.

8) 심리상담의 목표와 목적

① 아들러학파의 경우 부모를 가족의 효과적인 리더로 만드는 것을 기본 목표로 하고 있다.
② 복수 세대적 가족상담에서는 가족 내에서 발생하는 문제를 해결하고 증상을 완화시켜 개인을 변화시키는 것을 궁극적인 목표로 하고 있다.
③ 가족 구성원들 간의 바람직한 관계가 상호작용을 통해 개인에게 큰 역할을 미치는 것으로 보기 때문에 구성원들의 바람직한 관계정립과 역할, 갈등의 해소 등을 꾀한다.
④ 개인의 문제는 개인만의 문제가 아니라 가장 가까이에서 관계를 맺고 있는 가족구성원들과의 관계를 통해 해소하고자 함이 궁극적인 목표이다.

9) 심리상담의 과정과 기술

① 심리상담 시 상담자는 교사, 코치의 역할을 한다. 이러한 접근을 통해 구성원들 간의 상호작용을 보다 효율적으로 배울 수 있게 돕는다.
② 상담자들은 구성원 각각의 성격적 특성을 결합시켜 개입하는 것이 가장 좋은 방법이라 본다.
③ 존중, 공감, 동정 등 인간 자질로서 태도에 영향을 미칠만한 기술을 중요시 하지 않으며 가족의 관심사나 어떠한 것들이 가장 잘 맞는가를 융통성 있게 적용해 상담하고 있다.

(11) 정신 사회 재활상담

1) 정신 사회 재활상담의 기본가정

① 정신보건법의 제정을 계기로 심리학자들이 심각한 만성 정신질환을 가진 사람들

을 다룰 기회가 증가하고 있다.
② 만성 정신질환(조현병, 기질성 정신병, 재발이 잦은 정동 장애 등)환자는 기능손상 및 손실, 장애, 핸디캡을 가지고 있기 때문에 이들이 다시 사회에 적응하기 위해서는 정신재활, 직업기술훈련, 환경수정 같은 다양한 상담이 복합적으로 이루어져야 한다.
③ 정신 사회재활의 대상 : 만성 정신질환을 가지고 있는 사람들이다.
④ 정신장애에서의 재활 모델 : 정신과적 질환을 가진 사람의 재활상담을 위해서는 다음 4개의 질병의 정실과 결과를 이해해야 한다.
　가. 병리(pathology)
　나. 손상(impairment)
　다. 장애(disability)
　라. 핸디캡(handicap)
어떤 병에 대해 정신 생물학적 취약성을 가진 환자에게 대처능력을 압도할 만한 심한 스트레스가 발생하면 정신과적 증상이 발생된다는 것이다. 그러나 병에 대한 보호 요인이 작용하게 되면 손상, 장애, 핸디캡을 초래하는 취약성 및 스트레스원의 충격을 완화시킬 수 있다. 여러 가지 보호요인들 중에서 가장 중요한 것이 대처기술과 능력이며 이것은 전문적인 치료에 의해 획득될 수 있다. 또 기술 개발, 사회적 지지의 획득, 임시 고용 등을 촉진시키는 재활 프로그램 역시 강력한 보호인자가 될 수 있다. 이러한 정신사회 보호요인들은 스트레스로 인한 충격을 완화시켜 정신병의 재발 가능성을 감소시킨다.

2) 심리상담의 목적과 목표
정신사회질환이란 학습과 환경적 변화를 통해 만성 정신질환자의 사회적 기능을 최대한 회복시키는 것이다. 재활의 목표는 증상의 호전을 장기간 지속시키고, 대인관계 및 독립적인 생활기술을 환자가 배우도록 하고, 보다 만족스러운 삶의 질을 성취하는 것이라고 할 수 있다.

3) 심리상담의 과정과 기술
정신 사회재활의 단계는 진단 및 기능적 평가, 재활계획 수립, 개입단계의 세 단계로 나뉜다.

4) 사회기술 훈련
① 사회기술의 정의
사회기술이란 대인관계를 통해 어떤 구체적인 목표를 달성하는 데 필요한 모든 것을 의미한다. 사회기술은 대인관계 영역에서 필수적인 것으로 적절한 언어적,

비언어적 반응을 기초로 한다. 사회기술은 사회적 능력을 획득하기 위한 수단이라고 볼 수 있다.

② 사회기술 훈련의 필요성

병에 걸리기 전의 사회 적응 상태가 병의 경과 및 결과를 잘 예측하게 하고, 사회 기술이 심하게 결핍되어 있는 환자는 재발과 재입원을 더 많이 한다는 점에서 사회기술 훈련은 정신질환의 재활에서 꼭 필요하다. 또한 만성정신질환자의 가족을 대상으로 사회기술 훈련을 시행하면 가족 내 스트레스를 줄여주고 병의 재발률이 감소된다는 점에서도 사회기술 훈련의 필요성이 드러난다.

③ 사회기술 훈련의 절차

가. 문제점을 구체적으로 정의한다.
나. 환자가 지닌 장점이나 자원을 파악한다.
다. 목표를 설정한다.
라. 실제 생활에서 발생하는 문제 상황을 연습장면으로 전환하여 설정한다.
마. 강화나 피드백을 사용한다.
바. 목표를 위한 중간 단계를 세분화한다.
사. 역할 연기를 하도록 하고 지시, 촉고, 재촉을 사용한다.
아. 모델링 기법을 사용한다.
자. 과제와 실제 생활에서의 연습을 한다.
차. 훈련 날 무렵에 이 지침들을 체계적으로 재검토하여 환자가 자신의 문제점, 장/단기 목표, 행동계획 등을 이해하고 있는지 한 번 더 점검한다.
카. 사회기술 훈련을 통해 획득한 사회기술을 실제 생활에서 사용하고 또 장기간 지속될 수 있도록 다음을 시행한다.

④ 주의집중식의 사회기술 훈련

사회기술 훈련을 받기 위해서는 환자가 적어도 30~90분 동안 집중을 할 수 있는 능력이 있어야 한다. 그러나 인지, 기억, 집중력에서 장애가 심한 환자들은 그런 훈련 내용을 잘 소화해 내지 못한다. 주의집중 방식 훈련의 요점은 어떤 장면을 짧게 반복적으로 훈련시키는 것이다.

단원정리문제

문제 01 난이도: 기본

다음 중 프로이트의 성격발달이론에 대한 내용으로 옳지 않은 것은?

① 프로이트는 성적 에너지인 리비도가 집중적으로 나타나는 신체부위를 중심으로 발달 단계를 구분하였다.
② 인간은 현재에 의해 지배되는 적극적인 존재이다.
③ 개인의 성격은 5~6세 이전에 기본구조가 완성되고 그 이후는 정교화가 이루어진다.
④ 각 단계에서 욕구충족이 되지 않거나 과잉되면 고착현상이 나타난다.

풀이 : 프로이트는 인간을 성욕과 과거경험에 의해 지배되는 소극적·수동적 존재로 보았다.

문제 02 난이도: 기본

다음 중 정신분석적 상담이론의 내용으로 옳지 않은 것은?

① 프로이트에 의해 시작되었고, 심층심리학 또는 정신역동학·심리역동학이라고도 한다.
② 인간을 이해하기 위해 자유연상법, 꿈의 분석, 투사법 등을 이용한다.
③ 정신 결정론을 강조하면서 인간의 사고와 정서 및 행동에 있어서 무의식적 결정인자와 본능적 측면을 강조하였다.
④ 인간본성에 관한 철학이나 심리치료에는 적용되지 않는 단점이 있다.

풀이 : 정신분석학은 성격발달에 대한 이론이자 인간본성에 관한 철학이며, 심리치료의 한 방법이기도 하다.

문제 03 난이도: 중급

부모에게 혼난 아동이 보다 안전한 대상에게 화풀이를 하는 경우 형성되는 것은 어느 것인가?

① 투사　　　　　　　　　　② 반동형성
③ 억압　　　　　　　　　　④ 치환

풀이 : 치환-다른 사람이나 사물에게로 에너지가 이동하는 것으로 부모에게 혼난 소년이 보다 안전한 대상에게 화풀이를 하는 경우가 치환에 해당한다.

정답　1. ②　2. ④　3. ④

문제 04 난이도 : 기본
다음 프로이트의 성격 구성요소 중 자아(Ego)에 대한 설명으로 옳지 않은 것은?

① 자아는 원초아로 부터 분화된 것으로, 현실의 원리에 입각하며 마음속의 것과 외부의 것을 구별한다.
② 원초아와 초자아의 작용을 통합·조정하는 중재자의 역할을 한다.
③ 성격의 집행자로서 어떤 본능을 어떤 방법으로 만족시킬 것인지 결정한다.
④ 성격의 도덕적 무기이며 현실보다는 이상을, 쾌락보다는 완성을 위해 작용한다.

풀이 : ④는 초자아(Superego)에 대한 내용에 해당한다.

문제 05 난이도 : 기본
다음 중 프로이트의 성격발달단계 중에서 오이디푸스 콤플렉스와 연관된 단계는?

① 구강기
② 항문기
③ 남근기
④ 생식기

풀이 : 남근기는 3~6세에 해당하는 시기로서, 정신 에너지를 성기에 집중시켜 성기를 가지고 놀며 쾌락을 느낀다. 심리적 변화가 크게 일어나며 남아는 오이디푸스 콤플렉스를, 여아는 엘렉트라 콤플렉스를 경험하게 된다. 이때 남아는 거세불안을 경험하며, 여아는 남근을 선망하게 된다. 그러나 아동은 자신을 부모와 동일시함으로써 적절한 성역할을 습득하여 양심이나 자아 이상을 발달시켜나가며, 이를 통해 초자아가 성립된다.

문제 06 난이도 : 중급
다음 중 프로이트의 정신분석이론에서 신경증적 불안의 내용에 해당하는 것은?

① 양심의 가책과 관련된 불안을 말한다.
② 외부의 현실적 위험을 두려워하는 불안을 말한다.
③ 본능적인 충동이 나쁜 행동을 불러일으킬까 두려워하는 불안을 말한다.
④ 죄책감과 관련된 불안을 말한다.

풀이 : ①,④ 도덕적 불안, ② 현실 불안
신경증적 불안(Neurotic Anxiety) - 자아가 본능적인 충동인 원초아를 통제하지 못할 경우 발생할 수 있는 불상사에 대해 위협을 느낌으로써 나타난다.

문제 07 난이도 : 기본
다음 중 프로이트가 제시한 정신분석의 치료기법 중에서 참을 수 없는 불안에 대항해서 자아를 방어하려는 무의식적 역동성으로 본 것은 어느 것인가?

① 전이
② 저항
③ 명료화
④ 직면

풀이 : 프로이트는 저항에 관하여 참을 수 없는 불안에 대항해 자아를 방어하려는 무의식적 역동성으로 보았다.

정답 4. ④ 5. ③ 6. ③ 7. ②

문제 08 난이도 : 중급
로저스가 제시한 치료사의 태도 3가지와 거리가 먼 것은?
① 무조건적 긍정적인 존중 ② 성실성
③ 공감적 이해 ④ 진솔성

풀이 : 로저스가 제시한 치료사의 태도 3가지는 무조건적 긍정적인 존중, 공감적 이해, 진솔성이다.

문제 09 난이도 : 기본
다음 중 인간중심의 상담이론에 대한 설명으로 알맞은 것은 어느 것인가?
① 내담자를 존중하고 수용하는 허용적인 태도를 중시한다.
② 상담의 기법을 강조한다.
③ 기본적으로 성악설에 근거를 두고 있다.
④ 과거의 억압적인 경험을 의식화하면서 적응하도록 돕는다.

풀이 : 인간중심 상담은 내담자에 대한 존중과 수용을 강조하는 상담자의 허용적인 태도를 중시한다. 인간의 잠재력에 대해 긍정적 태도를 갖고 있다.

문제 10 난이도 : 중급
다음 중 인간중심 상담이론에서 중요한 상담자의 자세로 알맞은 것은 어느 것인가?
① 내담자가 낙담하고 있거나 자신을 나쁘다고 생각할 때는 과장을 해서라도 무조건 용기를 북돋아야 한다.
② 내담자의 말과 감정을 바르게 이해하고 있다는 것을 확인하기 위해서 상담자는 내담자가 느끼는 바를 토대로 정확한 해석을 내려야 한다.
③ 내담자가 호소하는 문제에 초점을 맞춘다.
④ 가급적 내담자가 감정을 솔직하게 표현할 수 있도록 상담자가 허용적인 태도를 보여야 한다.

풀이 : 인간중심 상담이론에서 상담자는 내담자가 감정을 솔직히 표현할 수 있도록 상담자가 허용적인 태도를 보여야 한다.

문제 11 난이도 : 기본
다음 중 인간중심 상담이론에서 중시하는 상담기법은?
① 무조건적 긍정적 관심 ② 해석
③ 조건화 ④ 직면

풀이 : 인간중심 상담에서는 수용, 무조건적 긍정적 관심, 공감적 이해, 일치(솔직성), 경청을 중요시 했다.

정답 8. ② 9. ① 10. ④ 11. ①

문제 12 다음 중 인간중심 상담이론에 근거를 두고 있는 성격이론의 내용으로 가장 적절하지 않은 것은?

① 개인은 자연현상의 장을 경험하고 지각하는 대로 반응한다.
② 개인이 채택한 대부분의 행동양식은 개인의 자아개념과의 불일치로 생긴 결과이다.
③ 모든 개인은 그들이 중심인 변화하는 경험의 세계 속에 존재하고 있다.
④ 행동을 이해하는 데 가장 유리한 점은 개인의 내적 참조체제이다.

풀이 : 개인이 채택한 대부분의 행동양식은 개인의 자아개념과 일치한다. 불일치는 개인의 자아개념과 경험 사이에 틈이 생긴 결과이다.

문제 13 다음 로저스의 상담관계 중 상담의 책임이 내담자에게 있음을 명백히 하며 상담시간, 상담 비용, 표현의 한계 등에 관한 것을 내담자 또는 부모에게 분명하게 밝히는 단계에 해당하는 것은?

① 부정적인 감정의 수용 및 정리
② 자유로운 감정 표현의 유도
③ 자기 통찰 및 이해의 촉진
④ 상담 상황의 정의

풀이 : 상담상황의 정의는 2단계에 해당하는 것으로서, 상담자는 내담자가 원하는 경우 상담자의 도움으로 자신의 문제를 해결해 나갈 수 있으며 상담의 책임이 내담자에게 있음을 알린다.

문제 14 다음 중 인간중심상담의 제한점에 대한 내용으로 적절하지 않은 것은?

① 상담에서 요구하는 상담자와 내담자의 관계의 특징을 분명하게 밝히지 못한다.
② 내담자에게 동일한 목표를 제시한다.
③ 내담자의 인지적 측면을 소홀히 다룬다.
④ 객관적인 정보 활용을 통해 내담자를 도와주는 면이 부족하다.

풀이 : 인간중심상담은 인간행동에서 감정과 정서의 역할을 적절히 강조하며, 상담에서 요구하는 상담자와 내담자의 관계의 특징을 분명하게 밝히는 데 공헌하였다.

문제 15 다음 중 행동주의 상담이론에 대한 내용으로 옳지 않은 것은?

① 인간 행동의 일정한 법칙성을 전제로 한다.
② 관찰 가능한 행동에 초점을 둔다.
③ 과거의 구체적인 행동을 강조한다.
④ 학습 원리를 통해 내담자에게 새로운 행동을 학습하도록 돕는다.

풀이 : 행동주의 상담이론은 과거나 미래보다는 현재의 구체적인 행동을 강조하며, 과학적인 방법으로써 상담기술을 개발하고 객관적인 목표를 설정·평가하는 것을 강조한다.

정답 12. ② 13. ④ 14. ① 15. ③

문제 16
난이도 : 기본

다음 중 상담의 행동주의적 접근과 가장 거리가 먼 것은?

① 파블로프의 고전적 조건형성
② 에릭슨의 심리사회이론
③ 반두라의 사회학습이론
④ 스키너의 조작적 조건형성

풀이 : 에릭슨의 심리사회이론은 인간행동에 관한 주요 이론 중 정신역동이론에 해당한다.

문제 17
난이도 : 중급

다음 중 행동주의 인간관과 행동의 변화에 대한 내용으로 옳은 것은?

① 초기의 행동주의자들은 인간의 자유와 의지적 선택을 강조하였다.
② 행동주의는 점차적으로 인간에 대한 기계론적·결정론적인 양상을 보였다.
③ 행동주의는 행동의 변화보다는 성격 구조의 발달에 관심을 보였다.
④ 최근에는 자기관리, 자기통제를 강조하는 추세를 보인다.

풀이 : 초기의 행동주의자들은 인간을 환경의 자극에 반응하는 수동적인 존재로 보았으나 초기의 인간에 대한 기계론적·결정론적인 양상에서 점차적으로 벗어나 최근에는 자기관리, 자기통제를 강조하는 추세를 보인다.

문제 18
난이도 : 기본

다음 행동주의상담의 기본개념 중 보기의 내용과 연관된 것은?

> 복잡한 행동을 학습하는 데 있어서 단순한 행동으로부터 시작해서 점차 목표행동과 가까운 것을 강화한다.

① 정적 강화
② 일반화
③ 소 거
④ 조 형

풀이 : 정적 강화 : 특정반응이 일어난 다음에 그 자극이 주어짐으로써 그 반응이 일어날 확률을 증가시키는 것을 의미한다.
일반화 : 어떤 반응이 특정자극에 조건화되었을 때 그 조건자극과 유사한 다른 자극도 조건반응을 유발할 수 있는 것을 말한다.
소거 : 일단 조건화가 되었더라도 무조건자극 없이 조건자극만 계속 주게 되면 조건반응이 일어나지 않게 되는 것을 말한다.
행동조성(조형) : 복잡한 행동을 학습하는 데 있어서 단순한 행동으로부터 시작해서 점차 목표행동과 가까운 것을 강화하는 것을 의미한다.

정답 16. ② 17. ④ 18. ④

문제 19 난이도: 기본
다음 중 타인의 행동에 대한 관찰과 모방을 통해 내담자의 문제행동을 제거하는 것을 목표로 하는 이론은?

① 대상관계이론 ② 시행착오이론
③ 사회학습이론 ④ 조작적 조건형성이론

풀이 : 반두라(Bandura)의 사회학습이론은 모델링을 통한 관찰학습과 모방학습을 강조하여 관찰과 모방에 의한 사회학습을 통해 내담자의 문제행동이 제거될 수 있음을 보여준다.

문제 20 난이도: 기본
다음 중 인지적·정서적 상담이론의 특징에 대한 내용으로 옳지 않은 것은?

① 엘리스(Ellis)의 합리적·정서적 행동치료가 대표적이다.
② 문제 중심이 아닌 감정중심의 접근을 한다.
③ 인지이론, 행동주의이론, 사회학습이론으로부터 나온 개념들을 통합·적용한 것이다.
④ 인간의 역기능적인 사고는 잘못된 생각 또는 인지체계에 의해 나타난다.

풀이 : 인지적·정서적 상담이론은 문제에 초점을 둔 시간제한적 접근으로서 내담자가 자신의 사고와 행동을 통제하기 위한 대체기제를 학습하는 교육적 접근을 강조한다.

문제 21 난이도: 중급
행동주의 상담이론의 주요 치료기법 중 하나로 바람직한 행동들에 대한 체계적인 목록을 정해놓은 후, 그러한 행동이 이루어질 때 그에 상응하는 보상을 하는 것은?

① 토큰 경제 ② 행동조성
③ 모방학습 ④ 자기표현훈련

풀이 : 토큰 경제(토큰 보상치료) : 바람직한 행동을 인정해 주는 것만으로는 별 효과가 없을 때, 토큰을 주어 나중에 자신이 원하는 물건이나 권리와 바꿀 수 있도록 하는 치료절차이다.

문제 22 난이도: 기본
엘리스는 합리적·정서적 행동치료의 상담기법으로서 선행사건이 부적절한 정서와 행동 또는 반대로 적절한 정서와 행동으로 나타나는 과정을 제시한 기법은?

① ABC 기법 ② ABCD 기법
③ ABCDE 기법 ④ ABCDEF 기법

풀이 : 엘리스의 합리적·정서적 행동치료의 기본절차는 ABCDE모형이다.
   A. 선행사건(Activating Event) : 내담자가 노출되었던 문제 장면이나 선행사건이다.
      예) 시험에 떨어진 것, 실직, 실연, 자녀가 반항하는 것
   B. 신념체계(Belief System) : 선행사건이나 문제 장면에 대한 내담자의 태도나 사고방식이다.

정답 19. ③ 20. ② 21. ① 22. ③

합리적 신념과 비합리적 신념이 있다.
C. 결과(Consequence) : 선행사건 때문에 생겨났다고 내담자가 보고하는 정서적·행동적 결과다.
  예) 불안, 분노, 슬픔, 죄책감, 수치심
D. 논박(Dispute) : 비합리적 신념이나 사고에 대해 '과연 이치에 맞는가?' 등을 따져보고, 그릇된 신념에 대해 치료자가 논박하여 자기 패배적 생각을 포기하도록 하는 것이다.
E. 효과(Effect) : 논박을 통해 비합리적 신념을 합리적 신념으로 대치한 다음 느끼는 자기 수용적인 태도와 긍정적인 감정의 결과(효과)다.

문제 23 난이도 : 기본
체계적 둔감법(Systematic Desensitization)의 기초가 되는 학습원리는?
① 혐오 조건형성　　② 고전적 조건형성
③ 조작적 조건형성　　④ 고차적 조건형성

풀이 : 체계적 둔감법은 고전적 조건형성의 기법으로서 혐오스러운 느낌이나 불안한 자극에 대한 위계목록을 작성한 다음, 낮은 수준의 자극에서 높은 수준의 자극으로 상상을 유도함으로써 혐오나 불안에서 서서히 벗어나도록 하는 것이다.

문제 24 난이도 : 중급
합리적·정서적·행동적 접근에서는 각 개인이 가지고 있는 비합리적 신념을 합리적 신념으로 바꾸어주기 위한 여러 가지 작업을 한다. 다음 중 이러한 작업에 해당하지 않는 것은?
① 논박　　② 설득
③ 예시　　④ 주지화

풀이 : ① 논박 – 상담자는 내담자의 비합리적인 신념을 체계적으로 반박한다.
② 설득 – 상담자는 합리적 정서 치료의 기본 철학과 논리를 믿도록 내담자를 설득한다.
③ 예시 – 상담자는 예시 또는 시범을 통해 내담자의 비합리적인 관념을 표출한다.

문제 25 난이도 : 기본
다음 중 대인관계 문제를 해결하는데 주로 쓰이며 상담실에서 문제 상황을 치료자와 함께 연출하는 기법은?
① 역할연기　　② 행동조형(조성)
③ 체계적 둔감화　　④ 재구조화

풀이 : 역할연기는 주로 대인관계문제를 해결하는 데 쓰이며 치료사와 내담자가 문제된 대인관계상황을 놓고 서로 역할을 바꾸어 가며 자유로이 자신의 감정과 의사를 표현하는 것이다.

정답 23. ② 24. ④ 25. ①

문제 26 난이도 : 중급
합리적-정서적 치료에서 제시하는 비합리적 생각 중에 '자기 자신이 시도하는 일은 결과적으로 제대로 되지 않을 것'이라고 믿는 생각은 어디에 해당하는가?
① 부정적 예언 ② 과잉일반화
③ 당위성 ④ 절대적 사고

풀이 : '자기 자신이 시도하는 일은 결과적으로 제대로 되지 않을 것이라고 믿는 것은 부정적 예언에 해당된다.

문제 27 난이도 : 중급
프로이트의 발달 단계 중 구강기 단계에서 고착이 있는 경우의 특징으로 바른 것은?
① 우유부단한 성격 ② 강박증
③ 융통성 없음 ④ 의존성

풀이 : 구강기 - 젖 먹는 경험, 즉 빨고 삼키고, 뱉는 것, 깨무는 것에 의해 성격이 형성 : 젖 먹는 경험의 불만 → 인생에 대한 부정적 시각, 만성애정 기근

문제 28 난이도 : 중급
다음은 남근기에 대한 설명으로 적절한 것은?
① 이성에 대한 구별을 하며 자기도취적이다.
② 좋아하는 대상이 동성에서 이성으로 바뀌게 된다.
③ 빨고 삼키고, 뱉는 것, 깨무는 것에 의해 성격이 형성이 형성된다.
④ 자아통제훈련의 원형이며 예의범절의 기본이 된다.

풀이 : 성격 형성 단계
  1) 구강기 - 젖 먹는 경험, 즉 빨고 삼키고, 뱉는 것, 깨무는 것에 의해 성격이 형성
    : 젖 먹는 경험의 불만 → 인생에 대한 부정적 시각, 만성 애정기근
    ∴ 젖을 줘야할 때 기분 좋게 주고, 이유는 서서히
  2) 항문기 - 배변훈련, 즉 배설과 보유 : 자아통제훈련의 원형, 예의범절의 기본이 됨
    : 너무 심하면 → 정사각형 인간, 융통성 없음, 결벽증, 강박증
  3) 남근기 - 이성에 대한 구별, 자기존재, 모방, 자기도취적
    : 엘렉트라 콤플렉스/ 외디프스 콤플렉스 → 동일시를 통해 해소
  4) 잠복기 - libido가 억압, 승화되어 지적관심이나 운동, 우정 등으로 나타나며 일종의 휴식 시간
  5) 성기기 - 좋아하는 대상이 동성에서 이성으로 변함

정답 26. ① 27. ④ 28. ①

문제 29 난이도 : 기본
다음 중 마음의 세 가지 구조가 아닌 것은?
① 의식
② 이상
③ 전의식
④ 무의식

풀이 : 마음의 세 가지 구조
1) 의식(consciousness) – 개인이 현재 느끼는 모든 행위와 감정들, 어떤 순간에 우리가 알고 느끼는 모든 감각과 경험으로서 자아는 의식 영역에 속한다.
2) 전의식(preconciousness) – '이용 가능한 기억'이라고 불림. 의식의 부분은 아니지만 조금만 노력하면 의식 속으로 떠올릴 수 있는 생각과 감정들을 포함한다.
3) 무의식(unconciousness) – 프로이트가 말한 가장 중요한 의식 수준으로 대부분의 인간행동의 동기로 작용. 무의식은 말실수나 망각을 통해서 추측할 수 있는데, 대표적인 것은 바로 꿈이다. 꿈은 무의식적인 욕구와 소망, 갈등을 상징적으로 표현한다.

문제 30 난이도 : 중급
다음은 전의식(preconsciousness)에 관한 설명으로 옳은 것은?
① 무의식과 의식을 연결해 주는 것이다.
② 어떤 순간에 우리가 알고 느끼는 모든 감각과 경험으로서 자아는 의식 영역에 속한다.
③ 마음 속 깊이 억압된 사고와 감정, 기억들이 저장되어 있는 것을 의미한다.
④ 이를 적절히 억압하지 못할 때 신경증적인 증상이나 행동이 나타난다.

풀이 : 전의식(preconsciousness) – '이용 가능한 기억'이라고 불린다. 의식의 부분은 아니지만 조금만 노력하면 의식 속으로 떠올릴 수 있는 생각과 감정들을 포함한다. 무의식과 의식을 연결해준다.

문제 31 난이도 : 중급
다음은 무의식(uncinsciousness)에 관한 설명으로 옳은 것은?
① '이용 가능한 기억'이라고 불린다.
② 개인이 현재 느끼는 모든 행위와 감정들을 일컫는다.
③ 말실수나 망각을 통해서 추측할 수 있는데, 대표적인 것은 바로 꿈이다.
④ 의식의 부분은 아니지만 조금만 노력하면 의식 속으로 떠올릴 수 있는 생각과 감정들을 포함한다.

풀이 : 프로이트가 말한 가장 중요한 의식 수준으로 대부분의 인간행동의 동기로 작용한다. 성격문제 또한 무의식에 의한 것으로 마음 속 깊이 억압된 사고와 감정, 기억들이 저장되어 있다. 무의식은 말실수나 망각을 통해서 추측할 수 있는데, 대표적인 것은 바로 꿈이다. 꿈은 무의식적인 욕구와 소망, 갈등을 상징적으로 표현. 프로이트는 전체 마음 중 의식은 얇은 표면이

정답 29. ② 30. ① 31. ③

며, 빙산의 대부분이 수면 아래 있는 것처럼 마음의 대부분은 무의식에 존재한다고 보았다. 인간의 모든 심리현상은 무의식적 동기에서 비롯되는데, 이를 적절히 억압하지 못할 때 신경증적인 증상이나 행동이 나타난다. 우리의 행동과 느낌, 사고, 상상, 창의적 작업 등의 원천과 원인은 대개 무의식에 잠재되어 있다. 비논리, 모순적, 시간과 공간개념 무관하다.

문제 32 난이도 : 기본
다음 중 방어기제의 종류가 아닌 것은?
① 억 압 ② 회 피
③ 투 사 ④ 승 화

풀이 : 방어기제의 종류 1) 억압(cf.억제) 2) 투사 3) 반동형성 4) 승화 5) 합리화 6) 주지화 7) 전치 8) 퇴행(cf.고착)

문제 33 난이도 : 중급
방어기제의 종류 중 아래의 설명을 나타내는 말은?

내부의 욕구를 순화시켜 보다 문화적인 형태로 표현하는 것

① 전 치 ② 퇴 행
③ 승 화 ④ 억 압

풀이 : 승화는 내부의 욕구를 순화시켜 보다 문화적인 형태로 표현하는 것으로 본능, 양심, 대인관계의 세 마리 토끼를 동시에 쫓는 역할이다.

문제 34 난이도 : 중급
방어기제의 종류 중 아래의 설명을 나타내는 말은?

부모 등 주위의 영향력 있는 사람의 태도와 행동을 닮아 가는 것

① 전 환 ② 투 사
③ 해 리 ④ 동일시

풀이 : 독서, 연극, 영화, 운동경기관람 등의 재미있는 주인공과 자기를 동일시함으로써 주인공의 강점을 자기 것으로 만드는 작업 즉, 소원성취(Wish - fulfillment)가 그것이다.

정답 32. ② 33. ③ 34. ④

문제 35 난이도 : 중급
다음은 주지화에 대한 설명으로 적절한 것은?
① 다른 사람들의 공감을 이끌어내지 못하는 경향이 있다.
② 정서적인 주의를 위협적이거나 불쾌감을 주는 것으로부터 상대적으로 견디기 쉬운 대상으로 옮긴다.
③ 내부의 욕구를 수용하기 힘든 상황에 처했을 때 자신이 정말로 원하는 것과는 정반대의 행동을 나타낸다.
④ 망각과는 달리, 억압된 정보는 여전히 기억 체계 내부에 보존된 상태로 남아있게 된다.

풀이 : 주지화
1) 의식에서 감정을 사라지도록 하는 대신 관념만을 남겨두는 것이다.
2) 고통스러운 상황에서 감정적인 동요를 보이지 않고 초연해질 수 있지만 부자연스러운 삶의 논리를 가지고 살아간다는 점에서 다른 사람들의 공감을 이끌어내지 못하는 경향이 있다.

문제 36 난이도 : 중급
정신분석적 상담 치료에 대한 설명으로 적절하지 않은 것은?
① 정신분석적 접근의 과정은 비지시적이다.
② 내담자의 자유연상, 꿈 등을 들으며 불안의 원인이 될 만한 단서에 주목해야 한다.
③ 치료목표는 삶의 질 향상이다.
④ 해석의 주요 기능은 무의식적 자료를 파헤쳐 나아가는 과정을 촉진시키는 것이다.

풀이 : 정신분석적 상담, 치료목표 : 건강한 성격 형성
1) 비합리적이고 충동에 빠져있는 강박적인 행동이 합리적인 선택과 통제로 대치된다.
2) 무의식이 의식화된다.
3) 치료에서의 치료자와 내담자-정신분석에서 내담자의 언어적 표현은 정신분석의 핵 치료자는 내담자와 상담관계를 형성해야 하며 많은 경청과 해석을 하게 된다.
4) 해석의 주요 기능은 무의식적 자료를 파헤쳐 나아가는 과정을 촉진시키는 것이다.
5) 말의 차이나 불일치를 감지하고 꿈과 자유연상의 의미를 추론하고 치료과정 동안 주의 깊게 관찰하고 자신에 대한 내담자의 느낌의 단서에 민감해야 한다.

정답 35. ① 36. ③

문제 37 난이도: 중급
Margaret Naumberg의 정신분석적 접근으로 치료 방법에 대한 설명으로 적절하지 않은 것은?
① 치료로서의 미술에 중점을 두는 'Art as therapy'를 강조하였다.
② 환자의 표현을 통해 무의식의 세계를 방출시키는데 역점을 두고 그림이 환자의 통찰을 기초로 형성된다고 보았다.
③ 환자의 무의식적 사고와 감정이 그림에 직접적으로 표현되었다.
④ 환자가 그리고 싶은 대로 그리는 자발적 그림을 중시하였다.

풀이 : 정신분석적 접근으로 치료를 하는데 있어서 환자들이 그린 그림이 상당히 도움이 된다는 것을 발견. 1940년대부터 정신분석적인 방법을 미술치료에 도입하여 치료적 측면(Art in therapy)을 강조하였다.

문제 38 난이도: 기본
다음 중 게슈탈트 치료의 주요개념이 아닌 것은?
① 승 화
② 지금-여기
③ 전경과 배경
④ 장이론

풀이 : 게슈탈트 치료의 주요개념
1) 전경과 배경 2) 미해결 과제 3) 지금-여기 4) 현상학 5) 장이론

문제 39 난이도: 기본
에릭슨의 성격발달이론에서 1단계의 과업은 무엇인가?
① 신뢰감의 확립
② 수치심 극복
③ 자아확립
④ 친밀감 형성

풀이 : 신뢰감이란 자신에 대한 것뿐 아니라 남에 대한 신뢰도도 의미하며 이것은 생후 처음 1년간에 생기는 것이다.

문제 40 난이도: 중급
에릭슨과 프로이트의 주장과 다른 점은 무엇인가?
① 사회 환경의 의미 강조
② 심리사회적 발달
③ 초자아 창
④ 자아정체감 발달에 초점을 둠

풀이 : 프로이트는 초자아를 너무 강조한 반면 에릭슨은 자아의 기능을 강조했다. 그리고 에릭슨은 내재한 심리적 갈등의 해결보다는 건강한 성격의 발달에 더 큰 관심을 가졌다.

정답 37. ① 38. ① 39. ① 40. ③

문제 41 난이도: 중급

이 시기에 엄격한 배변훈련을 경험하게 되면 고집이 세고 인색하며, 복종적이고 지나치게 청결하며 인색하고, 수전노적인 성격특성을 가지게 된다. 프로이트의 어느 성적발달단계의 내용인가?

① 구강기　　　　　　　　　② 항문기
③ 남근기　　　　　　　　　④ 잠복기

풀이 : 반대로 너무 관대한 경우 항문기 폭발적 성격으로 자신을 더럽히고, 지저분하며, 잔인하고, 파괴적이며 난폭하고 적개심이 강하며, 불결한 성격특성을 보인다.

문제 42 난이도: 중급

경험이나 연습에 의해 개인의 지식이나 행동에 비교적 지속적인 변화가 일어난다고 보는 이론은 무엇인가?

① 정신분석이론　　　　　　② 동물행동학적 이론
③ 학습이론　　　　　　　　④ 정보처리이론

풀이 : 학습이론에서 아동은 환경에 의해 만들어진다고 보기도 한다.

문제 43 난이도: 중급

파블로프의 조건반사의 원리에 대한 설명으로 옳지 않은 것은 어느 것인가?

① 먹이를 무조건적 자극이라 명명하였다.
② 개의 타액분비 행동을 무조건 반사라 하였다.
③ 벨소리를 조건반사라 한다.
④ 타액분비 현상이 나타난 것을 조건 형성이라고 한다.

풀이 : 개에게 벨소리를 들려주면 타액분비반응은 일어나지 않는다. 다시 개에게 고기를 주기 직전에 타액분비와 무관한 벨소리를 반복적으로 들려주었다. 이때 벨소리를 조건자극이라 한다.

문제 44 난이도: 기본

인간을 능동적 존재로 인식하고, 임의적으로 조작하는 행동을 통해 인간 행동을 학습시킬 수 있음을 강조한 학자는?

① 파브로브　　　　　　　　② 스키너
③ 반두라　　　　　　　　　④ 프로이트

풀이 : 쥐의 실험에서 보상이 주어지거나 긍정적 강화를 받는 방향으로 행동하거나 조작하도록 학습된다는 것을 밝혔다.

정답　41. ②　42. ③　43. ③　44. ②

문제 45 난이도: 중급

아이가 울고 떼쓰는 행동을 할 때 부모가 반응을 보이지 않음으로써 아이의 울고 떼쓰는 행동이 사라지게 하는 행동요법은?

① 단계적
② 탈감법 혐오요법
③ 소 거
④ 주장훈련

풀이 : 아이에게 강화자극을 주지 않으면 바르지 못한 행동이 점점 사라진다.

문제 46 난이도: 기본

반두라의 사회학습이론과 관계가 없는 것은?

① 자연모방에 의해서도 행동양식을 습득한다.
② 관찰학습도 사회화 과정에서 중요한 역할을 한다.
③ 모방을 통해서 여러 가지 행동양식을 습득한다.
④ 새로운 정보가 투입되고 기억되며 다시 인출되는 과정이다.

풀이 : 정보처리과정이론은 인간은 새로운 정보가 들어오면, 기억과정에 저장하였다가 인출하는 패턴을 반복한다고 주장하였다.

문제 47 난이도: 중급

발달의 과정은 경험이나 연습에 의해 새로운 행동 특성을 획득하고 새로운 적응능력을 습득하게 된다고 보는 이론은?

① 정신분석 이론
② 학습이론
③ 동물행동학 이론
④ 인지이론

풀이 : 생물학적 요인보다는 환경적인 요인을 강조하였다.

문제 48 난이도: 중급

피아제의 연구에 따라 지능을 환경의 적응력으로 볼 때 영아기에 해당하는 단계는?

① 설정적 지능
② 추상적 지능
③ 개념적 지능
④ 감각적 운동지능

풀이 : 영아 시기는 감각과 신체 운동 간의 관계를 통해 발달되어간다.

정답 45. ③ 46. ④ 47. ② 48. ④

문제 49 난이도: 고급

인지발달의 주요개념 중 (　　)은 유기체가 가지고 있는 '이해의 틀'을 말한다. 다음 중 (　　) 안에 들어갈 말은 무엇인가?

① 동 화　　　　　　　　　② 조 절
③ 도 식　　　　　　　　　④ 평 형

풀이 : 영아는 다양한 행동적 도식을 발달시킴으로써 새로운 대상을 탐색할 뿐 아니라 '이해'하게 되고 단순한 문제를 해결할 수 있다.

문제 50 난이도: 고급

구체적 조작기에 대한 설명으로 옳지 않은 것은?

① 사고를 논리적으로 조작할 수 있는 능력을 획득한다.
② 6~12세경에 나타난다.
③ 보존, 유목화 서열화 개념을 획득한다.
④ 추상적인 사고가 가능해진다.

풀이 : 가상적인 상황을 추론할 수 없어 추상적이고 복잡한 가설의 정신적 사고는 아직 가능하지 않다.

문제 51 난이도: 중급

다음 중 가족상담의 원리와 가장 관계가 없는 것은?

① 과거의 사건이나 경험보다 현재 일어나는 양상을 다룬다.
② 가족구성원들의 관심사를 이해하고 수용한다.
③ 문제로 지목된 가족원에게 초점을 두어 사례를 개념화한다.
④ 자기 의견을 분명히 표현하고 다른 입장을 경청하는 의사소통을 촉진한다.

풀이 : 가족구성원 중 특정 가족원의 심리적인 문제는 그 개인만의 문제가 아닌 가족 전체의 문제를 증상으로 표현하고 있는 것이다. 가족상담은 이와 같이 개인상담을 통해 심리적인 문제를 가진 개인을 변화시키기보다는 가족을 하나의 체계로 간주하여 가족 전체의 역동 속에서 문제의 증상을 관찰한다.

문제 52 난이도: 중급

다음 중 가족치료의 주된 목표와 가장 거리가 먼 것은?

① 가계의 특징을 파악하고 이를 재구조화 한다.
② 가족들 간의 잘못된 관계를 바로 잡는다.
③ 가족구성원들 간의 의사소통 유형을 파악하고 의사소통이 잘 되도록 한다.
④ 특정 가족구성원의 문제행동을 수정한다.

정답 49. ③　50. ④　51. ③　52. ④

풀이 : 가족치료는 가족을 하나의 집단 또는 유기체로서 취급하며, 가족구성원 개개인보다 전체로서의 가족에게 나타나는 요구나 문제들에 대해 관심을 가진다.

문제 53
난이도 : 기본

다음 내용 중 가족 상담에 대한 설명으로 틀린 것은?

① 가족 상담의 목표는 가족 기능을 향상시키는데 있다.
② 가족 상담은 주로 과거에 초점을 맞추어 상담을 진행한다.
③ 가족 상담은 관계에 초점을 두고 있고, 문제해결의 궁극적인 목적은 같다.
④ 가족 상담은 문제해결 뿐만 아니라 교육적 기능도 포함한다.

풀이 : 가족상담은 과거가 아닌 현재의 상황에 초점을 맞추어 진행한다.

문제 54
난이도 : 중급

다음 중 가족상담의 성격을 서술한 내용으로 틀린 것은?

① 가족치료는 내담자의 가족생활 전반에 걸친 총체적인 변화와 생활의 적응을 목표로 한다.
② 가족상담에서 개인의 문제는 가족체계의 문제가 반영된 것이다.
③ 가족치료에서는 가족을 하나의 단위체로 보고 접근한다.
④ 초기에 정신과 의사들에 의해 많은 이론이 세워졌고 그들이 임상가로 활동해 왔다는 점에서 '치료'라는 용어를 선호한 것으로 보인다.

풀이 : 가족치료는 가족에 초점을 두고 있지만 가족생활 전반에 걸친 총체적인 상황에 관심을 갖고 있지는 않으며, 이것을 전부 다루지는 않는다.

문제 55
난이도 : 기본

다음 중 가족상담을 할 때 가장 기본적으로 지켜야 할 사항은 무엇인가요?

① 가족 관계상의 문제를 선형적 인과론적 관점에서 보도록 한다.
② 가족의 현재보다는 과거에 초점을 두고 실시한다.
③ 가족 상담의 목표를 가족원 간의 부정적인 감정의 자유로운 표현으로 하는 것이 가장 효과적이다.
④ 가족문제를 한사람의 정신 병리적 관점이 아닌 가족원간의 관계성으로 보아야 한다.

풀이 : 주로 현재 상황에 초점을 맞추어 상담을 진행하도록 한다. 가족 상담의 목표는 보다 구체적인 목표를 설정하여 가족의 생태변화와 가족의 구체적인 행동변화에 초점을 두는 것이 바람직하다. 가족 안에서 무슨 문제가 발생하고 어떤 갈등이 있는가를 파악하는 것도 중요하지만, 그로 인해 어떤 결과를 낳게 되는 지에 주목하고 가족들에게도 인식시키도록 한다. 선형적 인과론이 아닌 순환적 인과론에 초점을 두고 가족관계를 바라본다.

정답 53. ② 54. ① 55. ④

문제 56 난이도 : 기본
가족상담의 관점에 해당하는 것은 다음 중 어느 것인가?
① 가족은 개인의 행동을 이해하기 위한 배경에 불과하다.
② 개인이 속한 체계의 문제가 그 개인을 통해 표현된다.
③ 개인의 정신적 장애의 원인은 다른 사람과 다른 기질적 요인 때문이다.
④ 문제는 개인에게 있다고 본다.

풀이 : 가족 상담에서는 개인이 속한 체제의 문제가 그 개인을 통해 표현된다고 본다.

문제 57 난이도 : 기본
다음 중 가족상담에 대한 설명으로 알맞은 것은 어느 것인가?
① 가족상담은 문제가 개인에게 있다고 본다.
② 가족을 개인의 행동을 이해하기 위한 배경으로만 본다.
③ 개인이 정신적으로 장애를 겪는 주된 이유는 다른 사람과 다른 기질적 요인 때문이라고 본다.
④ 가족상담은 가족을 한 단위체로 보고 접근한다.

풀이 : ①, ②, ③번 모두 개인상담에 대한 내용이다.

문제 58 난이도 : 기본
다음 중 가족상담의 목표를 바르게 설명한 것은 어느 것인가?
① 가족의 역기능적인 문제를 해결하면서 가족의 기능을 향상시킨다.
② 목표는 추상적, 포괄적으로 정한다.
③ 선형적 인과론에 토대를 두고서 가족원 개인의 정신 병리적 행동의 원인 및 결과에 초점을 두어야 한다.
④ 가족원의 오래된 내면적 갈등을 해결하는데 초점을 둔다.

풀이 : 가족상담이나 가족치료의 목표는 전체적으로 보면 가족의 기능을 향상시키는 데에 있다. 내면의 갈등을 해결하기 보다는 개인을 둘러싼 가족의 역기능적인 문제를 중심으로 해결하려고 한다.

문제 59 난이도 : 중급
현대사회에서 가족상담 및 치료의 필요성이 대두되는 배경으로 볼 수 없는 것은 다음 중 어느 것인가?
① 가족 스트레스의 적정한 수준 유지와 가족 간 대화의 증가
② 가족 간 결속력 약화로 인한 이혼 등의 증가
③ 현대사회의 급격한 사회변화로 인한 가족기능 요구의 증대
④ 여성 취업의 증가로 인한 일부 아동의 방치

정답 56. ② 57. ④ 58. ① 59. ①

chapter 05 상담의 기본이론과 접근방법

풀이 : 적당한 스트레스는 삶의 긴장과 활력소 역할을 하지만, 문제는 스트레스를 해소하는 방법을 모르고 이를 무조건 억제하거나 은폐하는 데에 있다.

문제 60 난이도 : 기본
개인상담 치료와 가족상담 치료의 유사성으로 볼 수 없는 것은 무엇인가?
① 상담자와 내담자의 상태에 대해 공감하고 경청한다.
② 상담기간이 장기화된다.
③ 내담자의 권리를 존중한다.
④ 인간이 안고 있는 심리적·정서적 장애와 고통을 치유한다.

풀이 : 가족상담은 집단상담이라 가족구성원이 참여하는데 어려움이 있으므로 개인상담보다 상담이 단기화 된다.

문제 61 난이도 : 기본
가족문제의 발생으로 옳지 않은 것은?
① 심리적 문제가 있는 가족원이 있을 경우
② 정신과적 문제가 있는 가족원이 있을 경우
③ 장애아동이 있을 경우
④ 신생아가 출생했을 경우

풀이 : 가족문제의 발생은 심리적 문제가 있는 가족원이 있을 경우, 정신과적 문제가 있는 가족원이 있을 경우, 장애아동이 있을 경우 등이다.

문제 62 난이도 : 기본
다음 중 가족의 위기조건에 해당하지 않는 것은?
① 가족구성원의 상실
② 예기치 않았던 가족의 증가
③ 사기의 하락 또는 가정 내 평화가 깨진 경우
④ 자녀가 결혼할 경우

풀이 : 가족의 위기조건은 가족구성원의 상실, 예기치 않았던 가족의 증가, 사기의 하락 또는 가정 내 평화가 깨진 경우이다.

정답 60. ② 61. ④ 62. ④

문제 63 난이도 : 기본
가족체계의 문제성에 대한 설명으로 옳지 않은 것은?

① 가족의 문제는 한 사람에 대한 정신병리학적 관점에서 보다는 다른 가족들과의 관계에서 이해되고 다루어진다.
② 가족 중 한 사람의 문제는 개인의 문제이지 가족전체의 문제와 연관시키는 데는 무리가 있다.
③ 한 가족원을 이해하기 위해서는 가족체제 전체의 심리적 특성을 염두에 두어야 한다.
④ 가족 중 한 사람의 문제는 가족 전체의 문제성을 반영하는 것으로 간주한다.

풀이 : 가족 중 한 사람의 문제는 가족 전체의 문제성을 반영하는 것으로 간주한다.

문제 64 난이도 : 기본
다음 중 가족 상담자의 역할에 대한 설명으로 옳지 않은 것은?

① 가족 상담에 임하는 상담자는 먼저 참여하는 식구들이 상담자에 대한 신뢰를 갖도록 해야 한다.
② 상담자는 식구들이 가족 상담에 대해서 불안해하지 않고, 긍정적인 기대를 갖도록 하여야 한다.
③ 식구들로 하여금 다른 사람에게 가능한 한 자유롭게 말하고 질문하며 궁금한 것을 말할 수 있는 분위기를 조성하는 것이다.
④ 가족상담에서 자유롭게 말하고 질문하며 궁금한 것을 말할 수 있는 분위기를 조성하는 것은 좋지 않다.

풀이 : 가족상담에서 자유롭게 말하고 질문하며 궁금한 것을 말할 수 있는 분위기를 조성하는 것은 중요하다.

문제 65 난이도 : 기본
가족상담의 최근 경향과 전망에 대한 설명으로 옳지 않은 것은?

① 가족상담은 정신건강 분야에서 그 자체로 중요한 하나의 영역으로 인식되고 있다.
② 부부 및 가족 상담을 합쳐서 하나의 새로운 영역으로 보려는 경향이 뚜렷해지고 있다.
③ 가족상담 분야에 종사하는 사람들은 다 가족 상담을 전공한 사람들이다.
④ 양부모 가족문제, 부모·자녀 간 문제, 이혼한 사람들, 보호관찰자 및 구류자 가족 등을 포함하는 광범위한 인간관계들을 다루는 분야에서 가족 상담이 선호되고 있다.

풀이 : 전공에 관계없이 가족상담 분야에 종사하는 많은 사람들이 자신들을 가족상담자라고 이야기 할 만큼 이 분야가 각광을 받고 있다.

정답 63. ② 64. ④ 65. ③

문제 66 난이도 : 기본

가족상담에서 원활한 의사소통을 방해하는 요소가 아닌 것은?

① 공개적 표현에 대한 두려움
② 모른다는 것에 대한 두려움
③ 감정노출에 대한 두려움
④ 서로에게 만족시켜 주지 못하는 것에 대한 죄책감

풀이 : 가족상담에서 원활한 의사소통을 방해하는 요소는 공개적 표현에 대한 두려움, 모른다는 것에 대한 두려움, 서로에게 만족시켜 주지 못하는 것에 대한 죄책감이다.

정답 66. ③

II 초기상담

1 초기상담

(1) 상담의 진행과정
: 내담자와 처음 만났을 때부터 만남이 종결되기까지의 과정

1) 초기 상담
① 주요 호소 문제 탐색
② 관계형성
③ 목표설정 및 구조화

2) 중기 상담
① 문제해결의 노력
② 자각과 합리적 사고의 촉진
③ 실천행동의 계획

3) 종결 상담 : 상담의 성과에 대한 평가 및 종결

(2) 첫 면접의 중요성
상담에 대한 긍정적인 기대를 갖도록 하는 것이 중요하다. 상담자에 대한 인간적, 전문적 신뢰 여부를 판단한다.

(3) 첫 면접의 목표
1) 편안하고 수용적인 분위기의 조성
2) 내담자 문제 및 배경 요인을 탐색
3) 적절한 상담 계획의 수립
4) 상담에 대한 기대 및 동기 형성

(4) 초기상담의 단계
1) 상담 관계의 준비 및 형성

2) 호소 문제 탐색
3) 문제의 발생 배경의 탐색
4) 가족관계 탐색
5) 성장배경 : 중요한 경험과 대인관계 중심으로 탐색을 한다.
6) 내담자의 잠재 능력 및 심리 상담적 요인
7) 상담의 목표 정하기
8) 구조화-진행방식의 합의

(5) 촉진적 상담관계의 형성

초기 상담의 목적 중 하나는 내담자가 자신의 관심사를 자유롭게 말할 수 있도록 편안하고 수용적인 분위기를 조성하는 것이다. 상담 초기 좋은 관계가 형성될 때 성공적인 결과의 가능성이 증가한다.

III 중기 단계

1 중기 단계

(1) 중기상담의 특징
본격적인 상담 단계로 상담초기에 계획한 상담목표를 해결하기 위한 구체적인 상담 작업이 이루어지는 시기이다. '문제해결단계'라고도 부르며, 성공적인 결과의 가능성이 증가한다. 다양한 상담기법과 접근이 사용되는 시기이다.

(2) 과정적 목표의 설정 및 달성

1) 상담 목표
   ex) 학업 성적 올리기

2) 과정적 목표
   ① 학업에 대한 동기 고취
   ② 효율적인 학습방법 익히기
   ③ 학업 방해 요인에 대한 통제 능력 획득
      ex) 놀자고 하는 친구들의 유혹, 만화책 보기, TV시청

(3) 저항의 출현과 해결

1) 저항의 의미
   변화에 대한 반대

2) 저항에 대한 입장
   변화를 달성하는 데 걸림돌로 작용하는 저항을 다루지 않으면 안 된다. 통합적 입장에서는 '상담과정에 대한 방해'가 아니라 그것 자체가 상담이라고 하였다. 저항을 상담 장면에서 다룸으로써 저항의 역동을 이해하고 내담자로 하여금 자신의 행동을 탐색하고 욕구와 바람을 자각할 수 있도록 돕는다.

3) 저항의 표현행동

외적인 방해, 말의 양, 말의 내용

4) 저항에 대한 상담자 태도

내담자가 저항하고 있음을 알아차릴 수 있어야 한다. 저항으로 나타나는 행동에 대해 어떻게 생각하는지 말해 보도록 한다.

Ⅳ 종결 단계

1 종결단계

(1) 종결의 시기
'처음에 기대했던 목표'와 '상담관계의 한계'의 타협으로 종결한다. 상담관계의 한계로는 내담자 및 상담자의 사정, 경제적 여건, 시간적 여건 등으로 상담을 더 이상 지속하지 못하는 경우이다.

(2) 종결을 계획하기
1) 상담초기부터 상담목표와 함께 어느 정도 상담이 지속될 것인지 내담자와 이야기함으로써 종결은 암시되어야 한다.
2) 초기 상담목표가 달성되고 그 변화를 내담자가 스스로 지속시켜 나갈 수 있다고 판단 될 때에는 상담을 종결해야 한다.
3) 상담을 종결할 때에는 상담과정에서의 경험을 요약, 상담성과를 확인, 상담목표와 과정을 점검해야 한다.
4) 종결 이후 내담자가 변화를 어떻게 지속시켜 나갈 것인지 다루어져야 한다.

(3) 종결의 의미
1) 심리적 재탄생으로서의 종결
2) 타협 형성으로서의 종결
3) 성과 다지기로서의 종결

(4) 성공적인 종결의 조건
1) 문제증상의 완화
2) 현실 적응력의 증진
3) 성격기능성의 증진

(5) 종결할 때 다루어져야 할 내용
   1) 상담에 대한 평가
   2) 종결에 대한 감정 다루기
   3) 종결 후 상담 효과를 지속시키기
   4) 추후 면접 계획

단원정리문제

문제 01 난이도 : 기본
다음 중 상담 초기에 상담자가 지녀야 할 태도로서 가장 적절한 것은?
① 객관적 판단에 의한 이해 ② 이해와 수용
③ 전문직업적 권위이해와 수용 ④ 비판적인 태도

풀이 : 상담 초기에 있어서 가장 중요한 것은 상담자와 내담자 간의 바람직한 라포 형성이다. 따라서 상담초기에 상담자는 내담자에 대해 이해와 수용의 자세를 가지고 내담자가 자신의 문제를 토로할 수 있도록 배려해야 한다.

문제 02 난이도 : 기본
초기면담의 행동관찰에 포함되어야 할 요소가 아닌 것은?
① 정시에 도착했는가? ② 내담자의 외모, 인상, 위생상태
③ 특이 행동 ④ 누구와 함께 왔는가?

풀이 : 초기면담의 행동관찰에 포함되는 요소 ① 정시에 도착하였는가? ② 면담태도
③ 내담자의 외모, 인상, 위생상태 ④ 언어적 이해력
⑤ 시각, 청각에 문제가 있는지? ⑥ 검사당시의 컨디션
⑦ 지남력 ⑧ 특이행동

문제 03 난이도 : 기본
다음 상담의 기본조건 중 수용에 대한 내용으로 가장 옳지 않은 것은?
① 내담자의 사회적으로 용납되지 않는 태도나 행동도 인정한다.
② 내담자의 인간적인 결점이나 죄악에 대해 비난하거나 적의의 감정을 가져서는 안 된다.
③ 내담자의 존재 그 자체를 수용한다.
④ 내담자의 존엄성과 인격적 가치가 유지되어야 한다.

풀이 : 수용은 내담자의 인간적인 결점, 죄악 및 과오의 여부를 떠나 내담자를 성장 가능한 가치 있는 존재로 인정하는 것이다. 그러나 이러한 수용이 사회적으로 용납되지 않는 태도나 행동까지 인정하는 것을 의미하지는 않는다.

정답 1. ② 2. ④ 3. ①

문제 04 난이도 : 기본
상담의 시작단계에서 상담자가 해야 할 일이 아닌 것은?

① 주 호소문제 파악　　② 상담의 필요성 인식
③ 문제 해결　　④ 상담에 대한 기대와 느낌 명료화

풀이 : 문제해결은 상담의 중기단계에서 해야 할 일이다.
　　　＊상담의 시작단계에서 상담자가 해야 할 일
　　　　－주 호소문제 파악 － 상담의 필요성 인식
　　　　－목표 설정의 구조화 － 촉진적 관계(라포) 형성
　　　　－목표 설정의 구조화상담에 대한 기대와 느낌 명료화

문제 05 난이도 : 기본
다음 중 상담의 합리적인 목표설정과 거리가 먼 것은?

① 명백하고 구체적이어야 한다.
② 측정 가능해야 한다.
③ 성과와 합리적인 시간 내에서 성취해야 한다.
④ 내담자가 원하면 비현실적이라도 괜찮다.

풀이 : 상담의 합리적인 목표는 현실적이며 타당성이 있어야 한다. 합리적인 목표는 '내담자 가치와 일치해야 한다.'가 있다.

문제 06 난이도 : 기본
다음 중 상담 종결 시의 과업에 해당하지 않는 것은?

① 정서적 반응 다루기　　② 의존성 감소시키기
③ 종결 시기 정하기　　④ 라포형성 하기

풀이 : 라포형성은 상담의 초기에 매우 중요하다.
　　　＊상담 종결 시의 과업
　　　　－종결 시기 정하기 － 평가하기
　　　　－변화 또는 효과의 유지 및 강화 － 미래에 대한 계획세우기
　　　　－의존성 감소시키기 － 의뢰하기
　　　　－정서적 반응 다루기

문제 07 난이도 : 기본
다음 중 상담 초기 시에 가장 중요한 것은?

① 의존성 감소시키기　　② 라포형성 하기
③ 의뢰하기　　④ 정서적 반응 다루기

풀이 : 상담 초기에 가장 중요한 것은 라포형성(신뢰감 형성)이다.

정답　4. ③　5. ④　6. ④　7. ②

문제 08 난이도 : 고급

내담자가 심리 상담실에 찾아와서 자신이 어떻게 행동해야 할지(예를 들면, 무슨 말을 해야 하는지, 휴대폰을 어떻게 해야 하는지, 오늘은 언제까지 심리 상담이 진행되는 것인지 등)를 모르고 불안해한다. 심리상담자가 무엇을 소홀히 하고 있기 때문인가?

① 경 청 ② 해 석
③ 수 용 ④ 구조화

풀이 : 구조화는 상담과정의 본질, 제한조건 및 방향에 대해 상담자가 정의를 내려주는 것이다. 구조화를 통해 내담자는 상담관계가 합리적인 계획을 가지고 있다는 점을 느끼게 된다.

문제 09 난이도 : 중급

다음 중 상담 과정에서 관계형성 특징에 해당하지 않는 것은?

① 관계형성은 전문적·권위적이다.
② 관계형성은 목적 지향적이다.
③ 관계형성은 평가 지향적이다.
④ 관계형성은 시간 제한적이다.

풀이 : 관계형성의 본질
- 전문적·권위적 : 상담자는 전문적인 지식과 경험으로써 내담자에게 영향을 미쳐야 한다.
- 목적 지향적 : 내담자가 보다 향상된 사회적 기능을 수행할 수 있도록 관계를 발전시킨다.
- 시간제한적 : 상담이 시작에서 종결에 이르기까지 체계적인 과정에 의해 이루어지도록 시간을 제한할 필요가 있다.
- 진실성·일치성 : 상담자는 내담자를 진지하고 일관적인 태도로 맞아야 한다.

문제 10 난이도 : 기본

상담 사례를 관리하는 절차에서 접수면접(Intake Interview)에 대한 설명 중 옳지 않은 것은?

① 접수면접은 상담신청과 정식 상담의 다리 역할을 하는 절차이다.
② 접수면접에서 다루는 내용은 상담신청서의 내용과 연계적으로 이루어진다.
③ 접수면접 시 진단명과 예후에 대해 분명하게 알려준다.
④ 내담자의 옷차림, 두발상태, 표정, 말할 때의 특징, 시선의 적절성 등에 관한 관찰이 포함된다.

풀이 : 내담자에게 진단명과 예후에 대해 알려주는 것은 치료과정의 중기에 이루어진다.

정답 8. ④ 9. ③ 10. ③

문제 11
난이도: 중급
다음은 사례관리의 단계 중 어디에 해당하는가?

> - 상담 목표를 정한다.
> - 목표의 우선순위를 정한다.
> - 방략을 세운다.
> - 목표달성을 위한 최선의 방략을 선택한다.

① 계획하기 ② 사정하기
③ 조정하기 ④ 철수하기

풀이 : 상담 목표를 정하는 것은 상담 계획에 포함된다.

문제 12
난이도: 기본
중기 상담에서 가장 중요한 것은?

① 주 호소문제 탐색 ② 문제해결의 노력
③ 관계 형성 ④ 목표설정 및 구조화

풀이 : 문제해결의 노력은 중기 상담에서 다루어야 할 가장 중요한 것이다.

문제 13
난이도: 기본
종결 상담에서 다루어야 할 내용 중 틀린 것은?

① 상담의 성과에 대한 평가를 해야 한다.
② 종결 무렵에는 2주일이나 3주일의 간격을 두고 만나는 것이 바람직하다.
③ 상담결과가 만족스럽지 못한 경우에는 상담과 상담자의 한계에 대해서 명백히 밝히고 다른 상담자에게 의뢰하는 것이 좋다.
④ 종결 후 문제가 생기면 다른 상담실을 찾아가게 한다.

풀이 : 종결 후 문제가 생기면 다시 찾아올 수 있다는 추수상담의 가능성을 제시한다.

문제 14
난이도: 중급
다음 중 상담의 구조화에 대한 내용이 아닌 것은?

① 상담 기간 및 시간에 대한 협의
② 내담자 역할의 구조화
③ 추수 상담
④ 상담자 역할의 구조화

풀이 : 상담의 구조화에는 상담 기간 및 시간에 대한 협의, 상담자 역할의 구조화, 내담자 역할의 구조화가 있다.

정답 11. ① 12. ② 13. ④ 14. ③

문제 15 난이도 : 기본
성공적인 종결의 조건에 해당되지 않는 것은?
① 문제증상의 완화
② 현실 적응력의 증진
③ 본격적인 상담진행
④ 성격기능성의 증진

풀이 : 본격적인 상담진행은 중기 상담의 특징이다.

문제 16 난이도 : 기본
상담의 중기 단계에 대한 설명으로 옳지 않는 것은?
① 과정적 목표를 설정하고 달성해야 한다.
② 저항은 상담에 방해가 됨으로 내담자가 저항 자체를 하지 못하게 해야 한다.
③ 내담자가 호소하는 문제를 해결하기 위해 여러 가지 상담기법이나 방법들을 사용한다.
④ 상담목표를 해결하기 위한 구체적인 상담작업(본격적인 상담)이 이루어지는 시기로 문제해결단계라고도 불린다.

풀이 : 치료과정에 대한 방해가 아니라 저항 자체가 치료이다. 저항을 치료 장면에서 다룸으로써 저항의 역동을 이해하고 내담자로 하여금 자신의 행동을 탐색하고 욕구와 바람을 자각할 수 있도록 돕는다.

문제 17 난이도 : 기본
다음 내용 중 접수면접에서 평가해야 할 내용이 아닌 것은?
① 내담자에 대한 기본 정보
② 외모 및 행동
③ 스트레스 원인
④ 미래에 대한 계획

풀이 : 접수면접에서 파악하는 주요한 정보는 내담자에 대한 기본정보, 외모 및 행동, 호소문제, 현재 및 최근의 주요 기능상태, 스트레스 원인, 사회적 지원체계, 호소문제와 관련된 개인사 및 가족관계이다.

문제 18 난이도 : 기본
다음 중 중기상담 과정에 해당하지 않는 것은?
① 문제 해결의 노력
② 자각과 합리적 사고의 촉진
③ 목표설정 및 구조화
④ 실천행동의 계획

풀이 : 목표설정 및 구조화는 초기 상담 단계의 과제이다. 초기상담에서는 주요 호소문제 탐색, 관계형성, 목표설정 및 구조화가 있다.

정답 15. ③ 16. ② 17. ④ 18. ③

문제 19 난이도 : 기본
초기 상담에서 첫 면접의 목표가 아닌 것은?
① 편안하고 수용적인 분위기 조성
② 내담자 문제 및 배경 요인을 탐색
③ 적절한 상담계획 수립
④ 문제 해결을 위해 노력한다.

풀이 : 문제 해결을 위한 노력은 중기상담 과정에 속한다.

문제 20 난이도 : 기본
'문제해결단계'라고도 불리며, 다양한 상담기법과 접근이 사용되는 시기는?
① 초기단계　　　　　　　② 중기단계
③ 종결단계　　　　　　　④ 첫 대면

풀이 : 중기단계는 본격적인 상담 단계로 계획한 상담목표를 해결하기 위한 구체적인 상담 작업이 이루어지는 시기이다.

문제 21 난이도 : 기본
방어기재의 일환으로 모르고 있었던 무의식이 의식화될 때 내담자들에게서 나타나는 기재는?
① 방해　　　　　　　　　② 저항
③ 변화　　　　　　　　　④ 역동

풀이 : 저항은 내담자가 자신의 행동을 탐색하는 과정에서 나타나는 것으로, 상담사는 저항의 역동을 이해하고 내담자가 자신의 욕구와 바람을 자각할 수 있도록 돕는다.

문제 22 난이도 : 기본
내담자가 변화에 대한 반대로 '저항'이 나타나는데 저항의 표현행동에는 어떤 것이 있나?
① 외적인 저항　　　　　　② 말의 양
③ 말의 내용　　　　　　　④ 말의 속도

풀이 : 저항의 표현행동에 말의 속도는 해당되지 않는다.
외적인 저항에는 상담시간에 늦는 것, 시간을 잊는 것, 약속시간을 자주 바꾸는 것이 있고, 말의 양에는 말을 자주 멈추는 것, 말이 많아지는 것, 잘 모르겠다고 하거나 생각할 수 없다는 말을 자주 사용하는 것이 있으며, 말의 내용에는 같은 내용을 되풀이하는 것, 상담을 온 문제는 이야기하지 않고 치료자에 대해 이야기하는 것이 해당된다.

정답　19. ④　20. ②　21. ②　22. ④

문제 23 난이도: 기본
저항에 대한 상담자의 태도로 옳지 않은 것은?
① 내담자가 저항하고 있음을 알아차릴 수 있어야 한다.
② 상황에 대한 정보를 제공하여 안심시킨다.
③ 회기를 끝마친 후 변화의 의지를 체크한다.
④ 치료적 과정에 대한 저항인지 판단해야 한다.

🐾풀이 : 저항의 역동을 이해하고 내담자로 하여금 자신의 행동을 탐색하도록 해야 한다.

문제 24 난이도: 기본
다음 중 종결의 의미가 아닌 것은?
① 심리적 재탄생으로서의 종결
② 타협 형성으로서의 종결
③ 성과 다지기로서의 종결
④ 효율적인 성취동기로서의 종결

🐾풀이 : 종결은 심리적 재탄생으로서의 종결, 타협 형성으로서의 종결, 성과 다지기로서의 종결을 의미한다.

문제 25 난이도: 기본
다음 중 성공적인 종결의 조건이 아닌 것은?
① 문제 증상의 완화   ② 현실 적응력의 증진
③ 성격 기능성의 증진   ④ 내담자의 변화

🐾풀이 : 성공적인 종결은 내담자의 문제 증상의 완화, 내담자의 현실 적응력의 증진, 내담자의 성격 기능성의 증진을 의미한다.

정답 23. ③ 24. ④ 25. ④

Ⅴ 상담 윤리

1 전문가로서의 태도

(1) 윤리문제에 대한 기본적인 원칙
심리상담은 내담자의 권리 및 심리상담자 자신의 상담에 대한 윤리관의 중요성을 충분히 인식하고 있어야 한다. 어떤 경우에라도 내담자의 인간으로서의 가치는 존중받고 보호되어야 한다.

(2) 전문가로서의 태도

1) 전문적 능력
상담은 내담자의 문제에 동참하여 통찰과 정서적 해소를 촉진시키려는 상호작용적 과정이므로 상담에 응하는 전문가는 인간 자체, 인간행동 및 인간관계 등에 대한 심리적인 깊은 이해와 이에 대한 응용 능력을 갖추어야 한다.

2) 성실성
상담자는 하나의 전문가로서 이 분야의 필수적인 태도, 지식, 기술 등을 터득하고 이를 선용할 수 있는 능력을 갖춘 후 이들을 효율적으로 활용하여야 한다.

(3) 상담 성과와 관련된 윤리 문제

1) 내담자가 도움을 받지 못할 때
내담자가 상담관계로부터 별다른 이익을 얻지 못한다는 것이 확실하다면 상담관계를 종결하도록 시도하고, 내담자와 상의 하에 도움을 줄 수 있는 다른 전문가에게 의뢰하는 등의 조치를 취한다.

2) 내담자가 진전이 없는데도 종결을 거부할 때
일부 내담자는 단지 말벗이 필요해서 누군가를 만나기 위해서 상담에 오기도 한다.

3) 더 이상 상담을 유지하기 어려운 기관에 있을 때
내담자가 동의하면 긴밀한 협조관계를 유지해야 한다. 내담자가 거절하면 내담자가 상담을 지속하는 데서 생길 수 있는 문제들, 중단 했을 때의 문제들, 처한 현실, 상담자 자신의 한계 등을 충분히 숙고하고 내담자와 다루어야 한다.

2 사회적 책임

(1) 사회적 책임
1) 사회와의 관계
2) 고용 기관과의 관계
3) 상담기관 운영자
4) 다른 전문직과의 관계
5) 자문

(2) 인간권리와 존엄성에 대한 존중

1) **내담자 복지**
내담자의 잠재력을 개발하여 건강한 삶을 영위하도록 도움을 주며, 어떤 방식으로도 해를 끼치지 않는다. 내담자로 하여금 의존적인 상담관계를 형성하지 않도록 노력하여야 한다.

2) **내담자의 권리**
내담자는 비밀유지를 기대할 권리가 있고 자신의 사례기록에 대한 정보를 가질 권리가 있으며, 상담 계획에 참여할 권리, 어떤 서비스에 대해서는 거절할 권리, 그런 거절에 따른 결과에 대해 조언을 받을 권리 등이 있다

(3) 상담관계

1) **이중 관계**
객관성과 전문적인 판단에 영향을 미칠 수 있는 이중 관계는 피해야 한다.

2) **성적관계**
내담자와 어떠한 종류이든 성적(애정)관계는 피해야 한다.

3) **여러 명의 내담자와의 관계**
서로 관계를 맺고 있는 둘 혹은 그 이상의 내담자들(예. 남편과 아내, 부모와 자녀)

에게 상담을 제공할 것을 동의할 경우, 누가 내담자이며 각 사람과 어떠한 관계를 맺게 될지 그 특성에 대해 명확히 하고 상담을 시작해야 한다.

3 비밀보장

(1) 정보의 보호

1) 사생활과 비밀보호
사생활과 비밀유지에 대한 내담자의 권리를 최대한 존중해야 할 의무가 있다. 상담자는 상담에서의 비밀보장을 내담자에게 약속해야 한다.

2) 기록
법, 규제 혹은 제도적 절차에 따라 심리상담사는 내담자에게 전문적인 서비스를 제공하기 위해서 반드시 기록을 보존한다. 녹음 및 기록에 관한 내담자의 동의를 구한다.

3) 비밀보장이 지켜지기 어려운 상황들이 존재한다.

4) 비밀보호의 한계
상담 시작과 과정 중에 내담자에게 비밀보호의 한계를 알리고 비밀보호가 불이행되는 상황에 대해 인식시킨다.

5) 집단상담과 가족상담
집단상담에서 비밀보호의 중요성을 설명하고 집단에서의 비밀보호와 관련된 어려움을 토론한다. 집단 구성원들에게 비밀보호가 완벽하게 보장될 수 없음을 알린다. 가족상담에서 한 가족 구성원에 대한 정보는 허락 없이는 다른 구성원에게 공개될 수 없다. 심리상담사는 각 가족 구성원의 사생활에 대한 권리를 보호한다.

6) 기타 목적을 위한 내담자 정보의 이용
교육이나 연구 또는 출판을 목적으로 상담관계로부터 얻어진 자료를 사용할 때는 내담자의 동의를 구해야 하며, 각 개인의 익명성이 보장되도록 자료 변형 및 신상 정보의 삭제와 같은 적절한 조치를 취하여 내담자의 신상에 피해를 주지 않도록 한다. 다른 전문가의 자문을 구할 경우, 심리상담사는 사전에 내담자의 동의를 구해야 하며, 적절한 조치를 통해 내담자의 사생활과 비밀을 보호하도록 노력한다.

(2) 윤리문제 해결

1) 위반

윤리적으로 행동하는지에 대한 의구심을 유발하는 근거가 있을 때 윤리위원회는 적절한 조치를 취할 수 있다.

특정 상황이나 조치가 윤리강령에 위반되는지 불분명한 경우, 심리상담사는 윤리강령에 대해 지식이 있는 다른 심리상담사, 해당 권위자 및 윤리위원회의 자문을 구한다.

소속 기관 및 단체와 본 윤리강령 간에 갈등이 있을 경우, 갈등의 본질을 명확히 하고 소속기관 및 단체에 윤리강령을 알려서 이를 준수하는 방향으로 해결책을 찾도록 한다.

4 심리상담사의 윤리문제에 대한 몇 가지 지침들

(1) 상담자는 자신이 어떠한 개인적 욕구를 가지고 있는지, 상담을 통해 자신이 얻는 바가 무엇인지, 그리고 자신의 욕구와 행동이 내담자에게 어떠한 영향을 미치는지를 분명히 자각하고 있어야 한다.

(2) 상담자는 자신이 소속한 기관이나 조직에서 채택하고 있는 윤리적 규준들에 대해 알고 있어야 하지만, 그러한 규준들을 실제 상담에 적용시키는 것은 다름 아닌 자신이며, 따라서 상담자 자신의 독자적인 판단이 중요하다는 점을 인식하고 있어야 한다.

(3) 상담자에게는 내담자의 복리에 대한 책임이 있으며, 내담자를 자신의 욕구를 충족시키기 위해 이용하는 일이 있어서는 안 된다.

(4) 상담자는 상담적인 관계를 명백히 해칠 수 있는 내담자와의 어떠한 다른 관계를 가져서는 안 된다.

(5) 상담자에게는 내담자의 비밀에 대한 보장과 상담관계에 부정적인 영향을 미칠 수 있는 다른 문제들에 대해서도 내담자에게 알려 줄 책임이 있다.

(6) 상담자는 자신의 가치관, 태도 등을 자각하고 있어야 하며, 이러한 가치와 태도가 상담관계 및 내담자에게 어떠한 영향을 미치는지를 인식하고 있어야 한다.

(7) 상담자는 상담의 목표, 기법 및 절차, 그리고 상담관계를 시작함으로써 내담자에게

닥칠지도 모르는 위험과 내담자가 상담을 시작하려는 결정을 내리기 전에 고려해야 할 다른 요인들에 대해서도 미리 내담자에게 알려 주어야 한다.

(8) 상담자는 자신이 제공할 수 있는 전문적인 도움의 한계를 잘 알고 있어야 하며, 내담자에게 적절한 도움을 주지 못하고 있다는 판단이 내려질 때에는 지도감독자의 도움을 받거나 내담자가 다른 상담자에게 상담을 받을 수 있도록 의뢰해야 한다.

(9) 상담자는 상담과정에서 자신이 내담자에게 모델이 될 수도 있다는 점을 알아야 하며, 따라서 상담자 자신의 생활에서 내담자에게 영향을 미칠 수 있는 일이나 행동을 인식하고 있어야 한다.

단원정리문제

문제 01 난이도: 기본

상담자와 내담자와의 관계에서의 윤리적 지침에 해당하지 않는 것은?
① 전문성
② 성실성
③ 개인의 권리와 존엄성의 존중
④ 상담자 자신에 대한 관심

풀이: 타인의 복지에 대한 관심이다.
*상담자와 내담자와의 관계에서의 윤리적 지침 5가지 : 전문성, 성실성, 전문적 및 과학적 책임, 개인의 권리와 존엄성의 존중, 타인의 복지에 대한 관심, 사회적 책임 등

문제 02 난이도: 기본

상담자와 내담자와의 관계에서의 행동강령에 해당하지 않는 것은?
① 내담자와 성관계를 갖지 않는다.
② 법적으로 문제가 될 만한 말을 들었을 때도 비밀보장을 깨지 않는다.
③ 자신의 전문적 분야와 그 한계를 알고 자문, 의뢰를 실시한다.
④ 내담자가 연락 없이 상담에 나오지 않을 경우, 연락을 취하여 필요한 조치를 한다.

풀이: 법적으로 문제가 될 만한 말을 들었을 때 비밀보장을 깰 수 있다.
상담자와 내담자와의 관계에서의 행동강령 5가지 : 내담자와 성관계를 갖지 않는다. 구조화된 상담 장면을 깨뜨리지 않는다. 법적으로 문제가 될 만한 말을 들었을 때 비밀보장을 깰 수 있다. 자신의 전문적 분야와 그 한계를 알고 자문, 의뢰를 실시한다. 내담자가 연락 없이 상담에 나오지 않을 경우, 연락을 취하여 필요한 조치를 한다.

문제 03 난이도: 기본

상담자의 성실성에 대한 설명으로 옳지 않은 것은?
① 상담의 목표, 기법, 한계점, 위험성, 상담의 이점, 자신의 감정과 제한점, 심리검사와 보고서의 목적과 용도, 상담료, 상담료 지불방법 등을 명확히 알린다.
② 내담자를 적절히 도와줄 수 없을 때에는 다른 상담심리사나 정신건강 전문가에게 의뢰하는 등 내담자를 도와줄 수 있는 방법을 강구한다.
③ 상담을 종결하는 데 있어서 어떤 이유보다도 우선적으로 상담자의 관점이 중요하다.
④ 상담자는 내담자와 새로운 상담관계를 시작하기 전에 상담관계에 영향을 미칠 수 있는 여러 가지 가능한 제한점들에 대해 내담자에게 미리 알려주어야 한다.

풀이: 상담을 종결하는 데 있어서 어떤 이유보다도 우선적으로 내담자의 관점의 요구에 대해 논의해야 하며, 내담자가 다른 전문가를 필요로 할 경우에는 적절한 과정을 거쳐서 의뢰한다.

정답 1. ④ 2. ② 3. ③

문제 04 **다음 중 내담자의 권리에 해당되지 않는 것은?**
난이도 : 기본

① 내담자는 비밀유지를 기대할 권리가 있고 자신의 사례기록에 대한 정보를 가질 권리가 있다.
② 상담계획에 참여할 권리, 어떤 서비스에 대해서는 거절할 권리, 거절에 따른 결과에 대해 조언을 받을 권리 등이 있다.
③ 내담자에게 상담에 참여 여부를 선택할 자유와 어떤 전문가와 상담할 것인가를 결정할 자유를 주어야 한다.
④ 미성년자 혹은 자발적인 동의를 할 수 없는 사람이 내담자일 경우, 상담자에게 유리한 쪽으로 선택할 수 있다.

풀이 : 미성년자 혹은 자발적인 동의를 할 수 없는 사람이 내담자일 경우, 이런 내담자의 최상의 복지를 염두에 두고 행동한다.

문제 05 **상담관계에서 갖지 말아야 되는 3가지에 해당되지 않는 것은?**
난이도 : 기본

① 이중관계　　　　　　　　　　② 서로 신뢰하는 관계
③ 여러 명의 내담자와의 관계　　④ 성적관계

풀이 : 상담관계에서 갖지 말아야 되는 3가지는 이중관계, 성적관계, 여러 명의 내담자와의 관계이다.

문제 06 **상담에서 비밀보장에 대한 설명 중 옳지 않은 것은?**
난이도 : 기본

① 사생활과 비밀유지에 대한 내담자의 권리를 최대한 존중해야 할 의무가 있다.
② 녹음 및 기록에 관해 내담자의 동의를 구한다.
③ 내담자의 생명이나 사회의 안전을 위협하는 경우가 발생했을 때, 내담자의 동의 없이도 내담자에 대한 정보를 관련 전문인이나 사회에 알릴 수 있다. 이런 경우 상담시작 전에 이러한 비밀보호의 한계를 알려준다.
④ 사적인 정보의 공개를 요구하는 상황에서는 내담자의 모든 정보를 다 밝힌다.

풀이 : 사적인 정보의 공개를 요구하는 상황에서는 오직 기본적인 정보만을 밝힌다.

정답　4. ④　5. ②　6. ④

문제 07 난이도 : 기본

심리검사에 대한 상담윤리를 설명한 것 중 옳지 않는 것은?

① 검사결과에 따른 상담심리사들의 해석 및 권유의 근거에 대한 내담자의 알 권리를 존중한다.
② 평가 전에 내담자의 동의를 미리 구하지 않았다면, 평가의 특성과 목적, 결과의 구체적인 사용에 대해 내담자에게 설명하지 않아도 된다.
③ 검사결과나 해석을 포함한 평가결과를 오용해서는 안 되며, 다른 사람들의 오용을 막기 위한 적절한 조치를 취한다.
④ 특별한 경우를 제외하고는, 내담자나 내담자가 위임한 법적 대리인의 동의가 있을 경우에만 내담자의 신분이 드러날 만한 자료를 공개한다.

> 풀이 : 평가 전에 내담자의 동의를 미리 구하지 않았다면, 평가의 특성과 목적, 구체적인 사용에 대해 내담자가 이해할 수 있는 말로 설명해야 한다.

문제 08 난이도 : 중급

상담자의 윤리문제에 대한 지침에 해당하지 않는 것은?

① 상담자는 자신의 욕구와 행동이 내담자에게 어떠한 영향을 미치는지를 분명히 자각하고 있어야 한다.
② 상담자는 치료적 관계를 명백히 해칠 수 있는 내담자와의 어떠한 다른 관계를 가져서는 안 된다.
③ 내담자의 비밀에 대한 보장과 상담관계에 부정적인 영향을 미칠 수 있는 다른 문제들에 대해서도 내담자에게 알려 줄 책임이 있다.
④ 상담자는 내담자에게 적절한 도움을 주지 못하고 있다는 판단이 내려질 때에는 내담자와 의논하여 상담을 종결한다.

> 풀이 : 상담자는 자신이 제공할 수 있는 전문적인 도움의 한계를 잘 알고 있어야 하며, 내담자에게 적절한 도움을 주지 못하고 있다는 판단이 내려질 때에는 지도감독자의 도움을 받거나 내담자가 다른 상담자에게 상담을 받을 수 있도록 의뢰해야 한다.

문제 09 난이도 : 기본

상담 성과와 관련해서 상담사가 취해야 할 행동이 아닌 것은?

① 내담자가 진전이 없다면 상담관계를 종결하도록 시도한다.
② 내담자가 말벗이 필요한 경우라면 그대로 지속한다.
③ 내담자가 동의하면 긴밀한 협조관계를 유지한다.
④ 내담자가 별다른 이익을 얻지 못한다면 다른 전문가에게 의뢰한다.

> 풀이 : 일부 내담자는 단지 말벗이 필요해서 오기도 한다.

정답 7. ② 8. ④ 9. ②

chapter 05 상담의 기본이론과 접근방법

문제 10 난이도 : 기본
상담관계에서 사회적 책임에 해당하지 않는 것은?
① 사회와의 관계
② 고용기관과의 관계
③ 내담자 복지
④ 상담기관 운영자

풀이 : 내담자 복지는 인간권리와 존엄성에 해당한다.

문제 11 난이도 : 기본
다음 중 내담자의 권리에 해당하지 않는 것은?
① 비밀 유지를 기대할 권리
② 자신의 사례 기록에 대한 정보를 가질 권리
③ 자문 받을 권리
④ 상담 계획에 참여할 권리

풀이 : 자문 받을 권리는 상담윤리에서 상담자의 사회적 관계에 속한다.

문제 12 난이도 : 기본
상담 관계에서 필요한 사항이 아닌 것은?
① 사생활과 비밀보호
② 기록
③ 녹음 및 기록에 관한 내담자의 동의
④ 전문가와의 기록 공유

풀이 : 전문가와의 기록 공유는 심리상담사의 윤리문제에 속한다.

문제 13 난이도 : 기본
심리상담사의 윤리문제에 있어 지침으로 옳지 않은 것은?
① 상담사의 행동이 내담자에게 어떠한 영향을 미치는지 자각한다.
② 상담자에게는 내담자의 복리에 대한 책임이 있다.
③ 상담자는 자신이 제공할 수 있는 전문적인 도움의 한계를 잘 알고 있어야 한다.
④ 내담자와 정해진 회기까지는 무조건 마쳐야 한다.

풀이 : 내담자에게 적절한 도움을 주지 못하고 있다고 판단이 내려질 때는 지도 감독자의 도움을 받거나 다른 상담자에게 상담을 받도록 의뢰해야 한다.

정답 10. ③ 11. ③ 12. ④ 13. ④

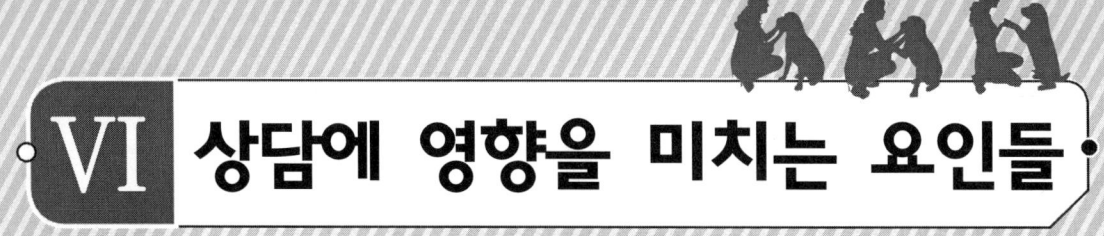

VI 상담에 영향을 미치는 요인들

(1) 내담자 요인
　내담자 요인은 상담에 대한 기대, 문제의 심각성, 동기, 지능, 정서 상태, 방어적 태도, 자아강도, 사회적 성취수준, 과거의 상담경험, 자발적인 참여도 등으로 나누어 볼 수 있다.

(2) 상담자 요인
　상담자 요인으로는 상담자의 경험과 숙련성, 성격, 지적 능력, 내담자에 대한 호감도로 나누어 볼 수 있다.

(3) 상호작용 요인
　상담자와 내담자의 상호작용 요인은 성격측면의 상호유사성, 공동협력의 정도 및 상호 간의 의사소통 양식의 세 가지 면으로 나누어 볼 수 있다.

(4) 가치문제
　인간 생활의 책임과 행동과정에서 무엇이 바람직한가를 결정하는데 유용한 가설적 판단 기준이다. 심리상담사와 내담자가 하는 모든 말과 행동에는 가치판단이 포함되어 있다. 상담은 심리상담사가 내담자 스스로 자기의 가치를 탐구하고 분석 및 종합하는 기회를 가질 수 있도록 개방적인 대화의 분위기를 제공하는 것이다.

　1) 상담에 대한 심리상담사의 가치관
　　상담자가 자신의 가치를 먼저 아는 것이 필수적이다.
　　상담자는 인간 존재의 가치, 존엄성, 잠재력 및 교육성을 믿는다.
　　개인의 행동이 자신이나 타인에 대해 심각한 정도로 파괴적이지 않는 한, 개인의 자유로운 선택과 결정의 권리를 존중한다.
　　내담자의 복리증진을 위해 노력하고 내담자의 인간적 존엄성을 존중한다.
　　객관적이고 적절한 사회봉사에 힘쓴다.

　2) 상담관계에 적용되는 인간적 가치들 (상담효과를 높여주는 가치들)
　　① 인간은 자기생활의 결정자이며 자유로운 선택능력을 가지고 있다.
　　② 인간은 자기와 타인에 대한 책임을 완수함으로써 발전이 있다.

③ 인간은 사랑과 평화와 우애를 지향하며 상담관계에서도 이것들이 촉진되어야 한다.
④ 자아의 확대 및 성장을 위해서는 자신과 타인에 대해 개방적이어야 한다.
⑤ 자신의 기본적인 신념과 행동양식을 정기적으로 반성해 봄으로써 인간적 성장을 가져온다.
⑥ 인생에 있어서 죽음과 불안은 불가피한 것이며 죽음과 불안에 어떻게 대처하고 준비하느냐가 중요하다.
⑦ 심리상담사는 자기의 인간적 가치관을 끊임없이 검토하며 이를 토대로 내담자를 만나야 한다.

단원정리문제

문제 01 난이도: 중급
문제의 심각성이 상담에 미치는 영향과 관계가 없는 것은?
① 내담자의 심리적 문제가 심각할수록 투자된 시간과 노력에 비해 상담의 효과가 크다.
② 내담자에 대한 진단이 정신과적 문제가 심각할 경우는 약을 복용하면서 상담 및 심리 치료를 병행해야 한다.
③ 정신분열증, 편집증, 우울증 등의 경우 약물과 상담 및 심리치료를 병행해야 한다.
④ 문제가 지나치게 가벼운 경우는 상담동기가 낮고 문제가 분명하지 않아서 상담의 진전이 늦을 수 있다.

풀이 : 내담자의 심리적 문제가 심각할수록 투자된 시간과 노력에 비해 상담의 효과가 적다.

문제 02 난이도: 기본
상담에 대한 동기가 상담에 미치는 영향과 관계가 없는 것은?
① 상담에 대한 동기가 클수록 상담효과가 높기 때문에 상담자들도 동기가 높은 내담자를 선호한다.
② 상담 초기에 상담에 대한 동기를 높이는 것이 성과에 큰 영향을 미친다.
③ 상담에 대한 대가로 요금을 지불하는 것도 상담에 대한 동기를 증가시키기 때문에 결과적으로 상담효과를 높일 수 있다.
④ 숙련된 상담가는 상담에 대한 동기가 낮은 내담자도 얼마든지 변화 시킬 수 있다.

풀이 : 내담자의 상담에 대한 동기가 가장 중요하다.

문제 03 난이도: 기본
내담자의 지능이 상담에 미치는 영향과 관계가 없는 것은?
① 지능이 높은 내담자일수록 상담자의 의도를 잘 파악한다.
② 지능이 높은 내담자일수 문제를 분석하고 통합하는 능력이 높다.
③ 지능이 높은 내담자일수 자기이해가 빠르고 개입이 효과적이다.
④ 지능이 높은 내담자일수 상담효과가 낮다.

풀이 : 지능이 높은 내담자일수 상담효과가 높다.

정답 1. ① 2. ① 3. ④

문제 04 난이도: 기본
바람직하지 못한 내담자의 행동 및 태도에 해당되지 않는 것은?
① 침묵
② 상담에 대한 과잉기대
③ 상담 필요성의 부정 및 의심
④ 정직한 언행

풀이 : 상담자를 속이는 언행

문제 05 난이도: 중급
상담자의 성격이 상담에 미치는 영향과 관계가 없는 것은?
① 한 인간으로서의 상담자의 태도는 기법보다 치료관계에 미치는 영향이 더 크다고 말할 수 있다.
② 상담자의 성격은 주로 활용하는 이론과 기법을 선택하고 사용하는 데 영향을 미친다.
③ 유능한 상담자는 자신을 긍정적으로 보고, 상담에 훨씬 적극적이고, 내담자에게 비우호적이며, 독단적이거나 지배적이다.
④ 모호한 상황을 참지 못하는 상담자는 지배성이 높고 자제력이 없거나 공격성이 강한 경우가 많다.

풀이 : 유능한 상담자는 자신을 긍정적으로 보고, 상담에 훨씬 적극적이고, 내담자에게 우호적이며, 독단적이거나 지배적이 아니다.

문제 06 난이도: 기본
상담에 대한 상담자의 가치관을 설명한 것 중 옳지 않은 것은?
① 상담자는 인간존재의 가치, 존엄성, 잠재력 및 교육성을 믿는다.
② 개인의 행동이 자신이나 타인에 대해 심각한 정도로 파괴적이지 않더라도 이러한 행동을 했을 때는 상담자의 개입이 필요하다.
③ 개인의 행동이 자신이나 타인에 대해 심각한 정도로 파괴적이지 않는 한, 개인의 자유로운 선택과 결정의 권리를 존중한다.
④ 내담자의 복리증진을 위해 노력하고 인간적 존엄성을 존중한다.

풀이 : 개인의 행동이 자신이나 타인에 대해 심각한 정도로 파괴적이지 않는 한 개인의 자유로운 선택과 결정의 권리를 존중해 주어야 한다.

정답 4. ④ 5. ③ 6. ②

문제 07 난이도 : 기본
상담자에 대한 기대의 경향 중 옳지 않는 것은?
① 여성일 경우 : 지시적이고 비판적이며 분석적이길 기대
② 남성일 경우 : 지시적이고 비판적이며 분석적이길 기대
③ 권위적인 내담자의 경우 : 지시적인 상담자 선호 경향
④ 비권위적 내담자의 경우 : 비지시적 상담자 선호 경향

풀이 : 여성일 경우 포용적이고 무비판적이기를 기대한다.

문제 08 난이도 : 기본
내담자의 정서상태가 상담에 미치는 영향과 관계가 없는 것은?
① 지나친 불안수준은 오히려 방해가 될 수 있으므로 불안수준을 낮추는 개입을 먼저 해야 한다.
② 심한 불안, 우울증, 긴장 등을 경험하고 있는 내담자는 이런 정서상태에서 벗어나기 위해 상담에 적극적으로 참여한다.
③ 불편감 및 고통을 어느 정도 경험하고 있어야 동기가 높다.
④ 내담자의 불안이 클수록 변화에 대한 동기가 강하고 상담에 대한 준비가 되어 있어서 상담 효과가 크다.

풀이 : 내담자의 불안이 클수록 변화에 대한 동기가 강하고 상담에 대한 준비가 되어 있을 가능성이 높으나 지나친 불안수준은 오히려 방해가 될 수 있으므로 불안수준을 낮추는 개입을 먼저 해야 한다.

문제 09 난이도 : 중급
상담자의 경험과 숙련성이 상담에 미치는 영향과 관계가 없는 것은?
① 내담자는 상담자가 많은 경험을 했고 숙련되어 있다고 지각되면 상담자를 신뢰하고 높은 기대를 갖게 된다.
② 상담자의 경험이 많으면 공감능력도 대체로 증가하고 상담과정에 대한 숙련도가 높아진다고 볼 수 있다.
③ 숙련성은 상담에 관한 이론적인 설명이나 지식이 중요한 요인이 된다.
④ 숙련된 상담자와 미숙한 상담자의 차이는 내담자를 이해하거나 의사소통을 하는 능력에서 나타난다.

풀이 : 숙련성은 상담에 관한 이론적인 설명이나 지식보다는 실제로 상담관계를 이끌어 가는 중요한 요인이 된다.

정답 7. ① 8. ④ 9. ③

문제 10 난이도 : 기본
내담자의 자아강도가 상담에 미치는 영향과 관계가 없는 것은?
① 자아강도가 높은 내담자는 불안이 심해도 상담효과의 전망이 좋다.
② 자아강도가 강하면 자기의 불안을 통제할 수 있으며 충동적인 감정을 함부로 발산하지 않는다.
③ 자아강도 수준이 높을수록 상담효과가 낮다.
④ 문제해결과정에서의 어려움을 견딜 수 있다.

풀이 : 자아강도 수준이 높을수록 상담효과가 높다.

문제 11 난이도 : 기본
내담자에 대한 호감도가 상담에 미치는 영향과 관계가 없는 것은?
① 내담자에 대한 호감이란 내담자가 상담자의 마음에 든다는 뜻이다.
② 내담자에 대한 호감도가 높을수록 우호적인 상담분위기가 조성되기 쉽다.
③ 상담자는 모든 내담자에게 호감을 갖고 늘 우호적인 관계를 형성할 수 있다.
④ 한 인간으로서 충분히 노력했음에도 호감을 느낄 수 없다면 다른 상담자에게 의뢰를 고려하는 것이 바람직하다.

풀이 : 상담자는 대부분의 내담자에게 호감을 갖고 우호적인 관계를 형성할 수 있으나 늘 그럴 수 있는 것은 아니다.

문제 12 난이도 : 기본
상담자와 내담자의 성격 측면의 상호유사성에 대한 설명 중 옳지 않는 것은?
① 사회적 신분, 관심, 가치관, 태도 등에서 상담자와 내담자의 상호 유사성은 촉진적 관계의 형성에 긍정적인 요인이 된다.
② 내담자와 상담자의 상호 유사성은 상담에 아무런 영향을 미치지 않는다.
③ 내담자에 대해 자기와의 유사성을 크게 자각한 상담자는 내담자에 대한 이해수준, 공감수준, 수용 정도, 호감 정도가 증가한다.
④ 실제로 어떤 점이 유사하다는 것 보다는 유사하다는 느낌이 생길 때 서로의 거리감이 줄어들고 친밀감과 애정이 증가한다.

풀이 : 내담자와 상담자의 상호 유사성은 상담에 여러 면에서 영향을 미친다.

정답 10. ③ 11. ③ 12. ②

문제 13 난이도 : 기본
상담자와 내담자의 공동협력(작업동맹)에 대한 설명 중 옳지 않은 것은?

① 상담자와 내담자 사이의 협력이 없으면 상담은 의미가 없다.
② 상담자와 내담자가 서로 협력하고 상담의 과정에 책임을 지려할 때 상담효과가 높다.
③ 상담의 목표를 함께 정하고, 최종적인 결정은 상담자 자신이 하며, 그 결과에 대해서는 상담자가 책임진다.
④ 변화는 내담자 자신이 참여하지 않으면 결코 일어날 수 없다.

풀이 : 상담의 목표를 함께 정하고, 실천적인 노력과 최종적인 결정은 내담자 자신이 하며, 그 결과에 대해서는 함께 책임을 진다.

문제 14 난이도 : 기본
상담관계에 적용되는 인간적 가치에 대한 내용 중 옳지 않는 것은?

① 인간은 자기생활의 결정자이며 자유로운 선택능력을 가지고 있다.
② 인간은 사랑·평화·우애를 지향하며 상담관계에서도 촉진되어야 한다.
③ 자아의 확대 및 성장을 위해서는 자신과 타인에 대해 폐쇄적이어야 한다.
④ 상담자는 자기의 인간적 가치관을 끊임없이 검토하며 이를 토대로 내담자를 만나야 한다.

풀이 : 자아의 확대 및 성장을 위해서는 자신과 타인에 대해 개방적이어야 한다.

문제 15 난이도 : 기본
상담에 영향을 미치는 요인들로서 내담자 요인에 해당하는 것은?

① 문제의 심각성
② 경험과 숙련성
③ 지적 능력
④ 호감도

풀이 : 문제의 심각성은 내담자 요인이며 이 밖에도 동기, 지능, 정신 상태, 방어적 태도, 자아 강도, 사회적 성취 수준 등이 있다.

문제 16 난이도 : 기본
상담에 영향을 미치는 요인으로 상담자 요인이 아닌 것은?

① 경험과 숙련성
② 정서 상태
③ 지적 능력
④ 호감도

풀이 : 정서 상태는 내담자 요인이다.

정답 13. ③ 14. ③ 15. ① 16. ②

문제 17 난이도 : 기본
상담에 영향을 미치는 요인으로 상호 작용 요인이 아닌 것은?
① 성격 측면의 상호 유사성　　② 공동 협력의 정도
③ 상호간의 의사소통 양식　　④ 내담자에 대한 호감도

풀이 : 내담자에 대한 호감도는 상담자 요인이다.

문제 18 난이도 : 기본
상담 진행 시 상담 효과를 높여주는 가치가 아닌 것은?
① 인간은 자기생활의 결정자이며 자유로운 선택 능력을 가지고 있다.
② 자아의 확대 및 성장을 위해서는 자신과 타인에 대해 개방적이어야 한다.
③ 인간은 자기와 타인에 대한 책임을 완수함으로써 발전이 있다.
④ 자신의 기본적인 신념과 행동양식을 꾸준히 유지해야 한다.

풀이 : 자신의 기본적인 신념과 행동양식을 정기적으로 반성해 봄으로써 인간적 성장을 가져온다.

정답　17. ④　18. ④

Ⅶ 집단상담의 구조

1 집단상담의 정의

(1) 집단상담의 정의

　집단상담은 한 사람의 상담자가 동시에 몇 명의 내담자들을 상대로 각 내담자의 관심사·대인관계·사고 및 행동양식의 변화를 가져오게 하려는 노력이다. 다시 말하면, 집단 구성원간의 상호작용적 관계(역동적 관계)를 바탕으로 내담자 개개인의 문제해결 및 변화가 이루어지는 '집단적 접근방법'이다.

1) 구성
전문적인 훈련을 받은 한 명의 상담자(2명일 경우도 있음)가 4~10명의 내담자들과 대인관계를 맺게 된다.

2) 대상 문제
내담자들의 병리적 문제보다는 주로 발달의 문제를 다루거나 생활 과정의 문제를 다룬다. 대인관계에 관련된 태도·정서·의사결정과 가치문제 등에 초점이 맞추어진다.

3) 집단원의 특징
비교적 '정상적인' 범위에 속하는 개인들로 하여금 보다 바람직한 자기이해와 대인관계를 갖도록 돕는다.

4) 일차적 목표
개인으로 하여금 자기이해와 대인관계의 능력을 향상시키고, 생활환경에 보다 건전하게 적응할 수 있도록 하는 것이다. 이 목표를 달성하기 위하여 흔히 정서적인 차원에서의 개인의 문제가 먼저 다루어진다.

5) 집단상담자
개인상담과 마찬가지로 집단상담에 대한 전문적인 훈련을 받은 심리상담사이어야 한다. 집단역동에 관한 광범위한 이해와 타인과의 정확한 의사 및 감정 소통의 능력이 필요하다.

(2) 집단상담의 목표

1) 자신과 타인에 대한 신뢰감을 형성한다.
2) 자신에 대한 지식습득과 정체감을 발달시킨다.
3) 인간의 욕구나 문제들의 공통성과 보편성을 인식한다.
4) 자기수용, 자신감, 자아존중감 증진과 자신에 대한 시각을 개선한다.
5) 정상적인 발달문제와 갈등을 해결하는 새로운 방식을 발견한다.
6) 자신과 타인에 대한 주도성, 자율성, 책임감을 증진시킨다.
7) 자신의 결정에 대한 자각과 지혜로운 결정능력을 증진시킨다.
8) 특정행동의 변화를 위한 구체적 계획을 수립하고 완수한다.
9) 효과적인 사회적 기술을 학습한다.
10) 타인의 욕구와 감정에 대한 민감성을 증진시킨다.
11) 타인에 대해 배려와 염려를 바탕으로 하면서 정직하게 직면하는 방식을 습득한다.
12) 타인의 기대에 부응하는 태도에서 벗어나서 자신의 기대에 맞게 사는 방식을 습득한다.
13) 가치관을 명료히 하고 수정여부와 방식을 결정한다.

(3) 집단상담의 장단점

1) 장점
 ① 상담자가 집단상담을 통해 많은 내담자와 접촉하는 것이 가능하다.
 ② 개인상담보다 집단상담에 대한 수용이 용이하다.
 ③ 타인과 상호 교류하는 능력을 개발할 수 있다.
 ④ 시간 에너지 및 경제적인 면에서 효과적이다.
 ⑤ 현실적이고 실제생활에 근접한 사회장면을 제공할 수 있다.
 ⑥ 집단참여자들의 공통의견을 받아들일 가능성이 높다.
 ⑦ 문제해결적인 행동을 보다 구체적으로 실현하는 것이 가능하다.
 ⑧ 상담자의 지시나 조언 없이 참여자들 간의 깊은 사회적 교류를 경험할 수 있다.

2) 단점
 ① 특정 내담자의 개인적 문제가 충분히 다루어지지 않을 가능성이 있다.
 ② 참여자가 심리적 준비가 되기 전에 '자기 공개'를 집단압력으로 받기 쉽다
 ③ 집단 상담에 적합하지 않은 내담자가 존재한다.

(4) 개인상담과 집단상담의 비교

1) 유사점
   ① 가치 있는 개인으로 수용되는 것이다.
   ② 자신의 행동에 대한 책임감을 갖도록 하는 것이다.
   ③ 인간행동에 대한 이해를 심화시키는 것이다.
   ④ 개인의 정서적 생활의 다양성을 탐색하고 충동적 정서를 통제하는데 있어서 전보다 더 자신을 얻는 것이다.
   ⑤ 자신의 관심과 가치를 검증하고, 그 결과를 실제 생활과정과 행동화에 통합시키는 것이다.

2) 차이점
   ① 개인상담은 1:1이고, 집단상담은 1:다수이다.
   ② 집단상담은 개인상담보다 과거나 집단 밖의 사건보다 '지금 여기'에서 일어나는 것에 보다 관심을 갖는다.
   ③ 집단상단은 집단원뿐만 아니라, 집단 심리상담사 또한 비교적 동등한 위치에서 상호 작용하므로 덜 위협적이다.
   ④ 집단상담은 소속감 및 동료의식을 즉시적으로 발전시킬 수 있다.
   ⑤ 다양한 구성원이 참여하므로 학습경험이 풍부하다.
   ⑥ 집단 내에서 자신의 감정과 사고 등을 자유스럽게 표현하는 동시에 다른 사람들의 평가적 반응에 접하게 된다. 집단의 상호작용에 의하여 변화된다.

3) 개인상담이 필요한 경우
   ① 내담자가 매우 복잡한 위기 문제를 가졌을 때
   ② 집단원으로 부터 수용될 수 없을 정도로 대인관계가 좋지 못한 내담자의 경우
   ③ 집단 앞에서 이야기하는데 대한 두려움이 너무 커서 집단상담에 참여할 수 없을 때
   ④ 남의 인정과 주목에 대한 욕구가 너무 강하기 때문에 집단상황에 맞지 않는 경우
   ⑤ 내담자 자신과 관련인물의 신상을 보호할 필요가 있을 때
   ⑥ 폭행이나 '비정상적'인 성격행동을 취할 가능성이 있을 때

2 집단상담의 준비 및 구성

(1) 집단구성의 선정

1) 성별, 연령, 과거의 배경, 성격차이
집단원 선정 시 고려해야 하나, 반드시 비슷한 사람들을 모을 필요는 없다. 다양성이 집단의 경험을 더 풍부하게 할 수도 있다. 보편적으로 연령과 사회적 성숙도에 있어서 동질적인 편이 좋으나 성별은 발달수준에 따라 고려하는 것이 좋다. 아동의 경우에는 남녀를 따로 모집하는 것이 좋고, 청소년기 이상에서는 남녀가 섞인 집단이 더 바람직하다.

2) 효과를 얻을 수 있는 사람들을 선정하는 일반적 지침
내담자는 반드시 도움 받기를 원해야 하고 자기의 관심사나 문제를 기꺼이 말해야 하며 집단 분위기에 잘 적응하는 내담자일수록 좋다.

3) 집단원 선정 안내
집단에 대한 정보를 충분히 준 다음 구성원이 될 것인지 여부를 내담자 스스로 결정하게 한다. 집단원을 선정할 때에는 개인의 생활배경과 성격특성에 주의를 기울여야 한다.

(2) 집단의 크기
집단의 목표와 내담자들에게 기대하는 몰입 정도를 고려해야 한다. 적절한 집단 크기는 일반적으로 6~7명에서 10~12명 수준으로 하고, 가장 보편적인 것은 5~8명이다.

(3) 모임의 빈도
보통 1주일에 한 번 혹은 두 번 정도 만나고, 문제의 심각성이나 집단의 목표에 따라 모임의 빈도를 증감시킬 수 있다.

(4) 모임의 시간
적절한 시간양은 구성원의 연령, 모임의 종류, 모임의 빈도에 따라 달라진다. 1주일에 한 번 만나는 집단은 1시간에서 1시간 반 정도로 지속하는 것이 필요하다.

(5) 물리적 장치
효과적인 참여를 위해서 모든 집단원이 서로 잘 볼 수 있고, 잘 들을 수 있는 공간이어야 한다. 앉는 형태는 원형으로 앉는 것이 효과적이다. 책상의 사용은 가능한 없는 것이 효과적이나, 둥근 책상에 둘러앉으면 보다 안정감을 느끼게 되지만, 자유스러운 상호작용을 하는데 방해가 된다.

(6) 폐쇄집단 대 개방집단의 구성 시 유의점

1) 폐쇄집단
상담이 시작될 때 참여했던 사람들로만 끝까지 밀고 나가는 것이다. 도중에 탈락자가 생겨도 새로운 구성원을 채워 넣지 않는다.

2) 개방집단
집단이 허용하는 한도 내에서 새로운 사람을 받아들이는 것이다. 집단원간에 의사소통이나 수용·지지 등이 부족해지거나 갈등이 일어날 수 있다. 개방집단에서 새 구성원을 받아들일 때는 반드시 기존 집단 전체와 충분히 논의하고 수용되어야 한다. 새로운 집단원은 간혹 집단의 흐름을 방해하는 경우도 있으나 오히려 집단과정에 활기와 도움을 줄 수도 있다.

(7) 집단의 목적

상담적 목적뿐만 아니라 예방적, 교육적 목적이 있다. 성장 지향적 목적을 가지고 있다. 정신장애를 지니고 있지 않는 비교적 정상적인 상태의 내담자에게 효과적이다.

(8) 집단의 종류(구조화 vs 비구조화)

구조화된 집단이란 매 회기 목표가 있고 프로그램화되어 있는 것이다. 주제범위로는 스트레스 관리, 자기주장훈련, 대처기술 습득, 정서조절향상 대인관계능력 향상 프로그램, 진로탐색 프로그램 등이 있다. 비구조화된 집단이란 매 회기에 무엇을 할 것인지 구체적으로 프로그램화되어 있지 않은 것을 말한다.

3 집단 상담의 과정

특별한 목표를 달성하기 위해 구성된 집단은 몇 개의 단계를 거쳐 진행되기 마련이다. 집단상담에서는 참여단계, 과도적 단계, 작업단계, 종결단계의 네 단계를 거치는 것이 보통이다.

(1) 참여단계

1) 주요특성
참여단계는 집단에 대한 오리엔테이션과 탐색이 이루어지는 시기이다. 침묵이 많고 서로 어색하게 느끼며 혼란스러워하는 단계이다.

2) 심리상담사의 역할
집단참여자로서 모델을 제시하고 구성원으로 하여금 집단의 목표와 개인의 목표를 정하도록 도우며 수용과 신뢰의 분위기를 형성한다.

(2) 과도적 단계

참여 단계에서 생산적인 작업 단계로 넘어 가도록 하는 '과도적' 과정이라고 볼 수 있다. 저항이 다루어지는 단계로 주로 집단원의 불안감이나 방어적 태도가 두드러지며 집단 내에서 힘과 통제력을 놓고 갈등이 일어나는 단계이다. 과도적 단계의 성공여부는 상담자의 태도와 기술에 달려 있다.

1) 주요과제
집단원들로 하여금 집단에 참여하는 과정에서 일어나는 망설임, 저항, 방어 등을 자각하고 정리하도록 도와주는 것이다.

2) 갈등을 유발하는 집단원 유형
① 방관자
② 거부당하는 존재
③ 적대적인 집단원

3) 심리상담사의 역할
집단원들 자신의 불안감을 표현하게 하고, 갈등 자체를 건강한 것으로 인식하는 긍정적이고 개방적인 태도를 가져야 한다. 갈등을 건설적으로 해결하도록 돕는다. 자신에 대한 도전과 저항에 대해 솔직하고 개방적인 태도로 접근하는 모델을 보여야 한다.

(3) 작업 단계

1) 주요 특성
상담 집단의 가장 핵심적인 부분이고 집단에 대한 응집력이 생기고 생산적인 활동이 이루어지는 시기이며 과도기 단계의 갈등과 저항을 효과적으로 처리한 집단에서 나타난다. 집단원은 자신의 구체적 문제를 활발히 논의하며 바람직한 관점과 행동 방안을 모색한다. 집단원들이 자신을 위해 어떻게 집단을 이용하는지, 집단원들을 돕기 위해 자기의 생각과 기술을 어떻게 활용하는지에 대해 알게 되었을 때 작업 단계에 들어섰다고 볼 수 있다.

2) 심리상담사 역할

집단원들이 대인관계를 분석하고 문제를 다루어 나가는 데 자신감을 얻도록 도와주는 존재라고 말할 수 있다. 집단의 응집력을 강화하고 직면과 공감 같은 적절한 반응에 대해 모델을 보인다. 집단전체와 개인이 보이는 패턴에도 관심을 가지고 자신이 관찰한 것을 개방한다. 통찰만으로는 행동을 변화시키기에 충분하지 않으므로 행동의 실천이 필요하다. 그러기 위해서는 문제해결방안을 제시하고, 지지와 격려를 보내야 한다.

(4) 종결 단계

1) 주요 특성

지금까지 했던 작업을 다지고 마무리하는 시기이다. 어떤 면에서는 하나의 '출발'이라고 볼 수 있다.

2) 다루어야 할 내용

종결에 대한 감정을 다루어야 한다. 거부당했다는 느낌이 들지 않도록 한다. 집단상담을 통해 얻은 성과를 다루어야 한다.

단원정리문제

문제 01 난이도 : 기본

다음 중 효과적인 집단 상담을 위해 고려해야 할 사항이 아닌 것은?

① 집단 내의 리더십을 위해 집단상담자는 반드시 1인이어야 한다.
② 매 회기가 끝난 후 각 집단구성원에게 경험보고서를 쓰게 할 수 있다.
③ 집단 발달과정 자체를 촉진시켜주기 위해 의도적으로 게임을 활용할 수 있다.
④ 집단상담 장소는 가능하면 신체 활동이 자유로운 크기가 좋다.

풀이 : 집단상담의 효과성을 위해 협동상담 또는 공동지도력을 활용하는 것이 좋다.

문제 02 난이도 : 중급

다음 중 지지집단 지도자의 가장 중요한 역할은?

① 필요한 정보를 제공하고 참가자들의 반응을 이끌어낸다.
② 다양한 영역의 주제에 대한 지식이 많아야 한다.
③ 참가자들이 긍정적이고 희망적인 삶의 힘을 공유할 수 있도록 북돋아 준다.
④ 토론의 촉진자로서의 역할을 한다.

풀이 : 지지집단은 집단구성원들이 생활사건에 대처하고 이후 효과적으로 적응할 수 있도록 원조하는 것을 목적으로 한다. 지지집단에서 집단지도자는 집단구성원들이 자조와 상호원조를 통해 생활사건의 문제에 대한 대처기술을 향상하도록 도우며, 미래에 대한 긍정적이고 희망적인 삶의 힘을 공유할 수 있도록 촉진한다.

문제 03 난이도 : 중급

집단모임에서 여러 명의 집단구성원들로부터 부정적인 피드백을 받은 한 집단원에게 다른 집단원이 그의 느낌을 묻자 아무렇지도 않다고 하지만 그의 얼굴 표정이 몹시 굳어 있을 때, 지도자가 이를 직면하고자 한다. 다음 중 직면기법에 가장 가까운 반응은 어느 것인가?

① ○○씨가 방금 아무렇지도 않다고 하는 말이 어쩐지 믿기지 않는군요.
② ○○씨, 지금 느낌이 어떤가요?
③ ○○씨, 내가 만일 ○○씨처럼 그런 지적을 받았다면 기분이 몹시 언짢겠는데요.
④ ○○씨는 아무렇지도 않다고 말하지만, 지금 얼굴이 아주 굳어있고 목소리도 떨리는군요. 내적으로 지금 어떤 불편한 감정이 있는 것 같은데, ○○ 씨의 반응이 궁금하군요.

풀이 : 직면은 내담자에게 말과 행동 사이의 불일치나 모순을 직접적으로 지적하는 기술이다.

정답 1. ① 2. ③ 3. ③

문제 04 집단상담자는 집단구성원이 비생산적 행위를 할 때 이러한 행위를 저지 또는 제한할 수 있다. 집단구성원의 비생산적 행위에 해당하지 않는 것은?

난이도 : 기본

① 집단원에게 개인적 정보를 캐묻는다.
② 자기-드러내기를 시도한다.
③ 여러 명이 한 명에게 계속 감정을 표출한다.
④ 사회 현상에 대한 자신의 의견을 늘어놓는다.

풀이 : 집단구성원의 비생산적인 행위
- 질문자의 질문에 대해 답변을 하기보다 자신의 질문만을 계속하는 행위
- 마치 제삼자가 이야기한 것인 양 가장하여 다른 집단구성원에 대해 험담을 하는 행위
- 집단 활동과 관련이 없는 집단 외부의 이야기를 길게 늘어놓는 행위
- 다른 집단구성원의 개인적인 정보를 캐어묻는 행위
- 자신의 문제나 책임을 마치 다른 사람의 것인 양 전가하는 행위
- 논리적이지 못한 말을 길게 늘어놓음으로써 다른 집단구성원들을 지루하게 만드는 행위
- 집단 내 여러 구성원들이 특정 구성원에게만 지속적으로 질문을 하거나 자신들의 감정을 표출하는 행위

문제 05 다음 중 집단상담의 장점과 가장 거리가 먼 것은?

난이도 : 중급

① 심리적으로 상처를 입을 가능성이 적어 치료 속도가 빠르다.
② 다양한 성격의 소유자들과 접할 수 있다.
③ 시간과 비용 면에서 경제적이다.
④ 새로운 행동을 현실검증 해볼 수 있는 기회를 제공한다.

풀이 : 심리적으로 상처를 입을 가능성이 많다.

문제 06 다음 중 개인상담과 집단상담의 유사점과 가장 거리가 먼 것은?

난이도 : 기본

① 자신의 행동에 대한 책임감을 갖도록 하는 것이다.
② 집단상담에서는 개인상담보다 가치 있는 개인으로 수용되는 것이 어렵다.
③ 인간행동에 대한 이해를 심화시키는 것이다.
④ 개인의 정서적 생활의 다양성을 탐색하고, 충동적 정서를 통제하는데 있어서 전보다 더 자신을 얻는 것이다.

풀이 : 개인상담과 집단상담의 유사점 - 개인상담과 집단상담은 모두 가치 있는 개인으로 수용되는 것이다.

정답 4. ② 5. ① 6. ②

문제 07 난이도 : 기본
다음 중 개인상담과 집단상담의 차이점과 가장 거리가 먼 것은?

① 개인상담은 1:1이고, 집단상담은 1:다수이다.
② 집단상단은 집단원 뿐만 아니라 집단상담자 또한 비교적 동등한 위치에서 상호작용하므로 덜 위협적이다.
③ 집단상담은 소속감 및 동료의식을 즉시적으로 발전시킬 수 있다.
④ 집단상담은 개인상담보다 과거나 집단 밖의 사건에 관심을 갖는다.

풀이 : 집단상담은 개인상담보다 과거나 집단 밖의 사건보다 '지금 여기'에서 일어나는 것에 보다 관심을 갖는다.

문제 08 난이도 : 중급
개인상담과 집단상담의 공통점이 아닌 것은?

① 개인, 집단 모두 상담자는 촉진적 관계 조건을 조성해야 한다.
② 개인은 집단보다 더 가치 있는 개인으로 수용되어야 한다.
③ 인간행동에 대한 인내를 심화시키고 충동성을 억제해야 한다.
④ 개인의 정서적 생활을 탐색하여 행동에 자신감을 증대해야 한다.

풀이 : 개인과 집단 모두 가치 있는 개인으로 수용되어야 한다.

문제 09 난이도 : 중급
개인상담과 집단상담의 차이점이 아닌 것은?

① 위기문제나 대인관계 실패자는 개인상담을 해야 한다.
② 상황에 맞지 않는 행동으로 자신을 너무 과시하려는 사람은 개인상담을 받아야 한다.
③ 대인기피 두려움이 너무 큰 사람은 개인상담을 받아야 한다.
④ 사회적 기술훈련이 필요한 사람은 개인상담을 받아야 한다.

풀이 : 사회적 기술훈련이나 사회성 훈련이 필요한 사람은 개인보다 집단상담을 받는 것이 더 도움이 된다.

문제 10 난이도 : 기본
집단상담의 장점과 거리가 먼 것은?

① 시간과 에너지가 많이 들어 비경제적이다.
② 집단을 통해 문제해결력을 보다 구체적으로 실천한다.
③ 참여자의 새로운 아이디어나 정보 활용이 비교 가능하다.
④ 참여자 상호간 교류를 통해 경험이 가능하다.

풀이 : 시간과 에너지 절약으로 경제적이다.

정답 7. ④ 8. ② 9. ④ 10. ①

문제 11 난이도 : 고급
다음 중 집단 상담에 대한 설명으로 옳지 않은 것은?
① 집단상담은 한 사람의 상담자가 동시에 몇 명의 내담자들을 상대로 각 내담자의 관심사·대인관계·사고 및 행동양식의 변화를 가져오게 하려는 노력이다.
② 집단구성원간의 상호작용적 관계(역동적 관계)를 바탕으로 내담자 개개인의 문제 해결 및 변화가 이루어지는 '집단적 접근방법'이다.
③ 상담의 3대 역할예방, 교정, 발달 촉진 중 특히 발달촉진 역할이 강조된다고 할 수 있다.
④ 내담자들의 병리적 문제보다는 주로 발달의 문제를 다루거나 생활과정의 문제를 다룬다.

풀이 : 상담의 3대 역할 예방, 교정, 발달 촉진 중 특히 예방적인 역할이 강조된다고 할 수 있다.

문제 12 난이도 : 기본
다음 중 집단 상담에 대한 설명한 것 중 맞지 않는 것은?
① 내담자들의 병리적 문제보다는 주로 발달의 문제를 다루거나 생활과정의 문제를 다룬다.
② 대인관계에 관련된 태도·정서·의사결정과 가치문제 등에 초점이 맞추어진다.
③ 비교적 '정상적인' 범위에 속하는 개인들로 하여금 보다 바람직한 자기이해와 대인관계를 갖도록 돕는다.
④ 내담자들의 발달의 문제 보다는 주로 병리적인 문제를 다루는 것이다.

풀이 : 내담자들의 발달의 문제 보다는 주로 병리적인 문제를 다루는 것은 개인상담에 해당된다.

문제 13 난이도 : 기본
집단상담의 목표에 해당되지 않는 것은?
① 개인으로 하여금 자기이해와 대인관계의 능력을 향상시킨다.
② 목표를 달성하기 위하여 정서적인 차원에서의 개인의 문제를 다루는 것은 중요하지 않다.
③ 집단상담과 비슷한 것으로서 인간관계 훈련 집단과 집단치료를 들 수 있다.
④ 생활환경에 보다 건전하게 적응할 수 있도록 하는 것이다.

풀이 : 목표를 달성하기 위하여 흔히 정서적인 차원에서의 개인의 문제가 먼저 다루어진다.

정답 11. ③ 12. ④ 13. ②

문제 14. 집단상담시 집단원 선정 안내에 대한 설명 중 옳지 않은 것은?
난이도 : 기본

① 집단에 대한 정보를 충분히 준 다음 구성원이 될 것인지 여부를 내담자 스스로 결정하게 한다.
② 집단원을 선정할 때에는 개인의 생활배경과 성격특성에 주의를 기울여야 한다.
③ 지나치게 공격적이거나 수줍은 사람은 집단상담 과정이 원활하지 못 할 수 있다.
④ 집단의 응집력을 위해 친한 친구나 친척들을 같은 집단에 넣는 것이 좋다.

풀이 : 정직하게 자기노출을 하게 하려면 친한 친구나 친척들을 같은 집단에 넣지 않는 것이 좋다.

문제 15. 집단 상담에서 모임의 빈도에 대한 설명 중 옳지 않은 것은?
난이도 : 기본

① 집단상담은 자주 만날수록 좋다.
② 문제의 심각성이나 집단의 목표에 따라 모임의 빈도를 증감시킬 수 있다.
③ 때에 따라서 격주 혹은 그 이상의 시간 간격으로 만날 때도 있으나, 대체로 1주일 이상의 간격을 두고 만나는 것은 좋지 않다.
④ 상담시간 사이에 어느 정도의 간격을 두는 이유는 상담경험에 대하여 생각해 볼 기회를 주기 위한 것이다.

풀이 : 보통 1주일에 한 번 혹은 두 번 정도 만난다.

문제 16. 폐쇄집단과 개방집단에 대한 설명 중 옳지 않은 것은?
난이도 : 중급

① 폐쇄집단은 상담이 시작될 때 참여했던 사람들로만 끝까지 밀고 나가는 것이며, 도중에 탈락자가 생겨도 새로운 구성원을 채워 넣지 않는다.
② 폐쇄집단 간은 여러 가지 장점을 갖고 있으나 단점은 두 명 이상의 집단원이 도중에 탈락될 경우 집단의 분위기가 크게 위축될 가능성이 있다.
③ 폐쇄집단은 집단이 허용하는 한도 내에서 새로운 사람을 받아들이는 것이다.
④ 새로운 집단원은 간혹 집단의 흐름을 방해하는 경우도 있으나 오히려 집단과정에 활기와 도움을 줄 수도 있다.

풀이 : 폐쇄집단이 아니라 개방집단의 특징이다. 개방집단은 집단이 허용하는 한도 내에서 새로운 사람을 받아들이는 것이다.

정답 14. ④ 15. ① 16. ③

문제 17 난이도: 기본
집단상담에서 오리엔테이션과 탐색이 이루어지는 시기는 어느 단계인가?

① 참여단계　　　　　　　　　② 과도적 단계
③ 작업단계　　　　　　　　　④ 종결단계

풀이 : 참여단계는 집단에 대한 오리엔테이션과 탐색이 이루어지는 시기이다.

문제 18 난이도: 고급
저항이 다루어지는 단계로 주로 집단원의 불안감이나 방어적 태도가 두드러지며 집단 내에서 힘과 통제력을 놓고 갈등이 일어나는 단계는?

① 참여단계　　　　　　　　　② 과도적 단계
③ 작업단계　　　　　　　　　④ 종결단계

풀이 : 과도적 단계에서 저항이 일어난다.

문제 19 난이도: 중급
상담집단의 가장 핵심적인 부분으로 구체적 문제를 활발히 논의하며 바람직한 관점과 행동방안을 모색하는 단계는?

① 참여단계　　　　　　　　　② 과도적 단계
③ 작업 단계　　　　　　　　　④ 종결단계

풀이 : 작업 단계는 집단상담에서 가장 핵심적인 단계이고, 집단에 대한 응집력이 생기고 생산적인 활동이 이루어지며, 집단원의 구체적 문제를 활발히 논의하며 바람직한 관점과 행동방안을 모색하는 시기이다.

문제 20 난이도: 기본
지금까지 했던 작업을 다지고 마무리하는 시기는?

① 참여단계　　　　　　　　　② 과도적 단계
③ 작업단계　　　　　　　　　④ 종결단계

풀이 : 종결단계는 지금까지 했던 작업을 다지고 마무리하는 시기로 집단과정에서 배운 것을 미래의 생활에 어떻게 적용할 것인가를 생각하는 시기이다.

정답　17. ①　18. ②　19. ③　20. ④

문제 21 난이도: 중급
집단상담의 일반적인 목표에 해당하지 않는 것은?
① 자신과 타인에 대한 신뢰감을 형성한다.
② 타인의 욕구와 감정에 대한 민감성을 증진시킨다.
③ 효과적인 사회적 기술을 습득한다.
④ 과거의 미해결된 문제를 해결한다.

풀이 : 과거의 미해결된 문제는 주로 개인 상담에서 다룬다.

문제 22 난이도: 기본
집단 상담에서 적절한 집단의 크기는?
① 3 ~ 4명　　　② 5 ~ 8명
③ 10 ~ 12명　　④ 12명 이상

풀이 : 학자에 따라 주장이 다르나 보편적인 집단의 크기는 5~8명의 구성원이 바람직하다고 말할 수 있다.

문제 23 난이도: 기본
집단의 크기에 대한 설명으로 옳지 않은 것은?
① 집단 크기가 너무 작을 경우 집단원들의 상호관계 및 행동범위가 좁아진다.
② 집단 크기가 너무 작을 경우 각자가 받는 압력이 너무 커진다.
③ 집단 크기가 너무 클 경우 내담자 중 일부는 집단상담에 실질적으로 참여할 수 없게 된다.
④ 집단 크기가 너무 클 경우 상담자는 각 개인에게 공평한 주의를 기울이기가 더 쉽다.

풀이 : 집단 크기가 너무 클 경우 상담자는 각 개인에게 공평한 주의를 기울이기 어렵다.

문제 24 난이도: 기본
집단상담에서 물리적 장치에 대한 설명으로 옳지 않은 것은?
① 공간은 너무 크지 않고, 외부로부터 방해를 받지 않아야 한다.
② 효과적인 참여를 위해서 공간은 클수록 좋다.
③ 앉는 형태는 원형으로 앉는 것이 일렬로 앉거나 장방형으로 앉는 것보다 효과적이다.
④ 효과적인 참여를 위해서 모든 집단원이 서로 잘 볼 수 있고, 잘 들을 수 있는 공간이여야 한다.

풀이 : 효과적인 참여를 위해서 공간은 너무 크지 않는 것이 좋다.

정답　21. ④　22. ②　23. ④　24. ②

문제 25 난이도 : 기본
집단상담에서 물리적 장치에 대한 설명으로 옳지 않은 것은?
① 책상은 가능한 있는 것이 효과적이다.
② 별도의 상담실이 있는 학교에서는 녹음시설을 해 놓는 것이 좋다.
③ 둥근 책상에 둘러앉으면 보다 안정감을 느끼게 되지만, 자유스러운 상호작용을 하는 데 방해가 된다.
④ 상담실은 방음이 되어 있으면 좋다.

풀이 : 책상은 가능한 없는 것이 효과적이다.

문제 26 난이도 : 기본
다음은 구조화된 집단에 대한 설명이다. 가장 알맞은 것은?
① 매 회기 목표가 있고 프로그램화되어 있다.
② 회기의 반은 매회기 목표가 있고 프로그램화되어 있고, 회기의 반은 무엇을 할 것인지 구체적으로 프로그램화되어 있지 않다.
③ 매 회기에 무엇을 할 것인지 구체적으로 프로그램화되어 있지 않다.
④ 첫 만남 집단, 상호작용 집단 등이 있다.

풀이 : 구조화된 집단은 매 회기 목표가 있고 프로그램화되어 있다. 주제범위는 스트레스 관리, 자기주장훈련, 대처기술 습득, 정서조절향상, 대인관계능력 향상 프로그램, 진로탐색 프로그램 등 다양하다.

문제 27 난이도 : 기본
다음은 비 구조화된 집단에 대한 설명이다. 가장 알맞은 것은?
① 매 회기 목표가 있고 프로그램화되어 있다.
② 회기의 반은 매회기 목표가 있고 프로그램화되어 있고, 회기의 반은 무엇을 할 것인지 구체적으로 프로그램화되어 있지 않다.
③ 매 회기에 무엇을 할 것인지 구체적으로 프로그램화되어 있지 않다.
④ 주제범위는 스트레스 관리, 자기주장훈련, 대처기술 습득, 정서조절 향상, 대인관계 능력 향상 프로그램, 진로탐색 프로그램 등 다양하다.

풀이 : 비구조화 된 집단은 매 회기에 무엇을 할 것인지 구체적으로 프로그램화 되어 있지 않다. 예를 들면 첫 만남 집단, 상호작용 집단 등이 있다.

정답 25. ① 26. ① 27. ③

문제 28 난이도 : 고급
참여단계에서의 상담자의 역할에 해당하지 않는 것은?
① 집단참여자로서 모델을 제시한다.
② 구성원으로 하여금 집단의 목표와 개인의 목표를 정하도록 돕는다.
③ 수용과 신뢰의 분위기를 형성하여 집단원이 각자의 의견과 느낌을 나누도록 격려한다.
④ 집단의 응집력을 강화하고 직면과 공감 같은 적절한 반응에 대해 모델을 보인다.

풀이 : 집단의 응집력을 강화하고 직면과 공감 같은 적절한 반응에 대해 모델을 보이는 것은 과도적 단계에서의 상담자의 역할이다.

문제 29 난이도 : 중급
집단상담의 정의로 옳지 않은 것은?
① 한 사람의 상담자가 여러 명을 상대로 문제를 해결하는 방식이다.
② 내담자의 관심사, 대인관계, 행동 양식의 변화를 가져오게 한다.
③ 집단 구성원 간의 상호작용적 관계를 바탕으로 한다.
④ 내담자 개개인의 문제 해결 및 변화가 이루어진다.

풀이 : 상담사가 2명인 경우도 있음.

문제 30 난이도 : 기본
집단상담의 1차적 목표가 아닌 것은?
① 자기이해 능력 향상
② 대인관계 능력 향상
③ 병리적인 문제 해결
④ 생활에 건전한 적응력 향상

풀이 : 병리적인 문제는 개인상담에서 다룬다.

문제 31 난이도 : 기본
집단상담의 장점이 아닌 것은?
① 타인과 상호 교류하는 능력을 개발할 수 있다.
② 시간 에너지 및 경제적인 면에서 효과적이다.
③ 내담자의 개인적인 문제가 충분히 다루어진다.
④ 문제 해결적 행동을 보다 구체적으로 실현하는 것이 가능하다.

풀이 : 개인적인 문제를 다루려면 개인상담을 해야 한다.

정답 28. ④ 29. ① 30. ③ 31. ③

문제 32 난이도: 기본
집단상담의 장점인 것은?
① 특정 내담자의 개인적 문제가 충분히 다루어지지 않는다.
② 참여자들 간의 깊은 사회적 교류를 경험할 수 있다.
③ 자기 공개를 압력으로 받기 쉽다.
④ 집단상담에 적합하지 않은 내담자가 있을 수 있다.

풀이 : 집단상담에서는 참여자들 간의 깊은 사회적 교류를 경험할 수 있는 장점이 있다.

문제 33 난이도: 중급
개인상담과 집단상담의 유사점이 아닌 것은?
① 가치 있는 개인으로 수용되는 것이다.
② 인간 행동에 대한 이해를 심화시키는 것이다.
③ 자신의 관심과 가치를 검증하고 그 결과를 실제 생활과정과 행동화에 통합시키는 것이다.
④ 학습경험이 풍부해진다.

풀이 : 집단상담은 학습경험을 풍부하게 한다.

문제 34 난이도: 중급
개인상담이 꼭 필요한 경우가 아닌 것은?
① 내담자가 매우 복잡한 위기 문제를 가졌을 때
② 내담자 자신과 관련 인물의 신상을 보호할 필요가 있을 때
③ 타인의 욕구와 감정에 대한 민감성이 필요할 때
④ 폭행이나 비정상적인 성격 행동을 취할 가능성이 있을 때

풀이 : 타인의 욕구와 감정에 대한 민감성이 필요할 때는 집단상담을 통해 타인과 상호 교류하는 능력을 개발해야 한다.

문제 35 난이도: 중급
집단상담의 구성원을 선정할 때 고려해야 할 점이 아닌 것은?
① 성향이 비슷한 사람끼리 팀을 이룬다.
② 아동의 경우 남녀를 따로 모집하는 것이 좋다.
③ 청소년기 이상에서는 남녀가 섞인 집단이 더 바람직하다.
④ 보편적으로 연령과 사회적 성숙도에 있어 동질적인 면이 좋다.

풀이 : 다양성이 집단의 경험을 더 풍부하게 할 수도 있다.

정답 32. ② 33. ④ 34. ③ 35. ①

문제 36 난이도 : 기본
집단상담을 할 경우 환경조건으로 맞지 않는 것은?
① 가장 보편적인 인원은 5~8명이다.
② 보통 1주일에 한 번 혹은 두 번 정도가 적당하다.
③ 1주일에 한 번 만나는 집단은 3시간 정도 지속한다.
④ 책상의 사용은 가능한 없는 것이 효과적이다.

풀이 : 1주일에 한 번 만나는 집단은 1시간에서 1시간 반 정도 지속하는 것이 필요하다.

문제 37 난이도 : 기본
집단상담의 목적이 아닌 것은?
① 상담적 목적   ② 예방적 목적
③ 성장 지향적 목적   ④ 감정에 대한 민감성 향상 목적

풀이 : 집단상담의 목적은 상담적 목적, 예방, 교육적 목적, 성장 지향적 목적이다.

문제 38 난이도 : 중급
집단상담의 과정 중 과도기적 단계에서 심리상담사의 역할에 맞지 않는 것은?
① 집단원들 간의 갈등 자체를 건강한 것으로 인식한다.
② 갈등을 건설적으로 해결하도록 돕는다.
③ 집단의 목표와 개인의 목표를 정하도록 도와준다.
④ 솔직하고 개방적인 태도로 접근하는 모델을 보인다.

풀이 : 집단의 목표와 개인의 목표를 정하도록 도와주는 것은 참여단계에서 심리상담사의 역할이다.

정답 36. ③ 37. ④ 38. ③

VIII 집단상담의 심화

1 집단과정별 상담자의 개입

(1) 집단회기를 시작할 때 개입반응

1) 집단회기가 시작될 때
지난 회기 이후 있었던 경험을 중요한 것 중심으로 얘기할 수 있는 발언 기회를 짧게 갖도록 한다.

2) 지난 회기와 연결시킬 때
① 지난 회기를 가진 이후 어떤 생각이 들었습니까?
② 지난 회기에 관해 얘기를 나누고 싶군요.
③ 지난 회기에서 배운 것을 활용해 보았습니까?
④ 지난 주 우리는 …의 이야기를 끝내지 못했었지요.
⑤ 여러분은 지난 회기에서의 자신의 모습과 오늘이 어떻게 달랐으면 좋겠습니까?

3) 집단참여 목적을 분명히 하고자 할 때
① 오늘은 집단이 본격적으로 시작되는 날입니다. 앞으로 12주 동안에 당신이 변화시키 고 싶은 것이 있는지 얘기해 보고 싶군요. 당신은 어떻게 달라지고 싶습니까?
② 눈을 감으십시오. 지금부터 두 시간은 당신을 위해 있다는 것을 생각하십시오. 오늘 이 집단에서 자신이 바라는 것과 자신이 기꺼이 하고자 하는 것이 무엇인지 스스로에 게 물어보십시오.
③ 오늘 이 자리에 있다는 것이 당신에게 어떻게 느껴집니까?
④ 당신이 오늘 집단에 참여하지 않는다면 어떨 것 같아요.

4) 문제를 의식화하고 그것에 몰입하도록 할 때
① 돌아가면서 이번 회기에서 다루고 싶은 주제가 무엇인지 각각 짧게 이야기해 봅시다.
② 돌아가면서 "오늘 나는 …함으로써 적극적으로 이 집단에 몰두할 수 있을 것

　　　같다"는 문장을 완성해서 말해주면 좋겠군요.
　　③ "지금 나는 … "라는 문장을 완성시켜 봅시다. OO님의 경우에는 어떤가요?

(2) 집단회기를 마감할 때 개입반응

1) 미진한 감정의 표현과 정리를 촉진할 때
　① 우리는 오늘 의미 있는 시간을 가졌습니다. 누군가 석연치 않거나 채 정리 안 된 기분을 느끼고 있지는 않는지 궁금합니다. 지금 기분이 어떤지 말해 보시겠어요?
　② 오늘 끝내기 전에 여기에 있는 다른 사람들에게 무언가 말하고 싶은 사람이 있습니까?
　③ OO님은 이번 시간에 별로 말이 없었던 것 같습니다. 이번 시간이 당신에게 어땠는지 말해 주시겠습니까?

2) 회기를 요약하고 정리할 때
　① 오늘 회기에서 배웠다면 무엇을 배웠습니까?
　② 오늘 우리가 탐색했던 핵심 주제를 OO씨가 요약한다면 무엇일까요?
　③ 끝내기 전에 이번 회기에 대한 여러분 각자의 소감을 나누고 싶네요.
　④ 오늘 회기 동안 여러분 각자에게 어떠한 일이 있었습니까? 함께 나누었던 것들을 돌아보며 지금 어떠한 기분이나 생각이 드는지 소감을 나누었으면 합니다.

3) 집단 밖에서의 연습을 촉진할 때
　① 나머지 10분 동안 다음 1주일의 계획을 얘기해 봅시다. 오늘 나왔던 이야기와 관련해서 여러분 각자 집단 밖에서 해 보고 싶은 것은 무엇입니까?
　② OO씨가 생각해 보았으면 하는 숙제는 …입니다.
　③ 돌아가면서 다음 문장을 완성해서 말했으면 하는데, "집단 밖에서 연습할 필요가 있는 한 가지는 …이다"라고 말이에요.

(3) 집단의 참여 단계에서의 개입 반응
1) 집단과 집단원에 대한 탐색이 이루어지는 시기에 활용할 수 있다.
2) 다음의 반응들을 적절하게 사용한다면, 집단 초기단계에서 집단구성원들이 개인적인 문제를 의미 있는 방식으로 검토할 수 있도록 하는 촉진제로 활용될 수 있다.

(4) 집단의 과도적 단계에서의 개입 반응
1) 집단과정에서 특히 도전적인 기간이다.

2) 집단구성원들의 방어가 높아지는 때이므로, 상담자는 저항이 굳어지지 않도록 개입을 신중하게 해야 한다.
3) 심리상담사가 어떤 태도와 어떤 어조로 이 반응들을 전달하는가에 따라 집단구성원 들이 기꺼이 모험을 감수하고 도전하려는 의욕의 정도가 달라진다.

(5) 집단의 작업 단계에서의 개입 반응
1) 본격적인 문제해결 및 변화가 일어날 수 있도록 안내한다.
2) 다음의 반응들은 단순히 기계적으로 사용되어서는 안 된다.
3) 적절한 시기에 집단흐름의 맥락에 맞추어서 사용한다면 건설적인 개입 반응이 될 수 있다.

(6) 집단의 종결 단계에서의 개입 반응
1) 집단에서 그동안 배웠던 것들을 일상생활에 적용할 수 있는 방법들을 생각해보는 시기이다.
2) 아직 완결되지 않은 작업들이 무엇인지 검토한다.
3) 집단상담 성과를 정리하고 종결에 대한 느낌을 다루도록 한다.

2 집단역동

(1) 집단의 기본 요소
집단의 기본이 되는 요소는 지도자(심리상담사), 집단원, 집단원간의 상호관계의 세 가지로 나눌 수 있다.

1) 지도자(심리상담사)
심리상담사가 없는 집단에서부터 강력한 전문적 심리상담사가 있는 집단까지 그 정도가 다양하다.

2) 집단원
심리상담사가 사용하는 방법과 행동양식을 따르거나 활용하지만 집단원 특유의 반응양식이 확인될 수 있다. 집단원들이 보이는 반응 수에 따라 참여의 빈도를 정할 수 있다.

3) 집단원간의 상호관계

집단원들은 서로 '상담적 잠재능력'을 가지고 있다고 보거나 심리 상담사만이 그런 역할을 할 수 있다고 본다.

4) 집단역동

집단원간의 다양한 상호작용에 의해 집단 내에서 일어나는 역동적인 변화이다.

5) 집단응집력
① 집단의 기본적인 속성이다.
② 작업단계의 가장 큰 특징이다.
③ 집단원들이 서로 간에 갖는 정서적 유대감, 집단원들이 느끼는 집단에 대한 매력이다.
④ 응집력이 강하면 강할수록 상담적 효과가 좋다.

(2) 집단 심리상담사의 역할

1) 생산적인 상호교류 분위기 조성
① 집단원들이 자유롭게 자기의 내면세계를 탐색하고 대인관계의 효율성을 검토할 수 있는 분위기를 조성해야 한다.
② 집단 심리상담사의 가장 중요한 역할은 내담자 개개인의 문제해결에 치중하기보다 집단원들 간에 생산적인 상호교류가 이루어지는 집단 분위기를 형성하고 유지하는 것이 중요하다.
③ 상담집단의 바람직한 분위기란 집단원이면 누구나 자기의 관심사를 말할 수 있고, 모든 사람의 관심사를 존중하고 경청하고, 다른 사람의 의견 및 태도를 비판 및 지적하되 결코 인격적인 모독이나 파괴적인 행동을 해서는 안 되는 분위기 등을 말한다.

2) 생산적인 분위기 조성을 위한 방법
① 집단상담 처음부터 집단 내에서 지켜야 할 기본적인 규칙들을 제시하고 논의하여 동의를 구한다.
② 집단상담의 효과는 집단원들 간의 생산적인 분위기를 바탕으로 달성되며 개개인의 문제해결이 촉진된다.
③ 이러한 의미에서 집단 심리상담사는 개인 상담에서처럼 직접적이고 유일한 심리상담 사가 아니라 모든 집단원들과 함께 노력하는 '간접적인 공동 심리상담사'라고 말할 수 있다.

3) 기본적 역할

집단 심리상담사의 '기본적' 역할은 '산파', '수문장', '교통 센터' 등의 역할로 비유될 수 있다.

① 산파 : 생산적인 집단 분위기를 형성한다.
② 수문장 : 탈락자 및 지각하는 사람을 막는다.
③ 교통 센터 : 내담자들 간의 상호탐색과 교류가 골고루 이루어지도록 안내한다.

(3) 집단 심리상담사의 접근모형

1) 개인사례 중심
① 한 내담자의 문제를 중점적으로 다룬 후 다른 내담자의 사례를 다루는 것이다.
② 주로 개인적 문제를 가진 내담자들의 집단에서 많이 사용한다.

2) 공통관심사 중심
① 내담자들이 공통적으로 관심을 갖는 문제를 동시에 다루는 것이다.
② 주로 시급한 개인문제보다는 새로운 환경에 대한 적응 및 능력개발 등의 공동목표를 가진 내담자 집단에서 주로 사용된다.

3) 집단 중심
① 개인문제든 공통관심사이든 순서 없이 집단원들에 의해서 자유롭게 진행되도록 하는 방식이다.
② 비구조화 된 집단으로 대학생 이상의 성인 집단에서 적합하다.

(4) 집단심리상담사의 이론 및 기법

1) 이론 : 개인 상담과 마찬가지로 집단상담 또한 각 이론적 접근이 있다.
2) 기법 : 각 이론 별로 독특한 집단상담기법이 존재한다.

(5) 집단 심리상담사의 자질

1) 인간행동의 깊은 이해력
2) 행동 및 태도의 의미를 명료화시키는 능력
3) 집단에의 몰입 및 상호교류의 속도·깊이를 관리하는 능력
4) 행동변화를 위한 실천노력을 촉진하는 능력
5) 인간행동의 의미에 대한 통찰력과 집단역동에 관한 전문적인 지식

IX 집단상담의 실제

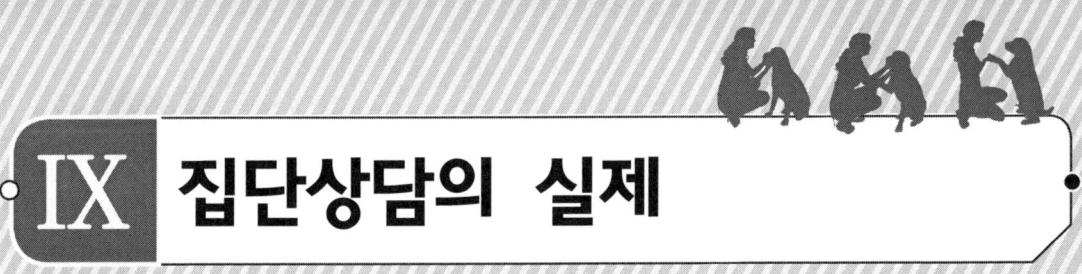

1 집단 구성하기

(1) 집단을 위한 계획서 작성
　　1) 합당한 근거
　　2) 목표
　　3) 실제적인 고려사항
　　4) 절차
　　5) 평가

(2) 조직 내에서 일하는 전략
　완성된 집단 계획서가 소속된 기관이나 지원 기관, 집단 참여자에게 받아들여지길 바란다면 프로그램에 대한 다양한 의문 사항에 대비한 준비가 필요하다.

(3) 집단원의 모집과 선별

　　1) 집단 홍보와 집단원 모집을 위한 지침
　　　• 집단 심리상담사의 전문적 배경에 관한 안내문
　　　• 집단의 목표와 목적에 관한 진술
　　　• 집단 입회와 종결에 관한 방침
　　　• 자발적 참여자와 비자발적 참여자를 포함하여 집단 참여에 관한 기대
　　　• 집단 참여가 의무 규정인 경우 집단 방침과 절차
　　　• 집단원과 집단 심리상담사의 권리와 책임
　　　• 기록 절차와 외부인에게 정보 제공
　　　• 집단 밖에서의 교류와 집단원 간의 개인적인 관계형성이 갖는 문제점
　　　• 집단 심리상담사와 집단원들 간에 이루어지는 자문절차
　　　• 집단에게 사용될 기법과 절차
　　　• 집단 심리상담사의 교육과 훈련 및 자격 요건
　　　• 집단 참가비와 참여 시간

- 집단 구조 내에서 제공되는 서비스와 제공되지 않는 서비스에 대한 현실적 명시
- 집단참여에 따르는 잠재적인 결과(집단에 관련된 개인적인 위험)

2) 집단원 선별과 선정절차

집단에 대한 광고와 모집이 끝나면 실제로 집단을 구성할 구성원을 선별하고 선정하는 절차를 준비한다. 집단 심리상담사는 제공되는 집단의 유형에 맞게 예비 집단원을 선별한다.

(4) 집단 구성 시 현실적 고려사항

1) 집단원 구성
① 집단의 동질성 : 어떤 특정한 욕구가 있는 특정 대상들은 동질성으로 집단의 응집력을 높이고 연대감을 가질 수 있도록 한다.
② 집단의 이질성 : 때때로 외부 사회의 축소판이 필요한데 이런 경우에는 다양한 구성원들을 구해야 한다.

2) 집단의 크기는 집단원의 연령, 집단 심리상담사의 경험수준, 집단의 유형, 집단에서 탐색할 문제 등의 요인에 따라 다르다.

3) 회기의 빈도와 기간은 집단 심리상담사의 집단 운영 스타일과 집단에 참여하는 사람들의 유형에 맞게 회기의 시간과 기간을 정할 수 있다. 주의력 부분과 집중가능 시간을 염두에 두면 좋다.

4) 집단의 전체 기간은 집단의 특성에 따라 다르지만 보통 15주, 또는 한 학기 동안 운영 되는 경우가 많다. 보통 집단 상담이 시작되기 전 정해지는 경우가 많은 데 시간이 제한 된 이런 유형의 주된 가치는 아마도 집단원으로 하여금 그들의 개인적인 목표를 달성할 수 있는 시간이 영원하지 않다는 사실을 깨닫도록 동기를 부여하는 데 있다.

5) 집단 실시 장소는 안정적이고 보호적이어야 하며 주의를 산만하게 하는 큰 방이나 병동에서 진행되면 효과가 떨어질 수 있다. 원형으로 앉을 수 있는 장소를 선호하며 이 때 구성원들을 모두 서로를 볼 수 있다.

6) 개방집단 대 폐쇄집단
① 개방집단 : 집단원들이 다양한 사람과 교류할 수 있고, 사람들이 관계 안에 들어오고 떠나는 우리의 일상을 정확하게 반영하는 장점이 있다.
② 폐쇄집단 : 전형적으로 시간제한이 있고 회기가 정해져 있다.

(5) 사전회기의 활용

1) 집단 심리상담사와 집단원이 가진 기대의 명료화
① 이러한 질문을 통해 집단원이 집단으로부터 얻고자 하는 바와 그러한 목표 달성을 위해 그들이 무엇을 하고자 하는 지 알 수 있다.
② 집단 심리상담사 역시 왜 집단을 계획하였고 기대가 무엇인지에 대해 전달할 수 있다.

2) 사전집단 준비과정의 목표
① 집단원과의 동맹을 맺도록 노력하여, 집단원이 자신의 변화과정에서 협력자가 될 수 있도록 한다.
② 상담집단이 어떻게 집단원의 대인관계를 향상시키는지 설명한다.
③ 집단원에게 집단상담으로부터 가장 많은 것을 얻을 수 있는 방법을 안내한다. '지금-여기'에서 일어나는 집단 상호작용의 맥락에서 자신의 감정에 솔직하고 단도직입적인 태도가 중요하다는 것을 강조한다.
④ 집단에서 참여자가 직면할 것으로 예상되는 장애를 포함하여, 좌절과 실망이 있을 것을 예상한다.
⑤ 집단상담의 지속기간에 대해 안내한다.
⑥ 집단상담에 대한 신뢰감을 불러일으키도록 한다.
⑦ 집단 내에서 자신과 다른 사람에게 대한 지각과 반응을 알리는 것, 비밀유지, 집단 내에서 끼리끼리 모이는 행위 등에 관한 기본규칙에 대해 논의한다.

3) 다양성의 문제 다루기
① 문화적 배경이 다양한 사람이 참여한 집단을 운영할 때, 지도자의 선입견이나 가정 이 집단원 개개인에게 맞는지 확인하지도 않은 채 인종이나 민족 혹은 문화에 기초하여 선입견을 갖지 않도록 하는 것이 매우 중요하다.

4) 기본규칙 수립
① 비밀유지 : 비밀유지에 대해 개별면담시간에 논의하는 것이 이상적이며 회기 중에도 주기적으로 이야기 해주는 것이 좋다. 비밀유지가 상황에 따라 절대적인 것이 될 수 없다는 언급이 필요하다.
② 첫 회기에서 집단원과 논의해야 할 다른 주제는 다음 사항에 대한 원칙이다.
- 모든 회기에 참석하고 제시간에 오는 것
- 회기 도중 마시거나 먹는 행위, 친구를 데려오지 않는 것
- 집단에 참여하는 동안 알코올이나 마약에 취한 상태로 오지 않는 것

- 미성년자의 경우 부모의 동의서를 받아오는 것
- 다른 집단원들과 집단 밖에서 친교하거나 만나지 않는 것
- 다른 집단원들과 부적절하게 친밀한 관계를 발전시키지 않는 것
- 집단원의 권리와 책임을 확인시키는 것 등이다.

2 집단상담 초기단계

(1) 초기단계 집단의 특성

1) 집단원의 염려
① 초기 회기에서 집단원들은 집단 경험으로부터 무엇을 얻기 원하는지에 대해 보통 모호하고 불분명하다.
② 집단 초기에 집단원들은 집단 규범이나 집단에서 기대되는 행동이 무엇인지 잘 알지 못하며, 아직 경험해보지 못한 집단 경험에 대해 두려움과 주저함을 표현한다.
③ 집단원은 지도자의 행동을 관찰하고 집단이 얼마나 안전한지 가늠한다.
④ 지도자는 초기 회기에서 나오는 이야기들이 일시적인 것이라는 점을 인식하는 것과 부정적인 반응들을 열린 마음과 수용적인 태도로 다루는 것이 필요하다.

2) 초기의 주저함과 문화적으로 고려할 점
① 집단원들이 집단에 깊이 관여하기를 주저하는 현상은 집단 초기에 자주 나타난다.
② 지도자는 집단원들이 불안을 느낄 수 있다는 사실을 인식하고 집단원들이 자신의 불안을 서로 나누고 탐색하도록 촉진함으로써 집단을 시작할 수 있다.
③ 문화적인 요인은 집단에 참여하는 내담자의 준비도에 영향을 준다.
④ 집단지도자는 자기 노출을 주저하는 마음이 문화적으로 조건화된 것일 수도 있다는 점을 집단원들이 이해하도록 해야 한다.

3) 숨겨진 주제(hidden agenda) : 저항
① 완전히 알려지거나 논의되지 않은 주제와 관계가 있다. 이러한 주제에 직면하도록 권유하지 않는다면 지루한 분위기 속으로 빠져든다.
② 자신의 반응을 솔직하게 말로 표현하지 않고 있다면 낮은 신뢰감과 집단원들 사이에 긴장이 나타나며 자신을 방어하는 분위기가 형성된다.
③ 집단의 지도자는 집단에서 기능하고 있는 숨겨진 주제를 모두 알아야 하는 것은

아니지만, 특정한 집단이 가지고 있는 특성에 따라 나타날 수 있는 숨겨진 주제에 대해 어느 정도 예상하고 있는 것은 좋다.

4) 갈등을 초기에 다루라.
① 집단의 초기에 발생하는 갈등을 효과적으로 다루지 않으면 집단의 응집력이 생기는 것을 방해한다.
② 첫 회기에 갈등이 발생했을 때 지도자는 적절하고 효과적인 직면을 하기 위해 필요한 규범을 가르치는 일이 중요하다. 갈등이 다루어지지 않고 넘어가면 집단의 발전을 방해하고 숨겨진 역동으로 남게 된다.

5) 자기-초점과 타인-초점
① 집단원들이 자기 자신에게 초점을 맞추도록 하는 일은 집단 초기단계에서 중요 과제이다.
② 집단 밖의 사람들에게 초점을 맞추고 있다면, 지도자는 집단원 자신의 경험과 반응에 대해 이야기 하도록 방향을 전환해주어야 한다.

6) "지금-여기" 초점과 "그 때-거기" 초점
① "지금-여기"에서 발생하고 있는 현상과 "그때-거기"에서 발생한 사건들 모두를 다룬다.
② 일상생활에서 경험하는 개인적인 문제와 그들이 집단상담을 하면서 겪는 경험 간의 관련성을 서로 연결시켜 본다.
③ 개인적인 문제를 의미 있게 다루기 위해서 집단원들은 우선 안전함과 신뢰감을 느낄 수 있어야 한다.
④ "지금-여기"의 상호작용에 초점을 맞추는 일은 무엇보다도 중요하다.

7) 신뢰와 불신
① 신뢰감의 형성 : 자신의 감정을 자유롭게 표현하고, 구체적인 목표와 탐색할 영역을 스스로 결정한다.
② 안전감이라는 것이 반드시 편안한 것을 의미하지 않는 다는 점을 주지시킨다. 스스로의 모습에 도전할 수 있는 안전한 장소라고 느낄 때 위험을 감수하면서 겪는 불안이나 불편감을 견디려는 의지를 가질 수 있다.

(2) 신뢰감의 형성 : 지도자와 집단원의 역할

1) 모델링의 중요성
집단 초기단계에서 지도자가 모범을 보이고 지도자의 행동을 통해 올바른 태도를 보여주는 것은 중요하다.

2) 신뢰할 수 있는 분위기로 이끄는 태도와 행위
① 주의집중과 경청
② 비언어적 행위의 이해
③ 공감
④ 진실성과 자기노출
⑤ 존중
⑥ 돌보는 태도로 하는 직면
⑦ 신뢰의 유지

(3) 목표의 확인과 명료화

1) 집단원을 위한 일반적인 목표
① 자신의 대인관계 스타일을 자각한다.
② 친밀한 관계를 방해하는 요소에 대한 자각을 증진한다.
③ 자신의 문화가 개인적인 선택과 결정에 어떻게 영향을 끼치는지 자각하게 된다.
④ 다른 사람도 유사한 문제와 감정을 가지고 있음을 깨닫는다.
⑤ 문제를 해결하는 더 나은 방법을 발견한다.
⑥ 자신이 원하는 것을 다른 사람에게 요구하는 방법을 배운다.

2) 각 집단원이 자신의 개인적 목표를 설정하도록 돕기
① 집단원은 자신의 행동 중에서 어떤 부분을 수정하기 원하는지 분명하게 기술하는 방법을 습득해야하며, 지도자는 여러 가지 질문을 통해 자신의 목표에 대해 구체적으로 말할 수 있게 도와야 한다.
② 지도자는 집단원들을 도와 그들의 개인적인 목표가 적절한지, 어느 정도 성취되고 있는지 지속적으로 평가하도록 한다.
③ 계약과 과제를 통해 집단원이 자신의 목표를 명료하게 세우고 도달하게 하는데 도움을 받을 수 있다. 계약이란 집단원이 무엇을 탐색하고 어떤 행동을 변화시키고 싶은지에 대해 진술한 내용이다.

(4) 집단 초기의 집단과정 개념

1) 집단규범
집단이 효과적으로 기능하도록 하기 위해 필요한 행동이 무엇인지에 대해 집단원이 공유하는 신념체계로 초기 단계 동안 형성된다.

① 암시적인 규범 : 어떤 일이 발생할 것인지에 대한 선입견 때문에 발생한다. 집단은 자기 노출을 하는 자리이기는 하지만 동시에 각 집단원이 개인적인 생각과 감정을 가질 수도 있다는 점을 알려야 한다. 지도자의 행동을 모델링하는 과정에서 형성된 다.

② 명시적인 규범 : "지금-여기"에 초점을 맞춰 이야기할 필요가 있고, 또한 집단 안에서 갈등을 표현하고 탐색함으로써 즉시적인 태도를 견지하는 것이 좋다. 집단원은 다른 집단원에게 치료적인 지지를 제공할 것을 요구 받는다.

2) 집단응집성

집단 내에서 함께하는 느낌, 공동체라는 느낌을 의미한다. 응집성이 있는 집단은 집단원이 집단 내에 존재하는 것에 대한 보상이 주어지고 집단원이 소속감이나 유대감을 나누는 집단을 의미한다.

(5) 집단경험으로부터 최대한 많은 것을 배우도록 조력하기

1) 집단원을 위한 지도자의 지침
   ① 신뢰를 형성하는 방법을 습득하라
   ② 지속적이고 반복되는 느낌을 표현하라.
   ③ 전문용어를 잘못 사용하는 것에 유의하라.
   ④ 관찰자가 아닌 적극적인 참여자가 되라.
   ⑤ 집단원의 삶에서 다소의 혼란을 경험할 것을 예상하라.
   ⑥ 자신의 긍정적인 측면을 발견할 것이라고 예상하라.
   ⑦ 잘 듣고 주의 깊게 경청하라.
   ⑧ 계속 반복되는 피드백에 유의하라.
   ⑨ 당신을 어떤 범주 속에 집어넣지 말라.

2) 지나친 가르침을 피하라.
   ① 집단원에게 집단에서 기대할 수 있는 것에 대해 너무 많이 알려주면, 모든 자발적인 학습은 사라지며 스스로 배울 기회를 뺏게 된다.
   ② 집단이 진행됨에 따라 지도자의 개입은 줄어들고 집단원은 좀 더 자발적으로 기능하기 바란다.

3) 집단회기의 보조전략인 경험보고서 작성방법
   ① 집단이 끝나면 특정한 느낌, 상황, 행동, 생각들을 기록한다.
   ② 삶 중에서 일정기간을 돌아보고 그것에 대해 기록한다.

③ 집단원이 집단 속에서 자신에 대한 반응을 자발적으로 적도록 하는 방법이 있다.

4) 초기 단계에서의 숙제

상담회기 동안 성취한 것을 강화하고 확대, 일반화, 유지를 촉진시킨다.

(6) 초기단계에서 지도자와 관련된 주제

1) 책임의 배분

지도자와 집단원 사이에서 책임의 소재가 균형적으로 배분된 리더십 유형을 개발해야 한다. 집단 전체를 돌아볼 때 자신이 얼마나 많은 책임을 지려고 하는지를 명료하게 이해하기 위해 경험보고서를 활용할 것을 추천한다.

2) 구조화의 수준

① 초기단계에서의 균형 : 각 집단원의 자발적인 기능을 촉진할 정도의 구조를 제공한다.
② 구조화에 대한 연구 : 지지적인 집단규범을 형성하고 집단원 간의 상호작용을 강조 할 수 있다.
③ 연구에서 밝혀진 지도자를 위한 지침이 있다.

3) 각 회기의 시작과 마무리

① 회기를 시작할 때 지침
- 각 집단원이 무엇을 원하는지 간략히 기술한다.
- 지난 회기 이후 각 집단원이 집단에서 배운 것을 일상생활에서 어떻게 연습해 보았는지 나누는 기회를 가진다.
- 지난 회기 이후 들었던 생각이나 해결하지 못한 느낌이 있는지 확인한다.
- 지도자가 지난 회기 이후에 집단의 진전에 대해 생각했던 것을 집단원에게 알려줌으로써 집단을 시작한다.

② 회기를 마칠 때 지침
- 다른 집단원과의 관계를 통해 무엇을 배우고 있는지 간략하게 진술하도록 요구한다.
- 구체적인 계획이나 숙제를 고안한다.
- 집단원 간의 피드백을 주고받는다.
- 다음 시간까지 탐색해볼 주제, 질문, 문제 등이 있는지 질문한다.

3 집단상담의 작업단계

(1) 작업단계
작업 단계는 집단 내에서 공통 주제를 찾고 그것을 따름으로써 집단원들을 연결시키는 데에 초점을 둔다.

(2) 작업단계의 특성
1) 참가자들이 대개, 그들이 탐색하고자 하는 주제들을 제기하고 그것을 다루기를 갈망한다.
2) 또한 지금-여기 상황에 초점을 두는 것으로 특성화 될 수 있다.
3) 도입과 과도기로부터 작업단계를 구분하는 다른 특성은 작업 단계에서 집단원들은 자신의 목표와 관심사를 보다 쉽게 규정짓고 그것에 대한 책임을 배우게 된다.
4) 작업 단계에서 집단원들 간의 교환은 정직하고 직접적이고 친절한, 그리고 유용한 피드백을 주고받는다.
5) 집단의 응집력이 작업 단계에서 증가한다.

(3) 집단구성원들의 두려움을 다루기 위한 지도자의 개입
집단상담 과정을 경험하면서 집단원은 자신들의 불안을 좀 더 잘 인식할 수 있게 된다. 집단이 단계를 거치면서 개개인과 지도자의 관계를 좀 더 깊어지게 한다. 지도자의 개입 또한 다른 형태를 띠게 된다.

(4) 작업 단계의 과업

1) 집단 규범과 행동
집단의 응집력은 효과적으로 작용하는 집단의 가장 큰 특징이다. 응집력은 자기표출이나 피드백 주고받기, "지금-여기"에서의 상호작용 토론, 건설적인 직면, 통찰을 행동으로 옮기는 행동지향적 태도를 고양시킨다.

2) 작업 단계에서 신뢰감 쌓기
몇몇 집단원들은 폐쇄적이 되며 움츠러들 수도 있다. 신뢰 부족문제에 대한 것이 대두되며, 이러한 발언은 지도자에 대한 신뢰 부족을 암시하고 있으며, 지도자는 빨리 이 문제에 대해 활발히 토론하도록 유도해야 한다.

3) 작업 단계에서 해야 할 선택
    ① 노출 VS 익명
    ② 정직 VS 과장
    ③ 자발성 VS 통제
    ④ 수용 VS 거부
    ⑤ 응집 VS 분열
    ⑥ 작업 단계에서 해야 할 과제
        - 과제는 집단상담을 통해 배운 것을 극대화시켜주며 이러한 배움을 일상생활에서의 다양한 상황에 적용 할 수 있도록 해주는 수단이다.
        - 작업 단계에서 과제는 매우 유용하며 집단원들에게 꾸준히 일기를 쓰도록 격려한다.
        - 과제는 통찰의 변화를 위한 행동계획으로 바꾸는 데 도움을 주며 가능한 많이 집단구성원들과 협동하여 과제를 결정한다.

(5) 집단상담의 상담적 요소

1) 자기노출과 집단원

집단원들은 자신을 노출함으로써 더 깊은 자기인식을 하게 된다. 이 과정을 통해 상담의 힘을 경험하고 자신이 원하는 방향으로 인생을 변화시킬 수 있는 새로운 깨달음을 얻게 된다. 집단 안에서의 경험과 관련되어 있을 때 자기노출이 반드시 필요하다.

2) 자기노출과 집단지도자

자신을 드러내지 않는 지도자들은 이론에 치우치다 보니 각별히 조심하며 집단원들과의 개인적 교류도 최소화하려 한다. 자신의 역할이 집단원들의 '전이 대상(transference figure)'이라고 생각한다. 또 다른 이유는 자신들의 경계선을 유지하고, 상담적 관계를 손상시키지 않기 위해서이다. 대신 설명하기, 문제 명료화하기, 요약하기, 중재자로써의 역할, 평가에 초점을 둔다. 적절히 자기노출을 하는 지도자는 위험을 감수하는 모델이 되면서 신뢰를 맺고 발전시키는 핵심요소가 되기도 한다.

3) 피드백

피드백은 변화에 대한 동기를 고조시키고 자신의 행동이 타인에게 미치는 영향에 대해 통찰하게 하며, 집단원들이 그들의 집단경험에 대해서 더 긍정적으로 평가할 수 있게 한다.

4) 직면

직면은 활발한 집단 활동의 기본적인 요소인 피드백의 한 형태이며 건전한 관계의 한 형태이다. 도움이 되는 직면을 통해 집단원들은 자신의 말과 행동이 다르다는 것을 알고 자신의 잠재력을 인식하게 되며 깨달음을 행동을 옮기는 방법을 터득한다. 신중한 직면은 궁극적으로 자기대면 능력을 향상시키며, 효과적인 직면은 지속적인 행동의 변화를 가져올 수 있다.

5) 응집력과 보편성

① 작업단계의 가장 큰 특징은 집단의 응집력으로 집단원들이 자진하여 자신을 다른 집단원들에게 알리려는 데서 비롯된다.
② 응집력이 있는 집단의 특징은 지지, 연대, 경험의 공유, 집단과의 상호관계, 구성원을 결합하는 일체감, 소속감, 따뜻함과 친밀감, 배려와 수용력이 있다.
③ 응집력은 집단 내에서 많은 긍정적인 특성들과 관련이 있으며, 응집력은 처음에는 집단의 지지와 수용을 강화하는 상담적 요소로 작용을 하다가 후에는 개인관계에 대해서 배우는 중요한 역할을 하게 된다.

(6) 작업 단계에서의 공동지도자 문제

1) 집단의 진행평가 : 공동지도자들은 시간을 할애하여 집단의 방향과 생산성을 평가할 수 있다.
2) 토론의 기법 : 집단을 이끄는 기법과 지도력의 유형에 대해 논의하면 큰 도움이 되며, 두 지도자 간의 서로 다른 유형에 대해서도 토론해 볼 만하다.
3) 이론적 방향 : 집단 활동에 대해 반드시 같은 의견을 공유해야 할 필요는 없지만 공동지도자와 각자 배우고 깨달은 것을 토론하게 되면 서로 다른 이론이 멋지게 통합될 수 있을 것이다.
4) 자기노출 문제 : 공동지도자들은 적절하고 상담에 도움이 되는 차원에서 자기노출에 대한 자신들의 느낌을 탐색해야 한다.
5) 직면문제 : 공동지도자가 직면에 대한 생각이 다를 때 집단에게 피해가 가지 않도록 충분히 이야기를 나눠야 한다.

4 집단상담의 종결단계

(1) 종결단계의 의의
집단의 종결단계에서 집단원들은 집단상담에서 자신이 경험한 것의 의미를 명확히 하고 자신들이 얻은 깨달음을 더욱 공고히 하며, 일상생활에 적용하고 싶은 행동이 무엇인지 결정한다.

(2) 종결단계에서 집단원들의 특징
1) 복합적 감정의 소유
2) 소극적 참여

(3) 집단상담 마지막 단계의 과업 : 학습의 강화
종결단계에서는 집단원들이 학습을 강화하고 집단 상담을 통해 배운 것을 일상생활에 적용할 수 있는 전략을 발전시키는 시기이다.

(4) 집단별 종결의 특성 : 개방집단의 종결 시의 과제
1) 집단원들이 떠날 때가 됐다는 결심을 하게 될 때 적절한 통보를 하도록 교육시키는 정책이 필요하다. 미해결된 사건을 다룰 시간을 확보할 수 있다.
2) 초기부터 집단원들과 정보에 입각한 합의를 하고 생산적으로 종결할 수 있는 방법에 대해 설명한다.
3) 떠나는 집단원에게 정서적으로 종결할 시간을 준다.
4) 종결을 이해하고 인식하는 집단원들의 문화적 영향을 탐색한다.
5) 적절한 다른 상담을 소개한다.
6) 사전 통보 없이 떠나려는 집단원들에게는 그 동기를 탐색하고 이유를 설명할 수 있을 만큼 충분히 오래 집단에 남아 있도록 격려한다.

(5) 집단 경험의 종결에서 다루어져야 할 사항
1) 분리감정 다루기
2) 집단상담의 초기 지각과 후기 지각 비교
3) 미해결 문제 다루기
4) 집단경험 뒤돌아보기
5) 행동변화의 실습

6) 좀 더 심도 있는 학습 수행하기
7) 피드백 주고받기
8) 다짐과 과제
9) 좌절 극복하기
10) 집단상담에서 배운 것을 실생활에 옮기는 지침
11) 종결 시 고려해야 할 사항들

(6) 추수상담

1) 집단을 종결하고 나서 일정한 시간이 지난 후에 집단에 참여했던 사람들이 집단에서 습득한 새로운 행동을 얼마나 효율적으로 적용하고 있는가를 점검하기 위함이다.
2) 상담이 끝난 후 집단원들이 직면했던 어려움을 공유하고 변화를 위해 취했던 방법들을 이야기하는 시간이 될 수 있다.
3) 사람들에게 변화를 위해 자신들이 되고자 하는 것과 모험을 감수할 필요성에 대한 책임이 있다는 것을 상기시켜 주는 또 다른 기회를 제공한다.

단원정리문제

문제 01 난이도 : 고급
다음 중 개입반응에 대한 설명 중 옳게 짝지어지지 않은 것은?

① 지난 회기와 연결시킬 때 – "지난 회기를 가진 이후 어떤 생각이 들었습니까?"
② 집단참여 목적을 분명히 하고자 할 때 – "오늘 이 자리에 있다는 것이 당신에게 어떻게 느껴집니까?"
③ 회기를 요약하고 정리할 때 – "지난 회기에 관해 얘기를 나누고 싶군요."
④ 집단 밖에서의 연습을 촉진할 때 – "나머지 10분 동안 다음 1주일의 계획을 얘기해 봅시다."

풀이 : "지난 회기에 관해 얘기를 나누고 싶군요."는 회기를 연결할 때이고 회기를 요약하고 정리할 때는 "오늘 회기에서 배웠다면 무엇을 배웠습니까?" 등이다.

문제 02 난이도 : 기본
집단상담에서 지도자에 대한 설명 중 옳지 않는 것은?

① 집단 상담자는 반드시 1명으로 구성된다.
② 지도력의 형태는 '파괴적인' 효과와 '건설적인' 효과를 모두 가져올 수 있다.
③ 효율적인 상담자는 집단을 지배하지는 않지만 민감하게 집단의 움직임을 파악하고 이끌어 간다.
④ 상담자는 집단의 활동을 촉진시키기 위해 새로운 방법과 절차를 제시하거나, 이미 제시되었던 절차나 과정을 더 촉진시키기도 한다.

풀이 : 상담자가 없는 집단에서부터 강력한 전문적 상담자가 있는 집단까지 다양하다.

문제 03 난이도 : 중급
집단응집력에 대한 설명 중 옳지 않는 것은?

① 집단의 기본적인 속성이다.
② 참여단계의 가장 큰 특징이다.
③ 집단원들이 서로 간에 갖는 정서적 유대감, 집단원들이 느끼는 집단에 대한 매력이다.
④ 응집력이 강하면 강할수록 치료적 효과가 좋다.

풀이 : 작업단계의 가장 큰 특징이다.

정답 1. ③ 2. ① 3. ②

문제 04 난이도: 중급
집단상담자의 자질에 대한 설명 중 옳지 않은 것은?
① 인간행동의 깊은 이해력
② 행동 및 태도의 의미를 명료화시키는 능력
③ 집단에의 몰입 및 상호교류의 속도·깊이를 관리하는 능력
④ 집단원 간의 상호작용이 일어나므로 전문지식이 부족해도 된다.

풀이 : 인간행동의 의미에 대한 통찰력과 집단역동에 관한 전문적인 지식이 있어야 한다.

문제 05 난이도: 기본
다음 중 집단 회기를 시작할 때의 개입반응에 해당되지 않는 것은?
① 지난 회기 이후 있었던 경험을 중요한 것 중심으로 얘기할 수 있는 발언기회를 짧게 갖도록 한다.
② 지난 회기와 연결시켜 '지난 회기를 가진 이후 어떤 생각이 들었습니까?'라고 질문하는 것이 좋다.
③ 돌아가면서 이번 회기에서 다루고 싶은 주제가 무엇인지 각각 짧게 이야기해 보는 것이 좋다.
④ 회기를 요약하고 정리하는 것이 필요하다.

풀이 : 회기를 요약하고 정리하는 것은 집단회기를 마감할 때의 개입반응이다.

문제 06 난이도: 기본
지난 회기와 연결시킬 때의 개입반응에 해당하지 않는 것은?
① 지난 회기를 가진 이후 어떤 생각이 들었습니까?
② 지난 회기에 관해 얘기를 나누고 싶군요.
③ 오늘 회기에서 배웠다면, 무엇을 배웠습니까?
④ 지난 주 우리는 …의 이야기를 끝내지 못했었지요.

풀이 : '오늘 회기에서 배웠다면 무엇을 배웠습니까?'는 집단회기를 마감할 때의 개입반응이다.

문제 07 난이도: 기본
회기를 요약하고 정리할 때의 개입반응에 해당되지 않는 것은?
① 오늘 회기에서 배웠다면 무엇을 배웠습니까?
② 오늘 우리가 탐색했던 핵심 주제를 ○○씨가 요약한다면 무엇일까요?
③ 끝내기 전에 이번 회기에 대한 여러분 각자의 소감을 나누고 싶네요.
④ 지난 주 우리는 …의 이야기를 끝내지 못했었지요.

풀이 : '지난 주 우리는 …의 이야기를 끝내지 못했었지요.'는 집단회기를 시작할 때 지난 회기와 연결시킬 때의 개입반응이다.

정답 4. ④ 5. ④ 6. ③ 7. ④

문제 08 난이도 : 기본

집단의 기본요소에 해당되지 않는 것은?

① 지도자(상담자)
② 집단원
③ 물리적 공간
④ 집단원간의 상호관계

풀이 : 집단의 기본요소에는 지도자(상담자), 집단원, 집단원간의 상호관계이다.

문제 09 난이도 : 기본

집단에서 지도자(상담자)에 대한 설명으로 옳지 않는 것은?

① 상담자는 집단의 활동을 촉진시키기 위해 새로운 방법과 절차를 제시하거나, 이미 제시 되었던 절차나 과정을 더 촉진시키기도 한다.
② 효율적인 상담자는 집단을 지배하지는 않지만 민감하게 집단의 움직임을 파악하고 이끌어 간다.
③ 정보를 제공하고, 진행되는 과정을 관찰하며, 필요한 경우에 집단원을 지지하거나 행동을 제한할 수 있다.
④ 반드시 상담자가 있어야 한다.

풀이 : 집단은 상담자가 없는 집단에서부터 강력한 전문적 상담자가 있는 집단까지 다양하다.

문제 10 난이도 : 중급

다음 중 집단원간의 상호관계에 대한 설명 중 옳지 않는 것은?

① 반드시 상담자만이 치료적 잠재능력을 가지고 있다고 봐야 한다.
② 집단원들이 서로 치료적 잠재능력을 가지고 있다고 보는 경우, 상담자의 상호작용과 집단원끼리의 상호작용을 통해 서로 영향을 주고받을 수 있다고 믿는 것이다.
③ 상담자만이 치료적 잠재능력을 갖고 있다고 보는 경우, 상담자와 집단원간의 관계만이 의의가 있을 뿐이고 집단원끼리의 관계는 큰 의의가 없는 것으로 본다.
④ 집단원들은 서로 치료적 잠재능력을 가지고 있다고 보거나 상담자만이 치료적 잠재능력을 할 수 있다고 본다.

풀이 : 집단의 가장 큰 장점은 집단원들도 치료적인 잠재능력이 있어 상호관계가 가능하여 집단역동이 일어난다는 것이다.

정답 8. ③ 9. ④ 10. ①

문제 11 난이도 : 기본
집단상담자의 '기본적' 역할에 해당하지 않는 것은?
① 산파 : 생산적인 집단 분위기를 형성한다.
② 수문장 : 탈락자 및 지각자를 막는다.
③ 교통센터 : 내담자들 간의 상호탐색·교류가 골고루 이루어지도록 안내한다.
④ 방관자 : 집단원 스스로 해결하도록 지켜본다.

풀이 : 집단상담자의 '기본적' 역할은 '산파', '수문장', '교통 센터' 등의 역할로 비유될 수 있다.

문제 12 난이도 : 중급
집단상담자의 접근모형에 해당되지 않는 것은?
① 개인사례 중심   ② 공통관심사 중심
③ 집단 중심   ④ 집단 지도자 중심

풀이 : 집단상담자의 접근모형에는 개인사례 중심, 공통관심사 중심, 집단 중심이 있다.

문제 13 난이도 : 중급
집단상담자의 접근방식에 해당되지 않는 것은?
① 지도자형   ② 민주형
③ 집단 중심형   ④ 권위형

풀이 : 집단상담자의 접근방식에는 권위형, 민주형, 집단 중심형이 있다.

문제 14 난이도 : 중급
다음은 집단상담의 윤리문제에 대한 설명이다. 옳지 않은 것은?
① 집단에 참여하는 내담자들은 집단 참여 여부를 결정하기 전에 자기가 어떤 집단에 참여하게 되는지에 대해 알 권리가 있다.
② 집단 지도자는 시간 엄수, 솔직한 의사소통, 개인적 정보를 누설하지 않는 것 등의 책임도 강조해 두어야 한다.
③ 상담자는 집단 참여를 고려하는 내담자들에게 그들의 권리와 책임이 무엇인지를 분명히 알게 할 권리가 있다.
④ 집단의 목적과 참여자의 역할 등에 대해서 설명해 주고 함께 토론의 시간을 갖는 것은 필요하지 않다.

풀이 : 집단의 목적과 참여자의 역할 등에 대해서 설명해 주고 함께 토론의 시간을 갖는 것이 필요하다.

정답 11. ④ 12. ④ 13. ① 14. ④

문제 15 난이도 : 중급

다음은 집단상담의 윤리문제에 대한 설명이다. 옳지 않는 것은?

① 집단과정에서 갈등이 있을 경우라도 집단을 떠나서는 절대 안 된다고 알려야 한다.
② 필요에 따라 상담자와 긴급한 개인적 관심에 관해 별도로 논의할 수 있다는 점을 알리는 것이 바람직하다.
③ 상담자는 집단참여 의사를 밝힌 내담자들과의 사전 개별 면담에서 개인정보 보호 문제를 납득시켜야 하고 수시로 이것을 주지시켜야 한다.
④ 지도자나 타인들로부터 '발언을 하라'는 부당한 압력을 받지 않을 권리가 있음을 알리는 것이 바람직하다.

풀이 : 집단과정에서 갈등이 있을 경우, 집단을 떠날 수도 있음을 알리는 것이 바람직하다.

문제 16 난이도 : 기본

다음은 집단상담의 윤리문제에 대한 설명이다. 옳지 않는 것은?

① 집단 지도자는 '신체적 위협, 협박, 강제, 그리고 부당한 집단 압력'으로부터 집단 참여자들의 권리를 보호할 필요는 없다.
② 집단 참여자들은 각자가 집단 과정의 시간을 공정하게 나누어 가질 권리가 있다고 말할 수 있다.
③ 집단 참여자들이 포함되는 어떤 연구 보고서나 실험적 활동이 있을 경우에는 그에 관련된 정보를 알려주되, 참여 내담자들의 사전 동의를 받아야 한다.
④ 집단 참여자들끼리 집단의 모임 밖에서 개별적인 만남이나 관계가 이루어질 경우, 이를 집단 모임에서 가능한 한 보고하도록 권유할 필요가 있다.

풀이 : 집단 지도자는 '가능한 한 신체적 위협, 협박, 강제, 그리고 부당한 집단압력'으로부터 집단 참여자들의 권리를 보호해야 한다.

문제 17 난이도 : 기본

집단의 과도적 단계에서의 개입반응에 해당하는 것은?

① 집단 구성원들의 방어가 높아지는 때이므로, 상담자는 저항이 굳어지지 않도록 개입을 신중하게 해야 한다.
② 대체로 불안정적이지만 특별히 문제될 것은 없다.
③ 끝내기 전에 이번 회기에 대한 여러분 각자의 소감을 나누고 싶네요.
④ 집단원의 도전 의지의 정도가 비슷해진다.

풀이 : 집단과정에서 특히 도전적인 기간이다.

정답 15. ① 16. ① 17. ①

문제 18 난이도 : 기본

집단경험으로부터 최대한 많은 것을 배우도록 조력하기 위한 집단원을 위한 지도자의 지침이 아닌 것은?

① 신뢰를 형성하는 방법을 습득하라.
② 지속적으로 그때그때 느껴지는 느낌을 표현하라.
③ 전문용어를 잘못 사용하는 것에 유의하라.
④ 관찰자가 아닌 적극적인 참여자가 되라.

풀이 : 지도자는 지속적이고 반복되는 느낌을 표현하여야 한다.

문제 19 난이도 : 기본

집단 구성 시 개방집단의 장점이 아닌 것은?

① 집단원들이 다양한 사람들과 교류할 수 있다.
② 사람들이 관계들 안에서 들어오고 혹은 떠나기도 한다.
③ 단점으로는 시간제한이 있어서 불편하다.
④ 일상생활을 정확하게 반영한다.

풀이 : 전형적으로 시간제한이 있고, 회기가 정해져 있는 것은 폐쇄집단이다.

문제 20 난이도 : 기본

집단의 작업 단계에서의 개입 반응에 해당하지 않는 것은?

① 본격적인 문제해결 및 변화가 일어날 수 있도록 안내한다.
② 다음의 반응들은 단순히 기계적으로 사용되어서는 안 된다.
③ 집단에서 그동안 배웠던 것들을 일상생활에 적용할 수 있는 방법들을 생각해보는 시기이다.
④ 적절한 시기에 집단흐름의 맥락에 맞추어서 사용한다면 건설적인 개입 반응이 될 수 있다.

풀이 : 집단의 종결 단계에서의 개입 반응이다.

정답 18. ② 19. ③ 20. ③

저자명단 및 약력 profile

본 수험서는 동물매개치료 민간자격인 '동물매개심리상담사' 자격시험 공식 수험서로 한국동물매개심리치료학회 동물매개심리상담사 자격위원회에서 2018년 공식 출간하였으며, 동물매개치료 관련 각 대학의 교수님들께서 참여하여 공동으로 집필하였습니다.

◈ **대표 저자** ◈ 김옥진(원광대학교)

◈ **집 필 진** ◈ 강원국(원광대학교)
       김남중(대전과학기술대학교)
       김향미(서울문화디지털대학교)
       김병수(공주대학교)
       김옥진(원광대학교)
       김정연(서울연희실용전문학교)
       김태완(경북대학교)
       김현주(서정대학교)
       모의원(서울예술실용전문학교)
       박우대(서정대학교)
       박철(전북대학교)
       오승민(호서대학교)
       이시종(원광대학교)
       이현아(원광대학교)
       이형석(우송정보대학교)
       임은경(원광대학교)
       정태호(중부대학교)
       하윤철(천안연암대학)
       황인수(서정대학교)
       홍선화(서울호서전문학교)

동물매개심리상담사
자격 수험서

발 행 / 2024년 2월 28일	판 권
저 자 / 한국동물매개심리치료학회 자격위원회	소 유

펴 낸 이 / 정 창 희
펴 낸 곳 / 동일출판사
주   소 / 서울시 강서구 곰달래로31길7 (2층)
전   화 / (02) 2608-8250
팩   스 / (02) 2608-8265
등록번호 / 109-90-92166

ISBN 978-89-381-1422-8 13520
값 / 24,000원

이 책은 저작권법에 의해 저작권이 보호됩니다.
동일출판사 발행인의 승인자료 없이 무단 전재하거나
복제하는 행위는 저작권법 제136조에 의해 5년 이하의
징역 또는 5,000만원 이하의 벌금에 처하거나 이를 병
과(倂科)할 수 있습니다.